다윈의 사도들

드디어 다윈 ❻

다윈의 사도들

Darwin's 12 Apostles

최재천이 만난
다윈주의자들

최재천

다윈 포럼 기획

발간사

「드디어 다윈」 시리즈 출간에 부쳐

한국 최초의 다윈 선집을 펴내며

드디어 '다윈 후진국'의 불명예를 씻게 되었습니다. 드디어 이제 우리도 본격적으로 다윈을 연구할 수 있게 되었습니다. 지난 밀레니엄이 끝나 가던 1998년 미국의 언론인 네 사람이 『1,000년, 1,000인(*1,000 Years, 1,000 People*)』이란 책을 출간했습니다. 세계 각국의 학자들과 예술가들을 상대로 지난 1,000년 동안 인류에게 가장 큰 영향을 미친 인물이 누구인가를 묻고 그 설문 조사 결과에 따라 1,000명의 위인 목록을 만들어 발표한 책입니다. 구텐베르크가 선두를 한 이 목록에서 다윈은 전체 7위에 선정되었습니다. 만일 우리나라에서 이 같은 설문 조사를 실시한다면 저는 다윈이 100위 안에도 들지 못할 것을 확신합니다. 2012년 번역되어 나온 존 판던(John Farndon)의 『오! 이것이 아이디어다(*The World's Greatest Idea*)』라는 책에는 우리 인간이 고안해 낸 아이디어 중에서 전문가 패널이 고른 50가지가 소개되어 있는데 다윈의 진화론은 여기서도 7등을 차지했습니다. 우리와 서양은 다윈에 대한 평가에서 이처럼 엄청난 차이를 보입니다.

2009년은 '다윈의 해'였습니다. 다윈 탄생 200주년과 『종의 기원』 출간 150주년이 맞물리며 위대한 과학자이자 사상가인 다윈을 재조명하는 각종 행사와 출판 기획이 활발하게 이뤄졌습니다. 무슨 일이든 코앞에 닥쳐야 움직이기 시작하던 평소와 달리 우리나라에도 2005년 '다윈 포럼'이 만들어졌습니다. 우리 학계에서 조금이라도 다윈에 관심이 있거나 어떤 형태로든 연구를 하고 있던 젊은 학자들이 한데 모였습니다. 우리는 '다윈의 해'를 이 땅에 다윈 연구를 뿌리 내릴 원년으로 삼는 데 동의하고 3년 남짓 남은 시간 동안 무엇을 할 것인지 논의했습니다. 논의는 그리 길게 이어지지 않았습니다. 모두 다윈의 책을 제대로 번역해 내놓는 일이 급선무라는 데 동의했습니다. 이웃 나라 일본이 메이지 유신을 거치며 놀랄 만한 학문 발전을 이룩한 데는 국가 차원의 번역 사업이 큰 몫을 했다는 사실을 잘 알고 계실 겁니다.

우리는 『비글 호 항해기』는 잠시 미뤄 두고 보다 본격적인 다윈의 학술서 3부작 『종의 기원』, 『인간의 유래와 성 선택』, 『인간과 동물의 감정 표현』을 먼저 번역하기로 했습니다. 다윈의 책을 번역하는 작업은 결코 만만하지 않습니다. 우선 문장들이 너무 깁니다. 현대적 글쓰기는 거의 이유 불문하고 짧게 쓸 것을 강요합니다. 간결하고 정확한 문장이 좋은 문장이라고 배웁니다. 그러나 다윈 시절에는 정반대였습니다. 길고 장황하게 쓰는 게 오히려 바람직한 덕목이었습니다. 어떤 다윈의 문장은 쉼표와 세미콜론으로 이어지며 한 페이지를 넘어갑니다. 알다시피 영어는 우리말과 어순이 달라 문장의 앞뒤를 오가며 번역해야 하는데 다윈의 문장은 종종 한 문장의 우리말로 옮기는 게 거의 불가능합니다. 그래서 지금까지 번역된 많은 다윈 저서들은 대체로 쉼표와 세미콜론 단위로 끊어져 있어 너무나 자주 흐름이 끊기는 바람에 독해가 불가능한 경우가 많습니다.

『종의 기원』이 출간되기 바로 전날 원고를 미리 읽은 후 내뱉은 그 유명한 토머스 헉슬리(Thomas Huxley)의 탄식을 기억하십니까? "나는 왜 이걸 생각하지 못했을까? 정말 바보 같으니라고." 알고 보면 다윈의 자연 선택 이론은 허무할 만치 단순합니다. 그러나 그 단순한 이론이 이 엄청난 생물 다양성의 탄생을 이처럼 가지런히 설명하다니 그저 놀라울 따름입니다. 다윈은 요즘 표현을 빌리자면 이른바 '비주류' 혹은 '재야' 학자였습니다. 미세 먼지가 극에 달했던 런던에 살다가는 제명을 다하지 못할 것이라는 의사의 경고 때문에 마지못해 시골로 이사하는 바람에 거의 언제나 혼자 일해야 했습니다. 그래서 엄청나게 많은 편지를 쓰며 다른 학자들과 교신하려 노력했지만, 대학이나 연구소에서 여러 동료 학자들과 부대끼며 지내는 것과는 사뭇 다른 연구 조건이었습니다. 그래서 저는 그가 역지사지(易地思之) 방식을 채택했다고 생각합니다. 그는 늘 스스로 질문하고 답하는 방식으로 연구했습니다. 그러다 보니 그의 글은 때로 모호하기 짝이 없고 중의적입니다. 생물학적 지식이 부족하거나 폭넓은 학술적 맥락을 이해하지 못하면 자칫 엉뚱하게 번역하는 우를 범하기 십상입니다.

우리가 포럼을 시작하고 얼마 지나지 않아 미국에서는 20세기를 대표하는 두 생물학자 제임스 듀이 왓슨(James Dewey Watson)과

에드워드 오스본 윌슨(Edward Osborne Wilson)이 각각 편집하고 해설한 다윈 전집들이 나왔습니다. 왓슨은 전집의 제목을 "Darwin: The Indelible Stamp(다윈: 불멸의 족적)"라고 지었고, 윌슨은 "From So Simple a Beginning(그토록 단순한 시작으로부터)"이라고 지었습니다. 지하에 계신 다윈 선생님이 무척이나 흐뭇해하셨을 것 같습니다. 물론 '다윈의 해'를 4년이나 앞두고 전집을 낸 그들에 비할 바는 아니지만 우리도 나름 일찍 출발했다는 자부심이 있었습니다. 그러나 그렇게 2009년이 지나갔고 또 꼬박 10년이 흘렀습니다. 처음에는 정기적으로 다윈 포럼을 열어 모두가 참여해 함께 번역 작업을 할 생각이었습니다. 그러나 이는 전혀 효율적인 방법이 아니라는 걸 금방 깨달았습니다. 용어 하나를 어떻게 번역할 것인가를 두고도 하루해가 모자랄 지경이었습니다. 그건 단순한 용어 선택의 문제가 아니었습니다. 개념을 제대로 정립하는 문제가 더욱 중요했습니다. 그래서 세 권의 책에 각각 대표 역자를 두기로 했습니다. 『종의 기원』은 장대익 교수가 맡았고 『인간의 유래와 성 선택』과 『인간과 동물의 감정 표현』은 김성한 교수가 수고했습니다. 저는 다윈 포럼의 대표로서 번역의 감수를 책임져 역자 못지않게 꼼꼼히 읽었습니다. 이제 드디어 우리에게도 다윈을 탐구할 출발선이 마련됐다고 자부합니다.

거의 15년 전 다윈 포럼을 시작하며 우리는 이 세 권의 번역 외에도 다윈 서간집도 기획했고, 저는 다윈의 이론을 현대적인 감각으로 소개하는 책을 쓰기로 약속했습니다. 그래서 네이버에 「최재천 교수의 다윈 2.0」이라는 제목으로 연재하고 그것들을 묶어 2012년 『다윈 지능』이라는 책을 냈습니다. 2009년 다윈의 해를 맞아 고맙게도 우리나라 거의 모든 주요 일간지와 방송이 경쟁이라도 하듯 특집을 기획해 주었습니다. 그중에서도 「다윈은 미래다」라는 《한국일보》 특집 덕택에 저는 우리 시대 대표 다윈주의자들을 만날 수 있었습니다. 갈라파고스 제도에서 40년 넘게 되새류(finch)의 생태와 진화를 연구하고 있는 프린스턴 대학교 로즈메리 그랜트(Rosemary Grant)와 피터 그랜트(Peter Grant) 부부, 하버드 대학교 심리학과의 언어학자이자 진화 심리학자 스티븐 핑커(Steven Pinker), 다윈을 철학으로 끌어들인 터프츠 대학교 철학과 교수 대니얼 데닛(Daniel Dennett), 『이기적 유전자(*The Selfish Gene*)』의 저자 옥스퍼드 대학교 교수 리처드 도킨스(Richard Dawkins), 그리고 하버드 대학교 윌슨 교수까지 모두 다섯 분을 인터뷰하는 기획이었지만 그분들을 만나러 가는 길목에 저는 다른 탁월한 다윈주의자들을 틈틈이 만났습니다. 그러다 보니 모두 열두 분을 만났고 그들과 나눈 대담을 엮어 『다윈의 사도들(*Darwin's 12 Apostles*)』이라는 제목의 책을 국문과 영문으로 준비했습니다. 2022년 후반부에 일단 국문으로 선보이게 될 것 같습니다.

다윈이라는 거인의 어깨 위에서

어느덧 이 땅에도 바야흐로 '생물학의 세기'가 찾아왔습니다. 그러나 섭섭하게도 이 나라에서 생물학을 하는 대부분의 학자는 엄밀한 의미에서 생물학자가 아닙니다. 생물을 연구 대상으로 화학이나 물리학을 하는 자연 과학자들입니다. 그러다 보니 서양과 달리 상당수의 생물학과 혹은 생명 과학과 교수들은 다윈의 진화론에 정통하지 않습니다. 일반 생물학 수업을 하면서 정작 진화 부분은 가르치지 않고 자기 학습 과제로 내주는 교수들이 의외로 많습니다. 일반 독자는 둘째 치더라도 저는 우선 이 땅의 생물학자들에게 드디어 다윈을 제대로 접할 기회가 마련됐다는 점이 무엇보다도 기쁩니다. 다윈의 책을 원문으로 읽는 일은 그리 녹록하지 않습니다. 이제 드디어 다윈의 저서들을 제대로 된 우리말 번역으로 읽을 수 있게 됐습니다. 모름지기 다윈을 읽지 않고 생물을 연구한다는 것은 거의 성경이나 코란을 읽지 않고 성직자가 되는 것에 진배없다고 생각합니다. 이제 모두 떳떳하고 당당한 생물학자가 되시기 바랍니다. 마침 2022년 9월 한국진화학회가 출범했습니다. 이 땅에도 드디어 본격적인 진화 연구가 시작됩니다.

다윈 포럼을 후원하고 거의 15년이란 세월 동안 묵묵히 기다려 준 (주)사이언스북스에 머리를 숙입니다. 책을 출간한다는 생각만으로는 버티기 어려운 기간이었을 겁니다. 학문의 숙성을 위해 함께 한 수행이었다고 생각합니다. 몸담은 분야는 서로 달라도 다윈을 향한 마음은 한결같아 투합한 다윈 포럼 동료들에게도 존경과 고마움을 표합니다. 함께 작업을 기획했으며 번역에 여러 형태로 기여했고 앞으로도 책을 알리고 이 땅에 다윈의 이론을 정립하는 데 앞장설 겁니다. 2009년 다윈 포럼이 주축이 되어 학문의 세계에서 아마 가장 혹독한 공격을 견뎌 낸 다윈의 이론이 현재 우리가 하고 있는 학문에 어떻게 침투해 있는지를 가늠해 『21세기 다윈 혁명』이라는 책을 냈습니다. 작업을 마무리하며 우리는 현존하는 거의 모든 학문 분야에 다윈의 이론이 깊숙이 관여하고 때로는 주류 이론으로 자리 잡아 가는 모습을 보며 스스로 놀랐던 기억이 새롭습니다. 어느덧 그로부터 또 10년이 흘렀습니다. 이제 다윈은 모든 분야의 전문가들이 앞다퉈 영입하는 학자로 우뚝 섰습니다. 이제 어느 분야든 다윈을 모르고 학문을 논하기 어려워졌습니다. 늦게나마 「드디어 다윈」을 여러분의 손에 쥐여 드립니다.

최재천

다윈 포럼 대표

이화 여자 대학교 에코 과학부 석좌 교수

머리말

다윈의 '아미'

'아미(Army)'는 BTS에만 있는 게 아니다. 다윈에게도 아미가 있다. BTS의 A.R.M.Y.(Adorable Representative MC for Youth)는 단순히 BTS의 음악을 소비하는 데 그치지 않고 BTS가 음악에 부여한 메시지를 스스로 체화한 다음 제가끔 콘텐츠를 재생산해 적극적으로 전파한다. 한국 가요계에서도 변방에 머물던 BTS가 비틀스(The Beatles)에 비견되는 세계적인 밴드로 떠오른 배후에는 바로 아미의 팬덤(fandom) 문화가 있다. 옥스퍼드나 케임브리지의 교수도 아니고 런던 자연사 박물관의 연구원도 아닌 재야의 생물학자 다윈이 과학사와 사상사에 큰 획을 그을 수 있게 된 배후에도 그를 둘러싼 팬덤의 역할이 컸다.

팬덤은 당사자가 나서서 애쓴다고 형성되는 게 아니다. 물론 불씨가 꺼지지 않도록 군불은 계속 지펴야 한다. BTS는 유튜브 같은 소셜 미디어를 적극적으로 활용했다. 다윈은 편지를 썼다. 건강 때문에 런던 생활을 포기하고 시골로 주거지를 옮겼지만 다윈은 세상과 소통하기를 멈추지 않았다. 그는 평생 거의 2,000명과 편지를 주고받았다. 케임브리지 대학교의 '다윈 서신 프로젝트(Darwin Correspondence Project)'가 모아 놓은 1만 4500통의 편지만으로 계산하더라도 하루에 한 통 이상씩 쓴 셈이다. 다윈이 만일 지금 우리 곁에 다시 태어난다면 아마 종일 컴퓨터 앞에 앉아 이메일과 유튜브를 들여다보느라 여념이 없고 페이스북, 인스타그램, 트위터 등을 하느라 스마트폰을 손에서 내려놓지 못할 것이다. 요즘 표현을 빌리자면 그는 네트워킹(networking)의 귀재였다.

인기의 열풍은 뭐니 뭐니 해도 우선 탄탄하고 매력적인 콘텐츠가 뒷받침돼야 한다. BTS는 케이팝 특유의 '칼군무'에 글로벌 트렌드의 음악을 세련되게 버무려 세계인의 마음을 사로잡고 있다. 『종의 기원』이 출간되기 하루 전날 미리 원고를 받아 읽은 토머스 헉슬리의 그 유명한 탄식이 많은 걸 말해 준다. "나는 왜 이걸 생각하지 못했을까? 정말 바보 같으니라고." 다윈 포럼의 대표 옮긴이로 『종의 기원』을 번역한 가천 대학교 창업 대학 장대익 교수는 다윈의 이론은 초등학생도 이해할 수 있을 만큼 단순하다고 주장한다. 탁월한 이론은 모름지기 단순함(simplicity), 응용성(robustness), 그리고 직관적 아름다움(intuitive beauty)을 지녀야 한다. 다윈의 이론은 더할 수 없이 간결한데 설명하지 못할 현상을 찾기 어렵다는 데 차마 거부할 수 없는 매력이 있다. 다윈의 이론은 세상에 나오자마자 엄청난 물의를 일으켰지만 동시에 많은 학자의 체화와 재생산이 뒤따랐다.

헉슬리는 '다윈의 불도그(Darwin's bulldog)'를 자처하며 다윈을 대신해 대규모 강연회도 열고 열띤 공개 토론도 마다하지 않았다. 1860년 6월 30일 영국 과학 진흥 협회 연례 회의에서 옥스퍼드 주교

새뮤얼 윌버포스(Samuel Wilberforce)와 벌인 논쟁은 유명하다. 옥스퍼드 박물관에 모인 700명의 청중 앞에서 윌버포스가 먼저 『종의 기원』에 관한 그의 비평문을 발표했고, 헉슬리, 그리고 비글 호의 선장이었던 로버트 피츠로이(Robert Fitzroy)와 다윈의 친구 식물학자 조셉 후커(Joseph Hooker)가 뒤를 이었다. 훗날 영국의 철학자 존 랜돌프 루카스(John Randolph Lucas)에 따르면 사람들이 그야말로 발 디딜 틈 없이 들어차 마치 검투장을 방불케 했던 그곳에서 발표 내용을 제대로 들은 사람이 있었을까 의심스럽지만, 윌버포스와 헉슬리가 주고받았다는 언쟁은 지금도 구전된다. "당신 조상 중에 원숭이가 있다는 것인데 할아버지 쪽이냐, 할머니 쪽이냐?"라며 비아냥거리는 윌버포스에게 헉슬리는 다음과 같이 응수했다고 전해진다. "한심한 유인원을 할아버지로 둘 것인가, 아니면 고상한 인격과 엄청난 영향력을 지녔으되 그 자질과 능력을 엄숙한 과학 토론의 장에서 조롱이나 일삼는 데 허비하는 사람을 할아버지로 둘 것인가를 묻는다면, 나는 주저 없이 유인원을 택하겠다." 이런 헉슬리를 다윈은 "복음, 그것도 악마의 복음을 전하는 나의 선하고 친절한 대리인"이라 불렀다.

다윈과 함께 발견한 자연 선택을 통한 진화라는 메커니즘을 『다윈주의(*Darwinism*)』라는 제목의 책까지 쓰며 온전히 다윈에게 바친 앨프리드 러셀 윌리스(Alfred Russel Wallace), 다윈의 자연 선택 이론을 사회 수준까지 끌어올려 결과적으로는 불편한 오해를 불러일으키기도 했지만 '적자 생존(survival of the fittest)'이라는 나름 매력적인 문구를 만들어 다윈의 이론을 알리는 데 공헌한 허버트 스펜서(Herbert Spencer), 그리고 다윈의 절친 후커와 스승이자 멘토인 지질학자 찰스 라이엘(Charles Lyell), ……. 이들의 도움과, 특히 『종의 기원』이 출간된 이후 이들의 헌신적인 노력이 없었으면 다윈의 이론은 자칫 동력을 잃고 역사의 뒤안길로 사라졌을지 모른다.

다윈의 아미는 동료와 친지로만 이뤄진 게 아니었다. 더 가깝게는 가족이 그의 곁에 있었다. 가족이기 때문에 함께 살았다는 정도가 아니라 그들은 자의 반 타의 반으로 한데 묶인 '다윈 기업(Darwin industry)'의 직원들이었다. 나이 서른에 외사촌인 찰스의 청혼을 받아들여 결혼한 에마 웨지우드(Emma Wedgwood)는 평생 집에서 연구와 집필에 몰두한 다윈을 보필한 최고의 조력자이자 후원자였다. 독실한 기독교 신자였지만 다윈의 종교적 고뇌에 공감하고 변화(transmutation)에 관한 그의 생각에 귀 기울여 준 훌륭한 동반자였다. 둘 사이에서 모두 열 명의 자식이 태어났는데 그중 셋은 일찍 세상을 떠났다. 셋째 헨리에타 에마 다윈(Henrietta Emma Darwin)은 84세까지 살았는데 평생 결혼도 하지 않고 아버지의 책 편집을 도왔다. 넷째 조지 하워드 다윈(George Howard Darwin)은 수학과 천문학을 전공하고 켈빈 경(Lord Kelvin), 즉 윌리엄 톰슨(William Thomson)에게 사사한 후 케임브리지 대학교 지구 물리학 교수로 지내며 왕립 협회 회원으로 추대되었고 왕실로부터 작위도 받았다. 그러나 케임브리지 대학교에 다니던 시절 시시콜콜한 계산 문제를 풀어 달라는 아버지의 요청 때문에 학업에 지장을 받을 지경이었다고 회고한 바 있다. 여섯째 프랜시스 다윈(Francis Darwin)은 의대를 졸업했으나 의사가 되지 않고 아버지의 실험 조교 겸 비서로 일했다. 식물의 기공 연구로 세계적인 학자 반열에 올라 역시 왕립 협회 회원으로 추대되고 왕실로부터 작위를 받았다. 가족의 성원 거의 모두가 하나의 공동체를 이뤄 다윈의 진화 연구와 확산에 참여한 셈이다. 가히 가족 기업이다.

물론 모든 사람이 다 다윈의 군대에 기꺼이 자진 입대한 것은 아니었다. 실황은 정반대였다. 지지자보다 공격하는 이가 훨씬 많았다. 과학의 역사에서, 아니 학문의 역사를 통틀어 다윈만큼 혹독하고 집요한 공격을 받은 학자가 또 있을까 싶다. 케임브리지 대학교 지질학과 애덤 세지윅(Adam Sedgwick) 교수는 다윈을 지질학에 눈뜨게 한 스승이었다. 1831년 여름 3주 동안 세지윅 교수가 이끈 지질 탐구는 다윈을 지질학도로 만들기에 충분했다. 구태여 구분하자면 다윈은 지질학도로 비글 호에 승선했다가 결국 생물학자가 되어 돌아왔다. 다윈과 세지윅은 서로 서신을 주고받는 훈훈한 사제지간이었는데, 다윈이 보낸 『종의 기원』을 읽고 세지윅은 실망과 분노를 감추지 못했단다. "자네 책을 즐거움은커녕 고통을 감내하며 읽었네. 훌륭한 부분도 있었지만 어떤 부분은 읽으면서 옆구리가 아플 정도로 웃었다네." 그래도 두 사람은 이내 젊잖게 서신을 주고받는 관계를 유지하며 살았다.

다윈을 가장 힘들게 한 사람은 당시 영국 학계에서 가장 영향력 있는 생물학자 중 하나였던 리처드 오언(Richard Owen)이었다. 다윈은 『종의 기원』을 출간하며 무엇보다도 런던 자연사 박물관을 설립하는 데 가장 큰 역할을 한 당대 최고의 비교 해부학자이자 고생물학자인 오언의 지지를 기대했다. 개인적인 만남이나 서신에서 오언은 늘 공손했고 비글 호 항해에서 채집한 다윈의 동물 표본을 정리하고 분석하는 일까지 친절하게 도와준 사람이었다. 그러나 1860년 오언이 다윈의 자연 선택 이론을 통렬하게 비판하는 논문을 발표하며 그들의 동료 관계는 끝이 났다. 생물학자 세인트 조지 잭슨 미바트(St. George Jackson Mivart)는 한동안 다윈의 이론을 지지하며 신학과 접목하려 애썼으나 끝내 포기하고 다윈의 가장 강력한 비판자로 돌아섰다. 개인적으로 나는 윌리엄 휴얼(William Whewell)과 다윈의 관계가 가장 아쉽다. 다윈은 『종의 기원』 1판 책머리에 휴얼을 인용했다.

> 그러나 물질 세계에 관하여 우리는 적어도 다음과 같은 주장을 할 수 있다. 즉 사건들은 각 개별 사례에 가해지는 신적 능력의 독립적 개입을 통해서가 아니라 확립된 일반 법칙에 따라 발생한다는 것이다.*

다윈의 이 같은 헌정에도 불구하고 휴얼은 "나는 아직 자네의 '교리'로 개종할 수는 없을 것 같다."라며 선을 그었다. 나는 '다윈 혁명(The Darwinian Revolution)'에서 자연 선택 이론 확립에 휴얼의 가르침, 즉 귀납의 통섭(consilience of inductions)이 결정적 역할을 했다는 과학 철학자 마이클 루스(Michael Ruse)의 주장에 전적으로 동의한다. 통섭적 방법론을 다윈만큼 적절하고 효율적으로 활용한 학자는 없다. 다윈이 끝내 휴얼의 축복을 받지 못한 것은 못내 아쉽다.

* 『종의 기원』(장대익 옮김, 사이언스북스, 2019년)에서 인용했다. 이 책에서 나는 『종의 기원』이나 『인간과 동물의 감정 표현』(김성한 옮김, 사이언스북스, 2020년)을 인용할 때 대체로 장대익 교수나 김성한 교수의 번역을 따랐지만 문맥에 따라 내 말투에 따라 조금씩 다르게 옮겼다.

이런 와중에 해외 학자들의 기여와 지지가 다윈에게 큰 도움이 되었다. 하버드 대학교 식물학자 에이사 그레이(Asa Gray)는 다윈과 편지를 무려 300통이나 주고받은 사이였다. 1858년 다윈이 월리스의 논문을 받았을 때 라이엘과 후커는 다윈이 1844년에 쓴 에세이의 일부와 1857년 다윈이 그레이에게 보낸 편지에서 종의 기원을 설명한 그의 이론에 대해 적은 것을 정리해 린네 학회(Linnean Society)에서 발표함으로써 자연 선택 이론에 관한 다윈의 우선권을 확보했다. 그레이는 모든 이슈에서 다윈의 생각에 동의한 것은 아니지만 미국에서 『종의 기원』의 저작권을 보호해 주는 등 다윈의 가장 든든한 지지자가 되어 주었다. 독일의 아우구스트 바이스만(August Weismann)의 생식질 이론(germ plasm theory)은 그레고어 멘델(Gregor Mendel)의 연구가 재발견되기 전 다윈의 이론을 가장 훌륭하게 뒷받침했다. 그는 장바티스트 라마르크(Jean-Baptiste Lamarck)의 '획득 형질의 유전' 개념의 허점을 가장 분명하게 지적한 진화 생물학자였다. 1880년대로 접어들며 짐짓 침체기로 빠져들던 다윈의 이론을 구해 낸 장본인이 바로 바이스만이다.

멘델은 다윈과 달리 팬덤의 축복을 받지 못했다. 1865년 두 차례에 걸친 학회 발표에도 불구하고 카를 네겔리(Carl Nägeli)를 비롯한 당대 학자들은 그의 이론을 이해하지 못했다. 1866년에 발표한 그의 논문은 다윈의 서재에 꽂혀 있었건만 읽은 흔적조차 없을 정도였다. 다행히 그의 이론은 1900년 네덜란드 식물 유전학자 휘호 더 프리스(Hugo de Vries) 등에 의해 재발견되어 겨우 빛을 보게 되었다. 멘델 유전학은 1930년에 이르러 걸출한 통계학자 로널드 에일머 피셔

(Ronald Aylmer Fisher)와 유전학자 존 버던 샌더슨 홀데인(John Burdon Sanderson Haldane) 등에 의해 다분히 서술적이던 다윈의 자연 선택 이론을 정량적으로 재분석하는 데 기여하며 개체군 유전학(population genetics)으로 거듭난다. 이 같은 움직임은 스월 그린 라이트(Sewall Green Wright), 테오도시우스 도브잔스키(Theodosius Dobzhansky), 에드먼드 브리스코 '헨리' 포드(Edmund Brisco 'Henry' Ford), 조지 게일로드 심프슨(George Gaylord Simpson), 에른스트 마이어(Ernst Mayr) 등의 연구로 이어지며 이른바 '근대적 종합(The Modern Synthesis)'을 이룩하며 다윈의 진화론을 근대 사상의 핵심 중 하나로 자리 잡게 한다.

이 책은 2009년 '다윈의 해'에 기획되었다. 일찍이 나는 2005년 국내에서 다윈을 연구하는 학자들을 불러 모아 다윈 포럼을 만들었다. 다윈의 해를 준비하며 다윈 포럼은 무엇보다도 먼저 다윈의 저서들을 번역하기로 했다. 당시 우리는 2009년에 즈음해 다윈의 3부작—『종의 기원』, 『인간의 유래와 성 선택』, 『인간과 동물의 감정 표현』—을 번역해 출간할 계획이었지만 그보다 무려 10년이 더 흐른 2019년에야 겨우 『종의 기원』을, 2020년에는 『인간과 동물의 감정 표현』을 내놓게 되었다. 나머지 『인간의 유래와 성 선택』도 조만간 나올 것으로 기대한다.

정작 2009년 다윈의 해를 맞자 마치 '다윈 후진국'의 오명을 씻으려는 듯 우리나라 거의 모든 주요 일간지와 방송이 경쟁적으로 특집을 기획했다. 이 책은 그중에서도 「다윈은 미래다」라는 《한국일보》 특집 덕택에 탄생했다. 원래 기획은 우리 시대 대표 다윈주의자 다섯을 인터뷰하는 것이었다. 인터뷰마다 신문 한 면을 통째로 할애

하는 파격적인 기획이었지만 처음부터 책을 염두에 둔 나는 다섯으로는 부족할 것 같아 그들을 만나러 가는 길목에 틈틈이 다른 탁월한 다윈주의자들을 만났다. 그러다 보니 공교롭게도 그랜트 부부를 일심동체로 간주하면 모두 열둘을 만났다. 이 책은 다윈의 열두 제자들의 어록이다.

대담은 모두 2009년에 진행했지만 방대한 녹취록을 정리하고 다듬는 데 생각보다 훨씬 많은 시간이 필요했다. 미리 정해진 질문을 주고 준비된 답변을 받아 적은 게 아니라 가능한 한 자유롭게 나눈 대화이다 보니 종종 문맥에서 벗어난 주제들이 튀어나온 바람에 만남 이후에도 여러 차례 이메일을 주고받으며 진의를 확인하고 가다듬느라 훌쩍 10년이 흐르고 말았다.

다윈 포럼은 내게 번역 작업을 총괄하는 것과 더불어 다윈의 이론을 현대적으로 재해석한 책을 쓰라고 주문했다. 나는 네이버에 「최재천 교수의 다윈 2.0」이라는 제목으로 연재한 글들을 묶어 2012년 『다윈 지능』이라는 책을 냈고 2022년 10년 만에 개정 증보판이라고 할 2판을 「드디어 다윈」 시리즈의 5권으로 출간했다. 그리고 그보다 거의 10년 전인 2003년 나는 어떤 의미로는 자연 선택 이론보다 진화적 변화에 더 실질적이고 효과적인 성 선택(sexual selection) 메커니즘을 설명한 『여성 시대에는 남자도 화장을 한다』를 출간한 바 있다. 이 책을 읽으며 대화 속에 회자되는 다윈의 이론과 사상에 관해 보다 상세히 알고 싶으면 손쉽게 들춰 볼 만한 책들이다.

BTS의 아미는 열심히 BTS의 노래를 들으며 그 안에 담긴 메시지와 철학을 세상에 널리 전파한다. 다윈의 아미 역시 단순히 다윈의 이론을 이해하는 데 그치지 않고 다윈의 가르침을 스스로 체화한 다음 제가끔 새로운 콘텐츠를 생산해 적극적으로 전파한다. 나는 이 대담 기획을 시작하며 제일 먼저 프린스턴 대학교 피터 그랜트와 로즈메리 그랜트 교수 부부를 찾아갔다. 나는 만일 다윈이 부활해 돌아온다면 가장 먼저 찾아갈 다윈주의자가 그랜트 교수 부부일 것이라고 확신한다. 그들은 관찰과 실험을 통해 다윈의 이론을 가장 확실하게 검증해 낸 학자들이다. 그런 다음으로는 『개미와 공작(*The Ant and Peacock*)』이라는 책으로 다윈의 양대 이론의 태동 배경을 맛깔스럽게 정리한 과학 철학자 헬레나 크로닌(Helena Cronin)을 필두로 현재 다윈의 아미로 가장 활발하게 활동하고 있는 다윈주의자들인 스티븐 핑커, 리처드 도킨스, 대니얼 데닛, 스티브 존스(Steve Jones), 매트 리들리(Matt Ridley), 마이클 셔머(Michael Shermer) 등을 잇달아 만났다. 피터 크레인(Peter Crane)은 식물학자로서 다윈을 균형 있게 조명해 주었고, 『인간과 동물의 감정 표현』이 열어젖힌 인지 과학과 영장류학에 관해서는 교토 대학교 마쓰자와 데쓰로(松沢哲郎) 교수와 진지한 대화를 나눴다. 멘델 유전학이 '근대적 종합'을 불러일으켰던 것처럼 지금은 분자 유전학이 진화 생물학의 든든한 버팀목이 되고 있다. 제임스 왓슨이 그 누구보다도 철저한 다윈주의자라는 사실을 확인하는 희열은 진정 소중했다. 다양한 학문적 배경을 지닌 다윈주의자들을 두루 만나고 나니 이 모든 걸 가능하게 만든 인간 다윈이 궁금해졌다. 과학사학자 재닛 브라운(Janet Browne)과 이 모든 구슬을 가지런히 꿰어 보았다.

다윈의 열두 제자들과 함께한 동행은 나름 평생 다윈을 연구하며 살았다고 자부하는 내게 잊을 수 없이 귀한 배움을 선사했다. 이 책을 만드는 과정에서 내가 경험했듯이 이 책을 읽는 독자들 역시 다윈의 열두 제자들을 차례로 만나다 보면 어느덧 그들의 손에 이끌려 다윈의 아미에 입적(入籍)하게 될 것이다. 그런 변화에 애써 항거할 필요는 없어 보인다. 한 세기 반에 걸친 혹독한 담금질과 막강한 아미의 팬덤 문화 덕택에 다윈의 이론은 이제 우리가 하는 거의 모든 학문과 사회 활동 분야에 깊숙이 스며들었다. 다윈은 이제 현대인의 필수 교양이다.

다윈의 연구소이자 집이었던 다운 하우스 앞에서 필자.

차례

다윈 법정의
선서 증인

첫째 사도

피터와 로즈메리 그랜트

01

피터 레이먼드 그랜트(Peter Raymond Grant)

바버라 로즈메리 그랜트(Barbara Rosemary Grant)

1936년 피터(영국 런던), 로즈메리(영국 안사이드) 출생.

1964년 피터, 브리티시 컬럼비아 대학교에서 박사 학위 취득(동물학).

1973년 갈라파고스 제도 입도(入島). 이후 지금까지 50년간 매년 6개월씩 다프네 섬에서 머물며 핀치를 잡아 인식표를 붙이고 혈액 시료를 채취한 뒤 풀어 주는 방법으로 연구를 지속해 오고 있음.

1985년 로즈메리, 웁살라 대학교에서 박사 학위 취득(진화 생물학).

2002년 영국 왕립 협회로부터 다윈 메달 수여.

2008년 린네 학회로부터 다윈-윌리스 메달 수여.

2009년 교토 상 기초 과학 부문 수상.

2015년 국립 생태원, 다윈-그랜트 부부 길 조성.

2017년 영국 왕립 협회로부터 로열 메달 수여.

2002년 서울에서 열린 세계 생태학 대회(International Congress of Ecology, INTECOL)에 내가 그들을 기조 강연자들로 모신 지 퍽 오랜 세월이 흘렀다. 그동안 우리는 서로 이메일은 가끔 주고받았지만 또다시 직접 만나지는 못했다. 비가 퍽 많이 내린 탓도 있지만 나는 약속 시간보다 말도 못 할 정도로 늦었다. 하지만 그런 나를 그들은 얼굴 한 번 찡그리지 않은 채 맞아 주었다. 학문의 세계에 뛰어든 이래 나는 이 두 사람보다 더 따뜻한 사람들을 본 적이 없다.

1990년대 초반 나는 피터 그랜트가 임용 위원회의 위원장으로 일할 때 프린스턴 대학교 교수직에 지원서를 낸 적이 있다. 몇 주 후 불합격 통보가 날아들었는데 그 편지 하단에는 그가 친필로 쓴 다음과 같은 말이 적혀 있었다. "위원회가 어떤 사람을 원하는지에 대해 마음을 중도에 바꾸지만 않았어도 당신은 아주 강력한 후보가 되었을 것이오." 그것은 내가 받아 본 불합격 통보 편지 중에서 가장 친절한 것이었다.

나는 만일 다윈이 부활해 돌아온다면 피터와 로즈메리 그랜트를 가장 먼저 만나러 갈 것으로 생각한다. 다윈의 학설을 관찰과 실험을 통해 가장 확실하게 검증해 낸 학자가 바로 이들이다. 그랜트 교수 부부는 다윈 법정의 가장 믿음직한 선서 증인이다.

50년도 짧은 진화 연구

최재천: 저는 지금 다윈의 해를 기념하기 위해 「다윈의 사도들」이라는 제목으로 인터뷰 시리즈를 진행하고 있습니다. 다윈주의자 모두 열둘을 인터뷰할 예정인데 당신들이 그 첫 순서입니다. 그런데 두 분을 한 명으로 세야 열두 명이 되는데 실례가 되지 않길 바랍니다. 사람들이 흔히 부부는 일심동체라고 하잖습니까? 그건 정말 당신들을 가리켜서 하는 말일 겁니다.

자, 그럼 시작해 볼까요? 당신들께 드리는 제 질문의 대부분은 자연스럽게 갈라파고스와 그곳에서 보낸 당신들의 삶에 관한 것이 될 겁니다. 그런 다음에는 다윈과 그의 생각들, 그리고 생물학을 비롯한 여러 분야에 미친 그의 영향에 대해 질문하겠습니다. 만일 시간이 더 있다면 우리 논의를 진화(evolution)와 진보(progress)로 확장해 보고 싶습니다. 이 주제로 이야기를 나누는 게 불편하지는 않으신지 궁금합니다.

만일 되새류, 즉 핀치들이 새로 갈라파고스에 정착해야 한다면 어떤 일이 벌어질지 궁금합니다. 지금과 비슷한 형태의 적응 방산(adaptive radiation)이 일어나 비슷한 종의 구성을 이루게 될까요? 어떻게 정의하는가에 따라 다를 수 있지만 이 문제는 분명 진보의 개념과 관련이 있을 겁니다. 진화를 방향성이 있는 진보로 볼 것인가, 아니면 아무런 방향성이 없는 과정으로 볼 것인가는 늘 어려운 문제였습니다. 이 문제를 리처드 도킨스와 에드워드 윌슨을 빼고 또 누구에게 물어야 할지 잘 모르겠습니다. 윌슨은 약간 진보 쪽인 것은 알고 계시죠? 그래서 일단 제일 먼저 당신들에게 묻고 싶습니다.

피터: 당신이 '진보 쪽'이라고 말할 때 그쪽은 그 유명한 스티븐 제이 굴드(Stephen Jay Gould)의 생명의 역사 비디오테이프 되감기 논의에서 굴드가 주장한 것의 반대 의견을 말하는 것이죠?* 생명의 진화가 다시 일어났을 때 여전히 같은 결과가 나올지, 아니면 뭔가 새로운 게 나타날지? 같은 일이 벌어질 리는 없죠. 세상 모든 일은 다 이전 상태나 조건에 따라 달라지죠. 당신 생각에 에드, 그러니까 에드워드 윌슨은 아마…….

최재천: 이 문제에 있어서 그는 늘 모호한 편입니다. 굴드와 같은 생각은 절대 아닙니다. 최근 들어 그는 초유기체(superorganism) 개념에 대해 얘기하며 집단 선택(group selection)적 설명으로 돌아가고 있습니다. 지금 이 문제는 많이 혼란스럽습니다. 우리는 도킨스의 견해에 대해서는 잘 알고 있습니다. 이제 저는 당신의 얘기를 듣고 모든 걸 종합해 보고 싶습니다.

* 굴드가 『생명, 그 경이로움에 대하여(*Wonderful Life*)』에서 사용한 비유로 굴드는 생명의 역사가 담긴 비디오테이프를 45억 년 전까지 반대 방향으로 되돌린 후 다시 정상 방향으로 돌리면 지금과 같은 생명계가 탄생할까 하고 자문하고 '아니다.'라고 답했다.

피터: 우리가 처음이라니, 당신은 운이 좋으면 이 인터뷰 시리즈가 끝날 무렵에는 우리가 드릴 수 있는 것보다 훨씬 더 멋진 대답을 얻게 될 것 같은데, 그렇다면 갈팡질팡하는 우리 대답은 필요 없는 것 아닌가요? (웃음)

최재천: 그 논의는 나중에 해도 됩니다. (웃음) 일단 애당초 왜 갈라파고스에 가기로 결정하셨는지부터 이야기했으면 합니다. 당신의 책에서 읽긴 했습니다만 우선 다른 어떤 것보다 왜 핀치를 연구하기로 했는지 말씀해 주십시오. 당신의 책 『다윈 핀치의 생태와 진화(*Ecology and Evolution of Darwin's Finches*)』를 보며 저라면 제목을 다르게 붙였을 것이라고 생각했습니다. "생태 극장에서 벌어지는 진화 연극"이라고 말입니다.

제가 무슨 얘기를 하고 있는지 잘 아시죠? 그 유명한 조지 이블린 허친슨(George Evelyn Hutchinson)의 표현을 말하고 있는 겁니다. 저는 제 진화 생물학 수업의 첫 시간에 꼭 이 얘기를 합니다. 우선 다윈이 갈라파고스에서 무엇을 했는지 얘기해 주고, 다음에는 영국의 생태학자이자 조류학자인 데이비드 램버트 랙(David Lambert Lack)이 한 일을 소개합니다. 마지막으로 당신들의 연구 자료를 보여 줍니다. 저는 학생들에게 다윈은 자신이 채집한 새들이 어떤 존재들인지 몰랐다는 사실을 알려줍니다. "다윈은 그저 그 새들을 채집했을 뿐이며 나중에야 거기에 큰 의미가 있었다는 걸 알게 된다. 다윈은 진화의 결과물을 채집했고, 랙은 그곳에서 몇 장의 스냅 사진을 찍었을 뿐이다. 그런데 그랜트 부부는 그곳에서 동영상을 찍었다." 이게 제가 첫 시간에 학생들에게 해 주는 말입니다. 제대로 설명한 걸까요?

피터: 좋습니다. 전에도 이런 질문을 받은 적이 있는데, 혹시 답변을 길게 해도 괜찮나요? 짧게 답하기가 힘드네요. 우리가 갈라파고스 프로젝트를 시작하게 되었을 때 저는 맥길 대학교 생물학과 교수로 있었고, 로즈메리는 그 전에 그와 관련해 교육을 받기는 했지만 집안일을 하고 있었습니다. 갈라파고스를 연구지로 선택한 데는 몇 가지 이유가 있습니다.

우리는, 저와 로즈메리는 이것에 관해 많은 이야기를 나누었기 때문에 '우리'라고 하겠습니다, 우리는 몇 가지 기본적인 문제에 대해 관심이 많았습니다. 하나는 종 간 경쟁의 문제가 자연의 특정한 패턴을 만든 건 아닌가 하는 것이었습니다. 이는 다윈과 그 이후의 많은 사람이 씨름해 온 문제죠. 하지만 이 문제는 또한 심각한 비판을 받아 왔습니다. 저와 몇몇 사람은 오늘날 일어나는 경쟁에 관해 설명할 수 있습니다. 하지만 그것이 과거에는 어떠했고 군집 구조에 어떤 영향을 끼쳤을까? 이 문제를 풀고 싶다는 게 하나의 이유였습니다. 또 다른 이유가 된 문제는 왜 어떤 개체군에는 특별히 변이가 많은가 하는 것이었습니다. 분명히 어떤 개체군은 변이의 폭이 훨씬 큽니다. 저는 대학생 시절에 데이비드 랙의 책을 읽으며 다윈 핀치가 이런 질문에 적절한 연구 대상이라고 생각했습니다. 게다가 다윈 핀치는 비교적 사람들의 손이 덜 타는 환경 속에서 일어난 종 분화의 대표적인 예라는 이점도 있죠. 그리고 저도 로즈메리처럼 아주 오래전부터 오늘날 우리가 '생물 다양성(biodiversity)'이라고 부르는 것에 깊은 관심을 가져 왔습니다. 어떻게 세상은 이렇게 다양한 종으로 가득 차게 되었는가 하는 문제 말이죠. 그래서 갈라파고스는 연구의 이상적인 조합을 제공하는 것으로 보였습니다.

하지만 그때는 갈라파고스가 너무나 멀어 그곳에 가기에 충분한 자금을 구하는 게 문제였죠. 그때 저는 한 통의 편지를 받았습니다. 오스트레일리아에서 막 박사 학위를 딴 사람이 보낸 편지였는데 맥길 대학교에 와서 저와 함께 연구하고 싶다는 내용이었습니다. 그는 다윈 핀치에 관한 연구를 제안했고, 핀치들 사이에서 나타나는 다양한 변이를 경쟁 이론과 비경쟁 이론으로 구별해서 설명하려고 했어요. 저는 답장을 썼죠. "저는 연구원을 지원할 형편은 되는데, 연구를 지원할 형편이 되지 않습니다. 연구 자금을 지원받을 수 있을지 불투명한 데도 오시겠다면 좋습니다."라고 말이에요. 그는 아내와 함께 왔고, 우리는 4개월 동안 갈라파고스에 머무르면서 야외 조사 계획을 세웠어요. 그들은 4개월을 거기서 보냈고 저는 한 달 동안 머물렀죠. 이제 우리는 자금을 모아야 했어요. 지금 생각하면 놀랍겠지만 1973년 당시에 야외 조사를 위해 필요한 돈은 약 4,000달러밖에 되지 않았어요.

그래서 우리는 자금의 절반은 당시 많은 생물학 연구를 지원하던 뉴욕 자연사 박물관에 요청하고, 남은 절반은 맥길 대학교의 연구사업단에 요청했어요. 마침내 뉴욕 자연사 박물관에서 "미안하지만 돈을 줄 수가 없다."라는 답이 왔어요. 박물관 안에서 하는 연구라면 지원하겠지만 야외 조사는 지원할 수 없다고 했어요. 그래서 저는 맥길 대학교의 학장님에게 전화해서 최선을 다했지만 결과가 이렇게 나왔노라고 말씀드렸습니다. 그때만 해도 저는 내셔널 지오그래픽에 대해 알지 못했어요. 알았다면 자금을 요청해서 받을 수 있었을 텐데 말이에요. 저는 학장님에게 우리가 요청한 2,000달러만 줘도 대부분의 연구를 목표했던 만큼 달성할 수 있을 거라고 했어요. 그랬더니 학장님이 "아직 젊어서 잘 모르는 모양인데 우리는 그런 방식으로 결정하지 않아요. 그 프로젝트가 좋으면 전액을 지원하고, 그렇지 않으면 지원하지 않을 겁니다. 다음 주에 연락하겠소."라고 말하고 전화를 끊더군요. 일주일이 지나서 다시 전화가 왔는데, 프로젝트가 마음에 드니 지원하겠다는 거였어요. 우리는 자금을 지원받았죠.

만약 지원 불가의 답을 받았다면 다른 연구 대상을 찾았을까요? 모르겠어요. 하지만 우리는 돈을 받았고, 연구에 대한 열정도 대단했죠. 저는 아이들을 데리고 가도 안전할 거라 확신했어요. 그래서 로즈메리와 아이들이 갈라파고스까지 잠깐씩 오게 되었고, 역사는 그렇게 시작되었네요.

최재천: 섬에 가고 나서는 쭉 거기서 머무셨나요?

피터: 아니요. 우리는 여덟 섬의 여덟 개체군을 비교하는 연구를 시작했어요. 다프네(Daphne) 섬은 제 선택이었어요. 데이비드 랙의 책에서 그곳의 독특한 개체군에 관해 읽었거든요. 우리가 다프네 섬에 초점을 맞춘 건, 한마디로 답한다면, 로즈메리와 아이들, 그리고 동료들과 다시 갔을 때 야외 조사 지점 여덟 군데 중 다섯 군데를 다시 갔는데, 잡았다 풀어 준 개체를 네 군데에서는 5퍼센트밖에 볼 수 없었지만 다프네에서는 85퍼센트나 다시 볼 수 있었기 때문이에요. 더 말할 필요도 없었죠. 정말 놀라웠어요.

최재천: 와, 저는 지금 14년 동안 서울대 캠퍼스에서 까치를 연구하고 있어요. 매년 캠퍼스에서 태어나는 까치들의 다리에 고리를 달

아 주는데 85퍼센트 이상이 사라집니다. 그런데 85퍼센트가 살아남는다니, 정말 굉장하군요.

로즈메리: 그래요. 정말 대단하죠. 게다가 새가 죽었을 때도 모두 찾아서 사체를 수거할 수 있어요. 아니면 적어도 고리를 찾을 수 있고요. 정말 새를 조사하기에 좋았어요. 새들도 아주 순량(純良)했고요.

최재천: 우리는 까치를 연구할 때 날개에 이름표를 붙여 줍니다. 다리에 고리를 다는 것만으로는 충분한 관찰을 할 수 없습니다. 이름표 뒤에는 우리 연구실 전화 번호와 웹사이트 주소 등을 적어 두죠. 누구든 죽은 새를 발견하면 우리에게 알려 달라고 말이에요. 그럼 우리가 가서 수거해 와요. 하지만 14년 동안 그리 많은 제보 전화를 받지 못했어요. 그래서 정말 부럽네요. 왜 다프네 섬만 그렇게 높게 나왔을까요?

피터: 그건 다프네 섬이 아주 작은 섬이고 고립되어 있기 때문일 거예요. 그래서 새들이 이주할 수 없죠. 물론 섬을 떠나 다른 지역으로 가는 개체도 있지만 그건 아주 드문 경우예요. 다른 큰 섬이라면, 번식기에는 새들이 섬 전역에 골고루 분포하죠. 그러나 번식기가 지나면 먹이가 줄어들면서 새들은 먹이가 있는 곳을 찾아 이동해요.

로즈메리: 더 높은 곳으로 이동하죠. 하지만 다프네는 지름이 3킬로미터밖에 되지 않아요. 화산섬인데 높이는 230미터이고 가운데에는 커다란 분화구가 있어요. 모든 곳이 비탈져 있지만 그래도 섬 전체를 돌아보며 연구할 수 있어요. 새들도 멀리 가지 않고요.

최재천: 그건 마치 신이 만들어 준 실험실 같네요.

로즈메리: 그러니까요, 하하.

피터: 비탈에서 일하는 것만 괜찮다면 아주 좋아요. 하지만 모두가 동의하진 않아요. 사실 많은 사람이 다프네 섬에 대해 아주 신랄한 말을 쏟아냈죠. 마치 갈라파고스의 재떨이 같다고 말입니다. 하지만 우리에겐 환상적인 곳이었죠.

로즈메리: 게다가 군도 전체가 적도 위에 놓여 있어요. 그래서 엘니뇨의 영향을 받죠. 그래서 우리는 가뭄도 겪고 몇 년 동안은 엄청난 폭우도 겪었어요. 가뭄이 2년 6개월 정도 계속된 적도 있는데, 새들은 번식도 멈추고 상당수가 죽어 나갔어요. 그때 죽은 새들이 80~90퍼센트 정도 되었죠. 기후 변화라는 환경에서 자연 선택이 어떻게 작용하는지 실제로 실험해 본 셈이었죠. 그건 굉장한 이점이기도 했어요.

최재천: 맨 처음 그곳에 갔을 때가 언제였죠?

피터: 1973년에 두 번 갔죠. 그해 초에 처음 갔을 때는 번식기의 막바지였어요. 날씨가 비교적 온화했죠. 그러나 11~12월에 다시 갔을 때는 새들이 살기에 훨씬 어려운 환경이 되어 있었죠. 당시 우리는 다음 해나 그다음 해까지 단기 연구 정도는 할 수 있겠다고 확신했죠. 하지만 1974년과 1975년에 달라진 환경을 겪으면서 이런 환경 변화와 그 영향은 박사 후 연구원이 논문을 쓸 주제로 적합하다고 생각했어요. 일이 끝나면 적어도 하나 이상의 박사 논문이 나올 수도 있겠다고 봤죠. 3년이 흐르고 또 3년이 흘렀어요. 그때쯤 우리는 연구 보조원만 한 명 있으면 우리 둘이 연구를 수행할 수 있겠다고 생각했어요. 1998년을 빼고는 1992년부터 한 해도 거르지 않고 연구를 계속했답니다.

로즈메리: 우리는 갈라파고스에 매년 가요. 그리고 우리는 항상 다프네 섬에 가죠. 하지만 우리는 10년 넘게 헤노베사(Genovesa) 섬에서도 병행 연구를 하고 있어요.

피터: 우리는 다른 섬에서 짝 선택에 관한 연구를 하고 있어요. 예를 들면, 이사벨라(Isabela) 섬과 산타 크루스(Santa Cruz) 섬에 가서 새들에게 새로운 노래를 들려주고 반응을 관찰합니다. 우리는 코코스(Cocos) 섬에서도 연구했어요. 고도가 매우 높은 섬인 페르난디나(Fernandina)를 오르기도 했죠. 다른 여러 가지 일들이 다프네 섬 연구와 호흡을 맞추며 진행되었어요. 다프네 섬 연구는 과정 지향적인 연구이고, 패턴의 비교 분석과 다른 요인들에 대한 실험들은 다른 섬들에서 계속하고 있어요.

최재천: 저도 똑같은 전략을 사용합니다. 서울대 개체군에 대한 연구는 비교적 손을 대지 않고 관찰 위주로 진행합니다. 저희도 몇 년 전부터는 대조 개체군을 확보해 병행 연구를 하고 있죠. 자, 이제 연구하신 지 36년이 되었네요. 그렇게 오랫동안 들여다보면 다른 사람이 볼 수 없는 뭔가 아주 특별한 걸 볼 수 있었을 것 같은데요. 그런 장기적인 연구의 이점과 중요성에 대해서 말씀해 주실 수 있나요?

로즈메리: 무엇보다도 오랜 시간 동안 연구한 덕분에 우리는 자연 선택의 궤적을 짚어 볼 수 있었어요. 먹이 공급의 변화로 인한 부리와 몸의 크기에 대한 자연 선택 과정의 변동과 그에 대한 진화적 반응까지도 볼 수 있었어요. 예를 들어, 큰 씨앗이 압도적으로 많고 다른 대체 먹이가 거의 없을 때는 그런 씨앗을 깨 먹을 수 있는 큰 부리의 새들이 살아남았어요. 이듬해 또다시 우기가 돌아오자 이 큰 부

로즈메리 그랜트.

리 새들은 큰 부리를 가진 새끼들을 낳아 기를 수 있었죠. 가뭄이 닥쳤을 때는 작은 씨앗들이 훨씬 많아졌고, 부리 작은 새들이 살아남고 부리 큰 새들이 죽는 정반대의 일이 벌어졌습니다. 개체군의 이 같은 부리 크기의 변화는 부리와 몸의 크기가 유전성이 매우 강한 형질이기 때문에 일어났죠.

이 점은 우리로 하여금 두 가지 추가 질문을 하게 만들었죠. 한 개체군의 이 같은 유전적, 그리고 형태적 변이가 어떻게 유지되어 몸과 부리의 크기를 변화시키는가? 무엇이 두 근연종을 격리해 주는가? 여기서 노래가 대단히 중요한 역할을 합니다. 1950년대에 샌프란시스코 지역의 연구자들이 새들을 기르며 연구할 때 로버트 보우먼(Robert Bowman)은 새들이 태어난 지 10~40일 동안, 즉 매우 짧은 민감기(sensitive period) 동안에 노래를 배운다는 사실을 알아냈어요. 이때가 바로 부모에게서 먹이를 받아먹으며 둥지를 떠나기 불과 며칠 전이자 바로 아빠 새의 노래를 듣고 배우는 시기입니다. 그러니 새끼들이 아빠의 노래와 형태를 연관하여 배우는 건 놀랄 일이 아니죠. 노래는 일단 배우면 평생 간직하게 되는데, 길면 17년이나 되는 세월이죠. 이것이 바로 아주 어렸을 때 배운 노래가 훗날 짝을 고를 때 사용되는, 이른바 각인(imprinting) 현상입니다.

이 과정은 종 간의 잡종 형성을 막는 방어벽 역할을 하죠. 그러나 노래는 배워서 익히는 것이다 보니 민감기에 다른 종의 노래를 배우는 수가 있습니다. 아빠가 일찍 죽어 홀어머니 아래에서 자랄 경우 다른 종의 수컷들이 이웃에 있었거나 아예 둥지를 다른 종에게 빼앗기게 되면 이런 일이 생길 수 있죠. 예를 들면, 큰 부리를 가진 지오스피자 스캔덴스(*Geospiza scandens*)는 때로 지오스피자 포티스(*G. fortis*)의 둥지를 빼앗고 그 안에 있던 알들을 죄다 내버린 다음 자기 알을 낳는데 가끔 원래 있던 알이 하나 남아 있을 경우가 있습니다. 이 경우 포티스 새끼는 스캔덴스의 둥지에서 자라며 그 종의 노래를 배우게 되죠. 그러면 이 새는 장차 스캔덴스와 짝짓기를 하여 잡종 새끼를 낳는 겁니다.

이때 이 잡종의 적합도(fitness)가 문제가 되죠. 유전적 불일치는 없을까? 우리는 건기 동안 중간 크기의 씨앗이 풍부할 때 중간 크기의 부리를 가진 새들이 비교적 잘 살아남는다는 걸 발견했어요. 큰 씨앗만 풍성하게 있다면 중간 크기의 부리를 가진 잡종 새들은 살아남지 못하죠. 따라서 그들은 적절한 생태 환경이 주어졌을 때만 생존할 수 있는 겁니다. 오로지 충분한 먹이가 있을 때만 살아남아 노래의 종류에 따라 어미 종 중 한 종과 짝짓기를 하며 번식할 수 있습니다. 이는 환경 조건이 좋으면 유전적 불일치는 문제가 되지 않을 수도 있음을 의미하죠.

이처럼 몇몇 개체의 역교배(backcross)를 통해 유전자가 한 종에서 다른 종으로 흘러 들어갈 수 있습니다. 이런 일은 물론 아주 가끔 일어나지만 결과는 무시할 수 없죠. 우리는 자연 선택이 작용할 수 있는 유전적, 그리고 형태적 변이를 찾아 측정했습니다. 우리는 이 같은 유전자 이입(gene transfer)이 다프네 섬뿐 아니라 갈라파고스 제도의 모든 섬에서 몸의 크기가 그리 다르지 않은 종들 사이에 심심찮게 일어난다는 걸 알았습니다. 이 같은 사실은 생물 전반에 걸쳐 적용 가능하므로 대단히 중요한 발견이라고 할 수 있죠.

종 분화의 초기에 계통은 분리되었지만 완벽한 유전적 불일치가 일어나지 않아 유전적으로, 또는 형태적으로 아직 그리 다르지 않을 때 발생하는 유전자 이입은 새로운 개체군이 새로운 환경에 적응하며 새로운 진화 경로를 밟을 수 있도록 유전자 및 형태 변이를 증가시킨다는 점에서 대단히 중요합니다. 우리는 박테리아(세균)는 물론, 미국의 식물학자 로렌 라이스버그(Loren H. Reiseberg)의 해바라기 연구에서 보듯이 많은 식물, 곤충, 어류, 파충류, 양서류, 조류, 그리고 영장류를 포함한 포유류에 이르기까지 유전자 흐름(gene flow)을 통한 잡종 형성과 유전자 이입 현상이 드물긴 해도 여러 분류군에 걸쳐 폭넓게 일어난다는 것을 알고 있습니다.

피터: 장기적인 연구가 갖는 또 다른 가치는 아주 중요하지만 드물게 일어나는 일을 잡아낼 수 있다는 데 있습니다. 우리가 땅핀치(ground finch) 개체군의 형질 치환(character displacement)*을 명확하게 설명하는 데 32년이 걸렸으니까요.

최재천: 예, 당신은 바로 동고비 형질 치환 연구로 연구 생활을 시작하셨잖아요?

피터: 그렇죠. 과거에 일어난 일을 추론하는 과정이 있죠. 우리는 32년과 두 번의 가뭄이 지나서야 그 과정을 관찰할 수 있었어요. 중간 크기의 땅핀치 종 가운데 가장 큰 개체들은 상대적으로 최근에

* 형질 치환은 유사 종들 사이의 형질 차이가 지리적으로 분포가 겹치는 경우에는 커지지만, 지리적 분포가 겹치지 않는 경우에는 최소화되거나 사라지도록 진화적 변화가 이루어지는 현상을 말한다.

이주해 온 더 큰 땅핀치 종과의 경쟁에서 졌어요. 그래서 중간 크기의 땅핀치 개체군의 평균이 더 떨어졌고 두 종 간의 차이는 더 벌어졌어요. 우리가 만약 3년 안에 연구를 마쳤는데 아주 운이 좋게 그 사건이 그 3년 안에 일어났을 수도 있겠죠. 하지만 그것에 대해 잘 해석할 수는 없었을 테죠.

최재천: 제가 당신의 사례를 위안으로 삼아도 될까요? 14년 동안 까치를 연구하면서 지금까지 겨우 몇 편의 논문을 냈을 뿐이라 그것 때문에 무척 걱정하고 있던 참이었거든요. 하지만 학생들에게는 50년 가까이 이런 작업을 해 온 당신들도 있다고 격려를 해 줍니다. 그러니 우리도 20년쯤 더 지나면 어떤 패턴이든 보게 될 거라고요. 매년 다르기 때문에 논문을 낼 수 없어 힘들긴 합니다만.

로즈메리: 하지만 그래서 재밌잖아요?

피터: 까치 연구를 하면서 전형적인 해가 있었나요?

최재천: 아, 대답하기 힘듭니다. 한번은 제가 한국 과학 재단에서 5년 동안 연구 지원을 받았습니다. 그런데 1년이 지나자마자 지원이 끊겼습니다. 왜냐하면 분자 생물학 같은 다른 과학 분야의 연구들은 이미 연구 결과가 논문으로 나왔어요. 한 열댓 개 정도 되는 지원 사업 가운데 유일하게 제 연구만 첫해에 논문을 내지 못했거든요. 그래서 제 연구의 지원이 끊겼고, 저는 무척이나 화가 나서 강력하게 항의했죠. "저는 5년을 약속받았습니다. 워낙 시간이 오래 걸리는 연구라서 어쩌면 5년 뒤에도 논문을 내지 못할 수도 있습니다. 그렇다 하더라도 일단 제 연구 제안서를 받아들였으면 그 기간을 기다려 주셔야죠. 이처럼 숨이 긴 연구를 어떻게 한 해 만에 중단시킬 수 있습니까!"

로즈메리: 그래서 다시 지원을 받았나요? 안 된다던가요?

최재천: 안 된답니다. 그래서 많이 힘들었어요. 그런데 얼마 지나서 한국 환경부가 한반도 장기 생태 연구를 시작한다고 발표했어요. 다행히 그곳에 제 연구가 낄 자리가 있었고, 지난 3년 동안 꾸준히 자금을 지원받고 있습니다. 지금 저는 학자 300여 명이 수십 가지 사업을 하는 프로젝트 전체의 총괄 책임자예요. 아마 우리 까치 팀이 적어도 몇 년 동안은 연구할 자금을 확보할 수 있을 것 같습니다.

피터: 분자 생물학자들에게는 이렇게 대답하면 될 것 같아요. 당신들 실험실의 일주일은 실제 세상의 1년과 맞먹죠. 당신들은 어떤 실험을 일주일 동안 해 보고, 예를 들어 온도가 제대로 통제되지 않아 잘못되었다면, 모은 자료를 다 버리고 다시 시작해도 그다음 주에는 답을 구할 겁니다. 하지만 만일 1년을 버려야 한다면 어떻겠어요? 우리는 다시 시작하려면 이듬해를 기다릴 수밖에 없어요. 진화 생물학 영역 밖에서 우리의 연구를 지켜보는 사람들은 머리를 절레절레 흔들며 이렇게 말할 거라고 생각해요. "참 대단하네요. 하지만 난 절대 할 수 없을 것 같아요."

다윈이 갈라파고스에 가지 않았다면?

최재천: 갈라파고스 제도에서 연구하며 얻은 성과 가운데 과학적으로 가장 의미 있는 것을 고르라면 뭐라 하시겠어요?

피터: 우리가 진화 생물학에 가장 크게 기여했다고 생각하는 것

은 자연 선택을 통한 진화가 짧은 기간에 일어날 수 있음을 보여 줬다는 점입니다. 반복적으로 실험하고 해석해서 그것의 원인과 결과를 알게 되었죠. 다른 일도 많이 했지만 하나만 고르라면 이것이 가장 큰 기여라고 생각합니다.

최재천: 저는 만일 다윈 선생님이 다시 살아 돌아오신다면 선생님들의 바로 이 연구에 가장 기뻐하실 것 같은데요, 이것이 진화율(evolutionary rate)에 대한 논거가 될까요?

피터: 진화율이나 진화 속도가 아니라 시간에 따른 패턴의 얘기입니다. 가끔 진화는 일어나지 않기도 합니다. 아니면 때로는 환경에 갑작스러운 변화가 일어나기도 합니다. 그러면 자연 선택은 매우 강하게 벌어지며 그에 따라 진화적 변화가 일어나죠.

최재천: 은근히 이 말씀 하시길 기다렸습니다. 그렇다면 기다렸던 질문을 드리렵니다. 스티븐 제이 굴드의 단속 평형(punctuated equilibrium) 이론을 지지하시는 겁니까?

피터: 이거 물어볼 줄 알았어요. 1981년《사이언스》에 자연 선택에 관한 첫 번째 글을 썼던 때부터 시작해야겠군요. 영국의 어느 저널리스트가 그 논문을 읽고는《선데이 타임스》에 "생물학자들이 단속 평형 이론을 입증했다."라는 기사를 썼어요. 5년 데이터만 보면 맞죠. 진화 현상을 동시대에 측정해 보면 연속적이지 않죠. 예를 들어, 어떤 개체군의 특정한 무리의 개체들에게는 이득이 매년 체계적, 선형적으로 5퍼센트씩 쌓일 수 있죠. 하지만 우리가 연구한 환경에서는 아니었습니다. 환경 변화에 대한 불규칙한 반응이 수시로 일어나는 경우에는 개체군이 진화적으로 거의 움직이지 않는 기간이

피터 그랜트.

있을 수 있죠. 거의 안정적이지만, 그렇다고 해서 평형 상태에 있는 거라고 말하기는 어려워요. 그래요, 5년 또는 10년 정도의 시간 동안에는 가끔 진화적 변화가 없다가 갑자기 큰 변화가 일어나기도 합니다. 그러나 규칙적으로 10년 단위로 일어나는 것은 물론 아닙니다. 매우 불규칙적이고 돌발적인 현상이죠.

로즈메리: 또한 가뭄 기간에 편향 선택(directional selection)이 진동하는 걸 우리는 관찰했어요. 선택이 어느 방향으로 움직이는가는 그 시점의 토양에 어떤 씨앗이 존재하는가에 따라 결정되었죠. 선택은 늘 앞뒤로 왔다 갔다 합니다. 우리는 30년에 걸친 큰 변화를 보았잖아요? 그랬더니 비록 앞뒤로 움직인다고 하더라도 조금씩 쌓인 것이 30년에 걸쳐 큰 변화를 만들더군요.

최재천: 굴드가 처음 단속 평형 이론을 제안했을 때 많은 사람이 이렇게 생각했죠. "그건 사실일 수밖에 없겠지. 어떻게 진화가 늘 똑같은 속도로 일어나겠어?" 하지만 우리 가운데 몇몇은 그가 지나치게 침소봉대(針小棒大)하는 게 무척 불편했어요. 자, 당신들은 이런 과정이 있다는 걸 실제로 보여 주셨습니다. 이건 전혀 다른 양상이라고 생각합니다. 우리는 모두 그런 일이 일어나리라고 믿었지만 그것을 실제로 보여 준다는 건 대단한 일이었죠. 그런데 다시 갈라파고스 제도 이야기로 돌아가기 전에 다윈에 대해 잠시 얘기하고 싶습니다. 다윈에게 갈라파고스는 왜 특별한 걸까요? 다윈이 갈라파고스를 방문하지 않았다면 진화 생물학의 역사가 달라졌을까요? 우리는 완전히 다른 생각을 하고 있을까요?

피터: 일단 대답부터 말하자면 '아니요.'입니다. 다윈이 갈라파

고스에 가지 않았다고 해도 진화에 대한 우리의 생각은 전혀 달라지지 않았을 겁니다. 다윈의 이론 역시 조금 늦어졌을지언정 같은 방법으로 완성되었을 겁니다. 다윈은 영국을 떠나 대서양의 케이프 베르데(Cape Verde) 제도를 방문했죠. 그러곤 갈라파고스에 도착했을 때 큰 감명을 받았죠. 갈라파고스도 화산 지형이라 케이프 베르데와 비슷했습니다. 케이프 베르데는 아프리카 바로 옆에 있고, 갈라파고스는 남아메리카 옆에 있습니다. 만약 화산섬에 사는 생물에 공통으로 나타나는 특징이 있다면 두 곳의 식물상과 동물상이 매우 비슷할 것으로 생각할 수 있겠죠. 그러나 실제로는 각각의 섬에 사는 생물들은 그 섬과 가까운 대륙에 사는 생물들과 아주 비슷해요. 그것을 보고 대륙에서 섬으로 생물들이 이동해 갔을 가능성을 생각할 수 있었을 것이고, 다윈은 갈라파고스에 가기 전 항해 중에 이미 돌연변이 이론에 관한 생각을 어느 정도 하고 있었어요. 그래서 다윈은 오랜 시간이 흐르면 종이 변화한다는 생각을 하게 되었고, 갈라파고스의 동식물이 그가 보았던 남아메리카의 동식물과 비슷했다는 점은 이런 그의 초기 생각에 큰 영향을 미쳤습니다. 훗날 그는 다른 섬들에 사는 지빠귀와 거북이 제가끔 다르다는 것도 무척 중요하다는 걸 깨달아요. 물론 그런 것을 보았으니 종이 절대로 변하지 않는다는 생각이 종이 적응하며 변할 수도 있다는 쪽으로 변할 수 있었겠죠. 이것이 오늘날 우리가 말하는 진화 가능성(evolvability)이죠. 다른 것들이 더 결정적이긴 했지만, 갈라파고스의 경험이 그의 진화 이론에 기초가 된 것은 사실입니다.

최재천: 다윈의 편지를 보면, 갈라파고스에 관한 편지는 제가 기

대했던 것만큼 그렇게 방대하지 않아요. 왜 다윈은 갈라파고스에 대해 그리 많이 쓰지 않았을까요? 그는 남아메리카에 머물 때 상당히 많은 글을 썼고, 그 후 오스트레일리아를 비롯한 다른 곳에서도 많이 썼어요. 통계적으로 분석해 본 것은 아니지만 상대적으로 적은 느낌이 듭니다. 갈라파고스가 그렇게 중요했다면 갈라파고스에 대한 편지가 훨씬 많아야 하는 것 아닐까요?

피터: 그 점을 지지하는 얘기를 하자면, 재닛 브라운이 쓴 『찰스 다윈 평전 1: 종의 수수께끼를 찾아 위대한 항해를 시작하다(*Charles Darwin: Voyaging*)』에 갈라파고스에 관한 장이 나와요. 그런데 그 부분이 짧아서 다소 실망하게 되죠. 역사가가 길게 쓸 만큼 충분한 사료가 없어요. 갈라파고스에 가 보면 편안하게 글을 쓸 시간이 많지 않았으리라는 걸 알게 될 거예요. 그는 야영을 하거나 비글 호를 타고 있었어요. 배에서는 멀미를 심하게 했고요. 오스트레일리아와 남아메리카처럼 대륙에서 여행할 때는 글을 쓸 시간이나 맘의 여유가 있었다는 걸 충분히 상상할 수 있죠. 그때는 밤이 되면 야영을 하거나 누군가의 집에 묵었어요. 그래서 글을 쓸 시간이 더 있었겠죠.

로즈메리: 다윈은 영국으로 돌아가 갈라파고스에서 가져온 표본들을 여러 사람에게 보내 동정(同定)을 했고 그에 관한 정보를 모았어요. 그때부터 갈라파고스에 대해 많이 쓰기 시작한 걸 알 수 있어요. 핀치에 관한 글도 항해를 다녀온 지 6년이나 지난 후에 썼죠. 다윈은 갈라파고스에서 채집한 핀치 표본을 조류학자이자 조류 화가인 존 굴드(John Gould)에게 보여 주고 모두 다른 종이라는 말을 듣고 나서야 새로운 생각을 하기 시작한 것 같아요.

최재천: 역사학자처럼 생각해 보면 말씀하신 것처럼 다윈은 갈라파고스에서 가져온 표본들에 대해 별로 생각하지 않다가 나중에 이렇게 얘기했을 것 같아요. "다윈, 넌 정말 중요한 곳에 갔다 온 거야." 그런데 제겐 그걸로 충분하지 않네요. 좀 이상하게 들리시겠지만 저는 갈라파고스가 다윈에게 그 이상의 의미가 있었어야 한다고 생각합니다. 전쟁에 관한 좋은 소설은 절대 전쟁 중에 나오는 게 아니라 전쟁이 끝나고 아주 오랜 후에야 나오잖아요? 전쟁이 끝나고 한참이 지난 다음 전쟁 장면을 자꾸 돌이켜 떠올리며 호르몬이 분비되기 시작해야 비로소 쓸 수 있는 것 아닐까요? 어쩌면 다윈도 갈라파고스에서 엄청난 충격을 받고 그 자리에서는 그 어떤 것도 쓸 수 없었던 건 아닐까요? 훗날 서서히 그 작은 부분들을 하나로 엮을 수 있었던 건 아닐까 생각해 봅니다.

로즈메리: 그 말씀이 맞을지도 몰라요. 다윈은 지질학자로 갈라파고스에 간 것이니 가장 큰 관심사는 그곳의 지질이었을 거예요. 물론 다른 것들에도 관심이 있었지만 말이죠. 그가 사람들이 제일 많이 사는 섬인 플로레아나(Floreana) 섬으로 돌아와 지사를 만났을 때 지사는 다윈에게 여러 다른 거북의 등딱지를 보여 주며 등딱지의 모양만 보고도 어느 섬에 사는 거북인지 알 수 있다고 했어요. 다윈은 지빠귀도 그런 차이를 보인다는 걸 알고 있었어요. 그는 그때 이미 섬들 사이의 차이를 알고 있었다고 생각해요. 피터가 얘기한 대로 그는 갈라파고스의 동물들이 남아메리카의 동물들과 매우 비슷하다는 것도 알고 있었고요. 그래서 당신이 말한 것처럼 다윈은 생각은 얼추 하고 있었는데 영국에 돌아가 표본들을 정리한 다음에야 모든 게 분

그랜트 부부 연구실의 칠판.

명해진 것 같아요. 사실 우리도 그러잖아요? 우리도 갈라파고스에서는 글을 쓰지 못해요. 연구를 마치고 돌아와서 컴퓨터에 자료를 입력하고 분석한 다음에야 논문을 쓰는 거죠.

피터: 제 생각에 다윈은 생물학적인 것에 대해서는 그리 많은 생각을 하지 못했을 것 같아요. 로즈메리의 의견을 보충한다면, 지질학이 그의 마음을 사로잡았던 시절이었기 때문에 동물과 식물은 그만큼의 자극은 주지 못했을 것 같아요. 그가 갈라파고스에 있을 때 저지대는 건기여서 식물들이 잎도 별로 없고 꽃도 거의 없는 상태였어요. 동물로는 평범한 핀치 몇 종류가 날아다닐 뿐이었죠. 남아메리카 대륙에서 보았던 그런 풍부함은 없었어요. 제 생각에는 다윈이 만약 핀치에 대해 생각이 있었다고 해도, 이사벨라 섬의 고지대에 가서야 좀 더 많이 알게 되었을 것 같아요. 그가 갈라파고스에서 생태적으로 압도당하는 경험을 했을 것 같지는 않네요. 일단 머릿속에 정보를 넣고 나중에 꺼내 봤을 것 같습니다. 저도 원칙적으로는 당신 생각에 동의하지만 압도당할 정도는 아니었을 겁니다. 이건 제가 받은 인상입니다.

역사가들은 그 사람의 경험과 그것의 영향력에 대해 어쩔 수 없이 왜곡된 생각을 하게 되는 것 같아요. 기록이나 단어 자체에 집중하도록 훈련받아 왔으니까요. 생물학자로서 생각해 보면 안내서나 배경 지식 없이 야외 조사를 나간다면 상당히 혼란스러웠을 것 같아요. 제가 기록을 남긴다고 해도 부리의 변이가 아주 심한 이상한 핀치에 대해 장황하게 쓸 것 같지는 않죠. 그냥 일단 머릿속에 담아뒀다가 나중에 뭔가 창조해 내지 않겠어요?

갈라파고스의 생명들은 오늘도 진화하고 있다

최재천: 그렇다면 다윈의 어려움을 당신의 어려움에 대입해 보도록 하죠. 갈라파고스에 계신 동안 아주 힘든 일을 많이 겪으셨을 것 같은데, 재미있는 일화 같은 게 있다면 말씀해 주세요.

피터: 1983년과 1987년 엘니뇨가 왔던 때가 가장 어려웠던 것 같아요. 그때는 습도와 온도가 최고로 높았고, 매일매일 비가 억수같이 퍼부었어요. 육체적으로 무척 힘들었죠. 그때는 열한 시면 캠프로 돌아와 쉬었다가, 정오에 식사하고, 한두 시까지 또 쉬었어요. 엘니뇨는 1983년보다 1987년이 더 심했던 것으로 기억합니다. 1987년에도 열 시면 완전히 지쳐서 제대로 걷지도 못했어요. 제 다리가 아닌 것 같았죠. 그런 극한의 상황에서 느꼈던 육체적인 고통이 가장 힘들었던 때라고 말할 수 있겠네요.

최재천: 그러면 가장 좋았던 때는?

로즈메리: 올해(2009년) 우리는 가장 멋진 시간을 보냈어요. 우리가 섬에 도착하기 직전에 비가 왔어요. 모든 새가 다 우리가 원하는 대로 번식하고 노래 부르고 이것저것 활발하게 하고 있었죠. 그리 덥지도 않았어요. 엘니뇨가 있던 때는 밤에도 너무 더워서 잠을 잘 수가 없었죠. 지금은 너무 덥지도 춥지도 않고 바다도 시원하고 꽃들도 많이 피었어요. 섬 전체가 마치 고산 지대 목초지 같아서 조사하는 것도 무척 즐거웠어요. 일하기도 무척이나 쾌적했고 매일매일 아주 멋진 경험을 했죠.

최재천: 이런 멋진 장면에서 연구를 그만두시는 건 아니겠죠?

연구 계속하실 거죠?

피터: 그럼요. 은퇴하기 전에는 계속하죠. 사람들에게 은퇴하면 어떠냐고 묻기는 합니다만, 은퇴를 해 보지 않아서 잘 모르겠네요.

최재천: 저는 두 분이 벌써 은퇴하신 줄 알았는데요. (웃음)

피터: 가르치는 일은 은퇴했죠. 그게 어떤 건지 알기 위해서 은퇴해 봤어요. 연구도 마찬가지입니다. 그래서 언젠가 더 이상 갈라파고스에 가지 않는 게 어떤 건지 알아보기 위해서 연구를 그만두게 되겠죠? 매년 해 오던 일이 하도 몸에 배어 힘든 결정이 될 것 같네요.

로즈메리: 게다가 지금 정말 흥미로운 일이 일어나고 있어요. 1983년 지오스피자 매그니로스트리스(*Geospiza magnirostris*)가 섬에 이주해 왔어요. 우리는 그 후 27년 동안 그 사건의 결과를 조사하고 있는데, 또 다른 이주가 일어나 그것도 조사하고 있어요. 동일한 노래를 부르는 작은 무리 간에 상당한 근친 교배가 일어나고 있어요. 이들은 거의 스캔덴스처럼 보이는 상당히 큰 포티스입니다. 정말 잡종이 태어나는지 확인도 했어요. 예를 들어, 올해에는 형제자매들끼리 짝짓기를 하지 않나, 심지어는 아버지와 딸도 짝짓기를 하고 있어요. 우리는 어떤 결과가 나올까 궁금해하고 있습니다. 매그니로스트리스도 그렇게 시작해 3대째 근친 교배를 하고 있는데 또 새로운 매그니로스트리스들이 이주해 왔어요. 이것이 포티스에 어떤 영향을 미칠지 아주 흥미롭게 지켜보고 있습니다. 이게 바로 피터가 앞에서 얘기한 형질 치환이죠. 이 현상을 유전적으로 분석하는 일도 매우 흥미롭습니다.

최재천: 자연이 자꾸 당신들에게 새로운 프로젝트를 제공하는

것 같네요.

로즈메리: 그렇네요.

피터: 자연은 끝이란 게 없는 것 같아요. 당신도 까치 연구에서 똑같은 걸 느낄 겁니다.

최재천: 갈라파고스 제도로 연구하러 가시기 전에 그곳이 엘니뇨와 같은 급격한 기후 변화 현상이 일어나는 걸 알고 계셨나요?

로즈메리: 알고는 있었죠. 하지만 1983년에 겪었던 엘니뇨가 500년에 한 번 일어날까 말까 할 정도로 극심할 줄은 몰랐죠. 굉장히 예외적인 일이었어요. 실제로 섬의 생태 조건을 송두리째 바꿔 버렸으니까요. 그러니까 굉장히 운이 좋았던 거고, 1987년에 한 번 더 그런 심한 엘니뇨를 겪었다는 것도 그래요. 2003년부터 2005년까지 2년 6개월 동안에는 가뭄을 또 겪었는데 이것 또한 가장 긴 기간 동안 일어난 가뭄이었어요. 그래서 이제 우리는 이런 변화가 일어나고 있다는 걸 알게 되었죠. 하지만 우리 중 그 누구도 이런 굉장한 기후 변화를 실제로 경험할 거라고는 생각지 못했어요.

최재천: 만일 이런 대단한 기후 변화에 대해 미리 알고 계셨더라도 발견하신 것 같은 진화적 변화를 예상하셨을까요?

피터: 아니요. 우리는 부리의 크기와 같은 형질이 유전될 수 있는지도 몰랐어요. 그리고 이런 기후 변화가 먹이 공급에 어떤 영향을 미칠지도 몰랐어요. 새들이 가뭄의 피해를 최소화하기 위해 어떤 행동 전략을 구사할 수 있는지, 또는 그냥 건조한 상태에 마냥 휘둘리게 되는지도 몰랐죠.

최재천: 반대로 만일 갈라파고스가 그렇게 급격하게 기후가 변

하는 곳이 아니었다면 이런 놀라운 현상을 관찰할 수도 없었겠죠?

피터: 적어도 이 정도 규모는 상상하지 못했을 겁니다. 다른 연구자들도 다른 조류나 포유류에서 작은 진화적 변화가 일어나고 있다는 걸 알아내고 있습니다. 하지만 변화가 너무나 미미하여 해독하기가 쉽지 않죠. 우리 연구가 이런 결과를 보여 주는 유일한 것은 아닙니다. 다만 자연 선택과 진화를 의심의 여지 없이 명확한 수준에서 보여 주었죠.

로즈메리: 우리가 다룬 개체군이 연구 시작 때부터 다양한 유전적 변이와 형태적 변이를 갖고 있었던 게 도움이 됐던 것 같습니다. 환경 조건이 수시로 변하는 서식 환경에서 변화를 측정할 수 있을 만큼 개체군의 크기도 괜찮았고, 섬들도 원시 상태로 잘 보존되어 있었어요. 그래서 일어나는 변화들이 인간의 영향보다는 자연 환경의 변화에 따른 것이라는 걸 알 수 있었죠. 순수하게 자연적인 과정이었다는 점이 대단히 중요해요. 다윈 핀치는 아마 적응 방산 후에 인간에 의해 멸종한 종이 없는 유일한 새일 겁니다. 물론 과거에 멸종한 종은 있었겠지만, 사람의 영향으로 멸종한 종은 없어요. 또한 다윈 핀치의 적응 방산이 매우 최근의 일이라는 겁니다. 200만~300만 년 동안 열네 종이나 나타났으니까요. 다윈도 최근에 일어난 적응 방산이 종 분화 과정을 연구하는 데 좋을 것이라고 말한 바 있죠.

피터: 우리가 이런 결과를 예견하고 있었냐고 물었을 때 제가 "아니요."라고 대답했죠? 처음엔 아니었어요. 하지만 1977년 가뭄이 시작되면서 거의 비가 오지 않으리라는 것을 실감하고 로즈메리와 저는 자연 선택이 일어난다면 바로 이런 환경일 거라고 여겼고 뭔

가 측정할 수 있으리라고 확신했습니다. 결국 우리 생각이 옳았죠. 첫 데이터를 얻기 전 강우량 데이터만 보고도 우리는 굉장한 한 해가 되리라고 직감했어요.

로즈메리: 지금 우리가 하는 일 중에는 하버드 대학교에 있는 몇몇 발생 유전학자들과 함께 부리 발생의 유전학적 배경을 찾는 연구가 있습니다. 부리 모양 변화의 유전학적 근거를 찾는 일이죠.

최재천: 바로 그와 관련된 질문을 하려고 했습니다. 그러한 접근법은 그야말로 통섭적 방법입니다. 두 분은 야외 생물학자들인데도 분자 생물학 기술이나 다른 방면의 기법들을 도입하는 걸 전혀 두려워하지 않는 것 같아요.

피터: 맞습니다.

로즈메리: 우리는 오래전부터 부리의 유전적 발생에 대해 연구하고 싶었어요. 저는 에든버러 학부생 시절에 유전학을 공부해 본 경험이 있었고, 늘 관심을 갖고 있었어요. 그래서 만나는 사람마다 우리와 함께 이 연구를 해 보지 않겠느냐고 제안하곤 했죠. 적절한 기술이 개발된 게 그저 10년 남짓 전이잖아요. 몇 년 전에 제가 피터에게 이 연구를 함께할 만한 적임자가 하버드 대학교의 클리프 태빈(Cliff Tabin)일 것 같다고 얘기한 적이 있어요. 그 얘기를 한 지 2~3일 만에 이 방에 있는데 전화가 울렸어요. 바로 클리프였죠. 우리와 함께 작업할 수 있는지 물었고 우리는 당연히 그렇다고 답했죠. 바로 다음 날인가, 그가 우리를 불러서 보스턴으로 달려갔고 함께할 아르크하트 아브자노프(Arkhat Abzhanov)라는 연구원도 소개해 주었어요. 정말 흥분되고 성과도 많은 협력 연구였답니다. 어려운 점도 많았

그랜트 부부와 필자.

어요. 사람들은 우리가 살아 있는 배아를 밀반출하는 줄 알았거든요. 어쨌든 이 연구는 잘 진행됐고 흥미로운 결과들도 많이 나왔습니다.

최재천: 분자 생물학자들은 우리 진화 생물학자들이 분자 관련 일을 전혀 하지 않을 거라고 생각하죠. 사실은 많이 하는데도 말이에요. 이제 어떻게 큰 그림과 연관시키는 질문을 하나 해도 될까요? 기후 변화는 어느덧 우리 시대의 가장 큰 이슈 중의 하나가 되었습니다. 실제로 엘니뇨가 시작되는 곳에서 연구를 하셨는데, 기후 변화에 대해 분명히 하실 말씀이 있어 보입니다만…….

피터: 사람들이 제게 기후 변화의 조짐을 봤냐고 물어보곤 합니다. 저는 아니라고 대답하죠. 증거가 있었다고 해도 해마다 온도와 강수량이 달라지기 때문에 보지 못했을 것입니다. 많은 모형이 기후 변화는 열대 지방보다 극지방에서 더 심하게 일어나리라고 예측합니다. 하지만 우리는 예기하지 못한 일에도 준비를 해 둬야 합니다. 어쩌면 우리가 모르는 사이에 적도 지방에서 지구 물리학적인 변화가 일어나서 나중에 영향을 미치게 될지도 모르죠. 예를 들어, 갈라파고스의 기후는 페루 해안에서 용승해 북쪽으로 올라오며 섬들을 감싸 흐르는 한류의 영향을 받습니다. 한 가설에 따르면, 이 같은 해류의 용승은 지구 온난화와 함께 더 강해질지도 모릅니다. 그렇게 되면 갈라파고스는 온도가 올라가는 게 아니라 내려갈 겁니다. 저 먼 남쪽에서는 온도가 올라갈 수 있습니다. 하지만 갈라파고스의 온도는 내려가게 됩니다. 더 습해질 수도 있지만 더 건조해질 수도 있죠. 온도가 내려가는 게 더 습해지거나 건조해지는 걸 의미하는 건 아니니까요. 어쩌면 비가 집중적으로 내리는 정도가 줄어들 수도 있습니

다. 어쩌면 지금은 1월과 4월 사이가 우기이지만 비 오는 기간이 길어질지도 모르죠.

최재천: 실제로 이런 관점에서 데이터를 분석해 보셨나요?

로즈메리: 변동의 폭이 워낙 커서 분석하기 어렵습니다. 작년에 우리가 섬에 있을 때 예전에 겪었던 것과는 전혀 다른 기후를 겪었습니다. 공기는 덥고 물은 차가웠죠. 그래서 열대 우림처럼 천둥 번개가 치곤 했죠. 점심때면 천둥이 치고 매일 날씨가 대단했어요. 갈라파고스에서 흔히 겪는 일은 아니었죠. 따뜻한 공기와 찬물이 만나 센 바람이 불고 폭풍이 몰아치는 이상한 날씨가 만들어졌어요. 이것이 과연 기후 변화와 관계가 있는 건지, 아니면 그저 태평양 중심부 공기가 무척 더워져 갈라파고스 쪽으로 밀려오는 건지 알 수 없어요. 설명할 수는 없지만 어떤 큰 변화의 징조는 엿볼 수 있는 것 같아요.

최재천: 갈라파고스 제도에서 40년 가까이 계셨는데, 섬이 많이 변했나요?

피터: 사회적으로는 많이 변했죠. 일단 훨씬 많은 사람이 섬에 살게 되었고, 또 방문하고 있죠. 사람들과 함께 개와 고양이가 많아져 문제가 되고 있어요. 개들은 그런대로 통제되는 것 같은데 고양이가 문제입니다. 정말 여행객들이 많아졌어요. 1973년에 4,000명 정도이던 것이 지금은 매년 18만 명 정도가 방문하고 있어요. 놀랍게도 생물과 서식지에 대한 영향은 그리 크지 않아요. 관광 산업이 잘 통제되고 있어서요. 여행객이 무인도에 갈 때는 보트 위에서만 바라볼 수 있어요. 그리고 지정된 곳에만 내려서 관광할 수 있죠. 담배도 피울 수 없고 음식도 가져갈 수 없어요. 안내자가 주는 물만 마실 수 있

죠. 머무르는 시간도 정해져 있고, 섬을 이동할 때 생물이 옮겨 가지 않도록 온갖 종류의 주의 사항을 지켜야 하죠. 배 위에서만 머무르고 자야 합니다. 그래서 관광객이 그렇게 많아져도 갈라파고스에 사는 생물들에게 끼친 영향은 놀랍게도 적습니다.

로즈메리: 갈라파고스를 찾는 여행객들은 동물에 관심이 많아서 옵니다. 그래서 그들은 동물들을 잘 관리하라고 많은 돈을 내죠. 1973년부터 다행스럽게도 여러 섬에 있던 염소를 모두 다른 곳으로 보냈다는 거예요. 국립 공원과 함께 주민들, 특히 그중에서도 펠리페 크루스(Felipe Cruz) 같은 영웅의 공이 컸습니다.

우리가 어디에서 왔는지 답해 준 다윈

최재천: 올바르게 잘하고 있다니 정말 기쁩니다. 이제 마지막 질문을 하겠습니다. 오늘날 우리에게 다윈의 사상이 갖는 의미가 무엇인지 말씀해 주세요.

피터: 생각나는 대로 말하라면, 다윈의 진화는 우리가 어디에서 왔는지 말해 줍니다. 모든 생물에게서 일어나는 일을 설명해 주는 그런 이론이 있는 것은 그런 이론이 없었을 때보다 우리 자신을 더 잘 이해할 수 있게 해 주죠.

로즈메리: 사람과 질병에 대해 많은 것을 설명해 준다고 생각해요. 우리가 어떻게 질병에 대응해야 하는지, 왜 우리가 새로운 병에 걸리는지, 제초제에 대한 내성이 왜 생기는지를 이해하는 데 도움을

줍니다. 진화 이론을 이해하면 우리로 하여금 더 많은 질문을 하게 하죠.

최재천: 갈라파고스가 두 분께 어떤 의미인지 가능한 한 짧게 말씀해 주신다면?

피터: 아, 말문이 막혀 버리네요. 로즈메리, 당신에게 갈라파고스는 무엇인가요?

로즈메리: 많은 질문을 하게 만드는 비교적 단순한 환경. 그곳에 갈 때마다 우리는 끊임없이 질문하게 돼요. 제게는 이 세상에서 다녀본 그 어떤 곳보다 자극적인 곳입니다. 어쩌면 지극히 단순한 곳이어서 그럴 겁니다. 그리 많은 생물이 사는 곳이 아니에요. 다프네 섬에는 겨우 마흔네 종의 식물이 서식하고 있어요. 복잡하다면 복잡하다고 생각할 수도 있지만 충분히 단순해서 질문하고 답하기에 안성맞춤이죠.

최재천: 다윈 흉내를 좀 낸다면 이쯤 되겠네요. '그토록 단순한 곳에서 그토록 아름답고 멋진 질문들이 끊임없이 나오고 있다니!(From so simple a place endless questions most beautiful and most wonderful have been, and are being raised!)'

로즈메리: 그거 멋지네요.

피터: 내가 할 수 있는 가장 간단한 답? '과거를 보여 주는 신기한 유리창?'

로즈메리: 그것도 멋지네요.

개미와 공작, 더 무엇이 필요하랴?

둘째 사도

헬레나 크로닌

02

헬레나 크로닌(Helena Cronin)

1942년 영국 런던 북서부 햄프스테드 히스에서 출생.

1991년 런던 정경 대학(LSE)에서 박사 학위 취득(철학) 후

이 박사 학위 논문을 바탕으로 한 『개미와 공작』 출간.

1993년 Darwin@LSE 세미나를 설립, 운영하며,

총서 「다위니즘 투데이(Darwinism Today)」의 편집자로 일하고 있다.

그녀의 남편이 수술을 기다리며 병원에 입원해 있는 바람에 인터뷰 약속을 잡기 무척 어려웠다. 별 소득 없이 잠정적으로 만나자는 이메일을 대여섯 번쯤 주고받았다. 이제는 포기해야 하나 생각하며 뉴캐슬을 여행하는 도중에 그녀에게서 이메일 한 통이 날아왔다. 내가 런던으로 돌아올 때 내리는 곳인 세인트 판크라스(St. Pancras) 역에서 만나자는 것이었다. 그래서 드디어 우리는 매혹적으로 개조된 기차역 2층 한구석에 있는 레스토랑에서 만났다. 밤은 이미 퍽 깊어 가고 있었다. 늦은 밤이라서 그랬을까? 서로에 대한 지나친 호기심 때문에 그랬을까? 인터뷰가 그만 쌍방향으로 흘러가고 말았다. 주체할 수 없을 정도로 호기심 많고 친절한 천성 때문에 그녀는 나에게 꾸준히 질문했고, 나는 결국 자신에 관해 지나치게 많은 말을 하고 말았다. 때로 나는 내가 인터뷰 진행자이고 그녀가 인터뷰를 받는 사람이라는 사실을 망각한 듯싶었다. 어쩌면 그녀도 잊었으리라. 우리는 정말 그렇게 진솔한 대화를 나눴다. 나는 끝내 훌륭한 인터뷰 진행자로 처신하지 못한 것에 대해 진심으로 사과했다. 그러자 그녀는 이렇게 말했다. "충분하지 않은 것 같으면 이메일 해요."

어떻게 이렇게 멋진 제목이!

최재천: 당신의 책 『개미와 공작』으로 시작하고 싶습니다. 처음 그 책을 접했을 때, 저는 '어떻게 이렇게 멋진 제목이!'라며 감탄했습니다. 정말 기막힌 제목입니다. 당신이 만약 그 책의 제목을, 예를 들어, 『자연 선택과 성 선택의 수수께끼들』이라고 지었다면 참 지루했을 것입니다. 『개미와 공작』이라는 제목만 봐도 그 책이 어떤 책이라는 것을 짐작할 수 있었습니다.

크로닌: 기꺼이 동의합니다. 눈에 띄는 제목이죠. 그리고 그것이 제 아이디어가 아니었기 때문에 스스럼없이 그렇게 말할 수 있습니다. 영리한 제 오빠의 생각이었죠. 그가 수술을 받기 직전에 병원에서 만났을 때 제가 아직 제목을 정하지 못했다고 얘기했어요. 그를 다음에 본 것은 마취제와 수술로부터 막 회복하던 시점이었는데, 저를 보자마자 그가 "'개미와 공작' 어때?"라고 말하더군요.

최재천: 마취 상태에서 한 일이라고요? 정말 엄청나네요. 제가 당신을 이렇게 묘사하면 언짢아하시지 않을까 염려됩니다. 이 책 이전에 우리는 당신에 대해 전혀 알지 못했어요. 이 책이 출판되었을 때, 우리는 모두 "도대체 헬레나 크로닌이 누구야?"라고 물었습니다. 사람들은 "음, 리처드 도킨스의 실험실에 오래 드나들던 사람인데 어떻게 하다가 이 훌륭한 박사 논문을 쓰게 됐대."라고 말하더군

요. 이 소문이 사실입니까?

크로닌: 아니요.

최재천: 아니라고요? 그렇다면 바로잡아 주십시오.

크로닌: 두 가지가 틀렸어요. 당신이 이 책 이전에 저를 전혀 모르셨다고 말한다면 그건 틀림없는 사실입니다. 이 책은 제가 쓴 최초의 글이었어요. 그 어떤 책이나 논문, 기사, 심지어 서평도 써 본 적이 없었습니다. 말씀하신 대로 이 책은 제 박사 학위 논문을 수정한 것이죠. 하지만 책이 성공적으로 출판된 지 몇 년이 지나서야 저는 학술 서적의 참고 문헌 목록은 보통 그 책 저자 자신의 문헌이 가장 많이 차지한다는 것을 알았습니다. 그 책의 참고 문헌 어디에도 제 이름은 없었죠. 그래서 지금, 이 뒤늦은 깨달음을 뒤로하고, 저는 당신이 "도대체 헬레나 크로닌이 누구야?"라고 물으셨던 상황을 충분히 상상할 수 있습니다. 두 번째 문제를 말씀드리자면, 저는 논문을 쓰고 그걸 책으로 바꾸던 당시 리처드 도킨스의 실험실에 있기는커녕 — 제가 아는 한 그는 실험실을 가진 적이 없죠. — 그와 다른 생물학자들, 심지어 진화 생물학자들은 아무도 모르는 상태였어요. 논문을 완성하고 나서야 한 분을 알게 되었죠. 제 박사 논문의 외부 심사위원이었던 존 메이너드 스미스(John Maynard Smith)였습니다.

최재천: 아, 그래요?

크로닌: 구두 시험이 끝난 다음 제게 출판을 하라고 재촉한 사람도 바로 존이었습니다. 저는 책 출판에 관해 생각해 본 적도 없었죠. 저는 제 구두 시험을 하나의 마침표로 보았지, 새로운 시작, 그러니까 앞으로 어떻게 살고 싶은지를 고심할 시점이라고 생각하지도 않

았습니다. 하지만 존은 책을 출판하라고 저를 설득했어요. 그러니 그것은 제 선택이라기보단 그냥 제게 일어난 일이라 해야겠죠. 그리고 우리가 주로 논의할 주제가 남성과 여성의 차이라는 것을 고려했을 때, "내가 결정한 게 아니라 그냥 내게 일어난 일이야."라는 진술은 여성에게 훨씬 빈번하게 나타나는 여성 특유의 행동이라 할 수 있습니다. 그 후 존은 제게 서식스에 있는 그의 학생들을 소개해 주었고, 그로 인해 제가 아는 생물학자의 수가 여전히 적기는 했어도 하나 이상으로 늘어나게 되었죠. 그리고 저는 옥스퍼드 대학교 동물학과에 방문 연구원으로 가게 되었는데 — 특정한 연구실 소속은 아니었고요. — 그곳은 진화 생물학자들과 대화를 나누고 싶은 사람에게 정말 신나는 장소였어요. 상상해 보세요, 거기 빌 해밀턴(Bill Hamilton), 그러니까 윌리엄 로언 해밀턴(William Rowan Hamilton)이 있었습니다!

가끔 저는 빌과 함께 모닝 커피를 마시며 그에게 질문하곤 했죠. 그런 다음 그의 대답에 관해 그에게 이메일을 보내곤 했습니다. "당신이 이렇게 저렇게 말씀하셨는데, 그렇다면 이런 건 어떻게 설명할 건가요?"라는 식으로 말이에요. 그는 종종 "대답을 할 때마다 더 많은 질문이 날아오는군요."라고 말했어요. 하지만 그는 언제나 답을 해 주었고, '늘어나기만 하는' 질문들에 대해서도 매우 참을성 있게, 매우 사려 깊게, 매우 건설적으로 대답해 주었습니다. 심지어는 제가 풀고 싶어 하는 문제들의 답이 되어 줄 만한, 출간하지 않은 그의 초기 자료들까지 찾아서 전해 주곤 했습니다. 제가 그냥 철학자이고 출판 경력이 없던 것은 그에게 전혀 중요하지 않았습니다.

헬레나 크로닌.

최재천: 그러면 박사 과정은 어디에서 밟으셨습니까?

크로닌: 제가 지금 일하고 있는 런던 정경 대학(London School of Economics and Political Science, LSE)에서 했습니다. 철학, 음, 결국에는 과학의 역사와 철학에 대해서 했습니다. 생물학은 독학했고요.

최재천: 박사를 하는 도중에 빌과 소통을 조금이라도 했었나요?

크로닌: 아니요, 말씀드렸다시피 박사 학위를 하는 도중에는 어떠한 생물학자도 알지 못했습니다. 박사 과정을 마치고 옥스퍼드에 가기 전에는 빌을 만난 적도 없었어요. 그때 책을 쓰기 시작했지만 아직 완성하지는 못한 단계였습니다. 그리고 그것이 동물학과에 머문 가장 중요한 이유였어요. 사람들과 만나 대화하고, 세미나와 강연에 참석하는 것 말입니다. 과학적 배경이 전혀 없는 철학도였음에도 불구하고 그곳 사람들은 과학에 관해 저와 진지하게 이야기를 나누어 주었죠. 너무나 감사했어요. 불행하게도 제 생각에 그들 중 몇 명은 철학을 퍽 중요하게 생각하고 있었던 것 같아요. 저는 심지어 몇몇 생각 있는 과학자들도 일반인들과 마찬가지로 철학에 대해 필요 이상의 존경심을, 그러니까 저를 당황하게 만들 정도의 존경심을 가지고 있다고 생각합니다.

최재천: 빌 얘기가 나왔으니 말이지만, 저는 그가 미시간 대학교에 있었을 때 그의 학생이 될 뻔했습니다. 저는 그의 연구실에 지원했고 그는 저를 대학원생으로 받아 줬죠. 제 안사람은 저보다 1년 먼저 그곳 음대에 합격했습니다. 저는 첫해에는 입학 허가를 받지 못했어요. 그래서 1년을 더 기다려 다시 지원했습니다. 드디어 두 번째 해에 빌이 저를 받아 줬습니다. 저는 펜실베이니아 주립 대학교에서 석

사를 마쳤고, 그래서 저희는 앤 아버로 가 빌의 집에서 1주일을 머물렀어요. 그때가 제 인생의 정점 중의 하나였다고 생각합니다. 그 1주일 동안 저녁마다 저는 그와 나란히 앉아 생물학의 모든 것에 관해 토론했죠. 행복했습니다.

크로닌: 그는 그러기를 매우 좋아해요. 대화하기에 매우 훌륭한 사람이죠. 제가 현재 시제를 사용하고 있네요. 죄송합니다. 비극적인 손실이었어요.*

최재천: 예, 정말 그렇습니다. 제가 펜실베이니아로 돌아가야 했던 날 그가 떠나기 전에 연구실에 한번 들르라고 해서 피터 그랜트, 리처드 알렉산더(Richard D. Alexander), 바비 로우(Bobbi Low), 버나드 조지프 크레스피(Bernard Joseph Crespi) 등을 만나고 그의 연구실로 돌아왔습니다. 거기서 그는 "자네에게 말해 줄 것이 하나 있네. 영국 왕립 협회에서 나를 심사하고 있는데 만일 내가 회원으로 선출된다면, 아마 영국으로 돌아갈 것 같네."라는 것이었습니다. 저는 어찌할 바를 몰랐습니다. "확률이 어느 정도입니까?"라고 제가 물었고, 그는 "결과를 예상하는 것은 매우 어렵지만, 꼭 말하라면, 51퍼센트라고 해 두지."라고 말했어요. 이 세상 그 누가 99퍼센트라 말하더라도 저는 그 말을 온전히 믿지 않겠지만, 그가 51퍼센트라고 말하면, 그것이 100퍼센트라는 걸 저는 알고 있었습니다.

크로닌: 예, 저도 동의합니다. 빌은 그랬죠.

최재천: 그래서 저는 말했죠: "저는 어떻게 해야 하나요?" 그러

* 윌리엄 해밀턴은 2000년 타계했다.

자 그는 "원한다면 옥스퍼드로 데려가 주겠네."라고 말했습니다. 하지만 제 안사람은 음악을 전공하는 사람이었어요. 듣자 하니 옥스퍼드에서 음악 전공으로 재정적인 지원을 받는 건 거의 불가능하다더군요. 대부분 사람이 제 장학금만으로 두 사람이 옥스퍼드에서 살아남는 것은 상당히 어렵다고 말했습니다. 제 안사람은 이미 미시간 대학교에서 지원을 약속받은 상태였어요. 그래서 전 영국행을 포기했습니다. 그때 저는 이미 하버드로부터도 입학 제안을 받은 상태였어요. 하지만 빌과 하버드 사이에서 저는 조금도 머뭇거리지 않고 빌을 선택했을 겁니다. 열 시간 남짓 걸려 집으로 돌아오는 내내 저는 아무 말도 하지 않았습니다. 제 안사람도 제 옆에 앉아서 무슨 말을 해야 할지 몰라 했죠. 집에 돌아오자마자 그녀가 "하버드로 가서 그쪽 사람들과 얘기해 보지 그래."라고 제안했어요. 그러자 저는 "내가 왜 그래야 하는데?"라고 했고, 안사람은 "빌 해밀턴이 떠나니까 다른 대안을 찾아야 할 것 아냐?"라고 말했습니다. 그래서 저희는 하버드로 갔고 저는 에드워드 윌슨을 다시 만났습니다. 하버드는 저에게 굉장히 그럴싸한 선물꾸러미를 제안했죠. 그래서 저는 하버드로 가게 되었고 베르트 카를 횔도블러(Berthold Karl Hölldobler) 교수와 윌슨 교수의 지도 아래 박사 과정을 밟기 시작했어요. 여러 해가 지나 저는 미시간 대학교 명예 교우회(Michigan Society of Fellows)의 주니어 펠로(Junior Fellow) 겸 미시간 대학교의 조교수가 되었습니다. 빌은 떠난 지 오래였지만, 저는 딕(Dick), 그러니까 리처드 알렉산더의 곁에서 연구할 수 있었어요. 딕과 저는 함께 좋은 시간을 보냈죠. 그리고 몇 년 후 저는 한국으로 돌아갔습니다.

크로닌: 미시간에는 얼마나 오래 있었나요?

최재천: 3년이요. 제 모교인 서울 대학교에서 제게 교수직을 제안했습니다. 그 후 저는 한국으로 돌아왔고 안식년을 맞으면 옥스퍼드에 가서 빌과 함께 일할 수 있기를 꿈꿨죠. 제 안사람과 저는 같이 안식년을 갖기 위해 많은 준비를 했습니다. 하지만 어느 날 저는 빌의 부고를 접하게 되었습니다. 하버드에서 나비를 연구하는 나오미 피어스(Naomi E. Pierce)가 미국에서 이메일도 아니고 직접 전화를 해서, "들었어?"라고 말하는 것이었어요. 전화를 끊고 나서 저는 제 연구실 창가에 서서 한참 동안 바깥을 내다보았습니다. 뭐라고 말해야 할지 몰랐어요. 어떻게 해야 할지도 몰랐고요.

크로닌: 그가 이곳 병원에서 몹시 앓았다는 것을 모르셨나요?

최재천: 저는 그냥 나오미에게서 사망 소식을 전해 들었을 뿐입니다. 전 아무것도 몰랐죠. 나오미는 제가 그를 흠모하고 그와 함께 연구할 기회를 손꼽아 기다리고 있다는 걸 알고 있었어요.

"제가 당신을 인터뷰하는 겁니다!"

최재천: 빌 얘기라면 밤새도록 할 수 있지만, 아까 당신이 잠시 암시하신 대로 주제를 페미니즘(feminism, 여성주의)으로 옮기도록 하겠습니다. 본인은 동의하지 않을지 모르지만 제 기준으로 보면 거의 완벽한 의미의 페미니스트인 여인과 함께 사는 저에게 페미니즘은 중대한 사안입니다. 한국적인 관점에서 봤을 때 제 아내는 매우 특이한

가정 환경에서 자랐어요. 그 사람의 아버지, 즉 제 장인은 생물학과 교수였습니다. 저는 그분께서 계셨던 학부에 지금 몸담고 있습니다. 그 가정에서 자라면서 제 아내는 한 번도 차별을 느껴 본 적이 없었답니다. 또한 매우 서구화된 학교에 다녔고, 그곳에서도 차별을 느낄 일은 많지 않았답니다. 저를 만나 함께 살기 시작했을 때 아내는 저를 마치 짐승 같은 존재로 여겼습니다. 그 사람은 저를 "나는 남자이고 너는 여자이니 나는 남자처럼 너는 여자처럼 행동해야 한다."라고 주장하는 별난 사내로 여겼습니다. 저는 지극히 전통적인 가정에서 자랐어요. 제가 자랄 때 아버지께서는 부엌에 한 발도 들여놓으신 적이 없죠. 아내의 가정 환경과는 거의 정반대였다고 할 수 있습니다. 또한 저는 아들만 넷인 집에서 자랐습니다. 어머니가 유일한 여성이셨어요.

크로닌: 아버지께서는 어떤 일을 하셨죠?

최재천: 군인이셨습니다. 매우 엄격한 분이셨죠. 남자 형제끼리만 자라다 보면 여성에 대한 환상을 갖기 마련입니다. 여자에게 잘하고 싶은 마음은 굴뚝같지만 어떻게 해야 하는지는 잘 모릅니다. 그것이 문제의 근원이죠. 아내와 저는 처음에는 서로를 전혀 이해하지 못했기 때문에 많은 어려움을 겪었습니다. 저는 제가 진화 생물학을 제 연구 분야로 택한 것에 대해 매우 감사하게 생각합니다. 진화 생물학, 특히 성 선택을 공부하면서 저는 남녀 간 차이에 대해 이해하기 시작했습니다. 하지만 현실 세계에서는 자라 온 환경 때문에 전통적인 남자의 틀을 벗기 어려워했죠.

크로닌: 그런데 잠시만요. 당신은 자신의 경향과 행동을 자라 온

환경의 탓으로 돌리고 있네요. 하지만 스스로 진화 생물학을 공부하면서 배웠다고 말한 것으로 비추어볼 때, 그것 또한 당신이 남자이기 때문이라고 생각하지는 않나요?

최재천: 예, 그것 또한 맞습니다. 그 두 가지를 조화시키는 데 여러 해가 걸렸습니다. 저는 결혼 생활 초기부터 설거지를 제가 하겠다고 자원했어요. 당시 설거지를 자원해서 한다는 게 한국 남성으로서는 퍽 대단한 일이었습니다. 하지만 설거지할 때마다 빠르게 해치우기 위해 최선을 다했죠. 그리고 늘 그 일을 아내를 위해서 하는 거라고 여겼습니다. 설거지하는 제 어깨를 따사로운 햇볕이 내리쬐던 어느 토요일 오후였습니다. 그때 갑자기 어떤 깨달음을 얻었습니다. '왜 나는 이것이 내 아내의 일이고 내가 그녀를 위해 이 일을 하고 있다고 생각하는 것일까? 우리는 같이 한 가정을 이루어 살고 있지 않은가.' 그것이 결국 제 일이기도 하다는 걸 그때야 비로소 깨달았습니다. 그때부터 저는 설거지를 정말 잘하고 싶어졌어요. 제 일이니까요. 그전에는 항상 설거지를 빠르게 끝내고 얼른 컴퓨터 앞으로 돌아와 일하고 싶어 했죠. 하지만 그날부터 저는 차츰 설거지의 달인이 되어 갔습니다. 그리고 요즘에는 가끔 아내가 설거지하게 되더라도 마음에 들지 않아 제가 결국 다시 하곤 합니다.

크로닌: 그런 통찰의 순간을 경험하다니 참으로 대단한 이야기입니다! 그러니까 당신은 변할 능력이 있었고 또한 그것을 해낸 겁니다. 남자이고 전통적인 가부장적 가정에서 자랐음에도 불구하고 말이에요.

최재천: 2004년 제가 여성 운동상이란 걸 수상했습니다. 한국에

서 그 상을 수상한 남자로 제가 유일합니다. 개인으로 말이죠.*

크로닌: 정말 흥미롭군요. 무엇에 대한 상이었나요?

최재천: 한국 사회에는 여자는 절대 가장이 될 수 없다는 제도가 있었습니다. 호주제라고 했는데, 만일 남편이 사망하면 아들이 가장이 되는 법적 제도였습니다.

크로닌: 서구 사회도 퍽 최근까지 그랬습니다. 한국은 대부분 나라에 비해 그저 50년, 그리고 몇몇 나라들에 비해 25년쯤 늦은 것에 불과합니다.

최재천: 한국의 호주제는 일제 강점기 때 일본이 만든 것이었습니다. 한국이 해방된 후 일본은 자기네 나라의 제도는 곧바로 폐지했어요. 하지만 무슨 까닭인지 우리나라는 그러지 않았습니다. 우리는 오랜 기간 그 제도를 존속시켰습니다. 1999년에 저는 텔레비전에서 거의 6개월간 동물의 행동에 관한 강연을 했습니다. 매주 화요일 밤 사람들은 텔레비전을 켜고 제 강연에 귀를 기울였죠. 그 프로그램 중의 하나였던 성 선택 강의의 초반부에 저는 무심코 이 제도에 대해 언급했습니다. 텔레비전 카메라 앞에 서서 전 국민에게 만일 이 제도가 자연계에도 있다면 가장은 남성이 아니라 여성이었을 것이라고 말했습니다. 저의 이 발언은 엄청난 파장을 불러일으켰어요. 그날부터 저는 수백 통의 항의 이메일과 전화를 받았습니다. 연구실 전화기

* 올해의 여성 운동상 수상자 중에 내 앞에 일본인 남성으로는 1996년 도쓰카 에쓰로(戶塚悅朗) 변호사가 있었고 남성이 있는 단체로는 1998년 박원순, 이종걸, 최은순 공동 변호인단이 있었다.

헬레나 크로닌.

를 들면 다짜고짜 욕설이 흘러나왔습니다. 그들은 자신을 소개하려고도 하지 않았어요. 그냥 다짜고짜 소리를 지르기 시작했어요. 그렇게 몇 달이 지났습니다.

크로닌: 누가 전화를 한 건가요? 무슨 말을 하던가요?

최재천: 남성들이죠. 그들은 "정신 나갔냐? 남자로서 달릴 게 안 달린 거냐? 동성애자냐!?" 등등 욕설을 퍼부었죠. 처음에 저는 두려웠습니다. 이메일 함이 이런 불결한 욕설로 가득 차기 시작했어요.

크로닌: 그게 얼마나 공포스러웠을지 상상이 가네요. 하지만 당신은 대단한 일을 해냈네요. 그 사람들은 공영 방송을 보고 있었던 것인데, 그걸 그냥 꺼버리지 않고 당신의 말에 귀를 기울인 겁니다. 그러니 당신은 뭔가를 해낸 겁니다!

최재천: 그런데 그 많은 항의 이메일과 전화 중에 이따금 여성들의 것도 있었습니다. 그리고 몇몇은 전화기 너머로 흐느끼기도 했어요. 그들은 "어디에 있다가 이제야 나왔나요?", "왜 더 일찍 나타나지 않았나요?", "당신은 제게 삶의 이유를 선사했습니다."라고 말하는 거예요. 저는 천성적으로 그렇게 용기 있는 남자는 아니지만, 이런 메시지를 몇 번 접하고는 "에라 모르겠다, 일단 밀고 나가야겠다."라고 생각했습니다. 저는 오히려 더 강경하게 나갔습니다. 신문에 글을 쓰기 시작했고 결국에는 책도 한 권 썼어요.

크로닌: 책 제목이 뭐죠?

최재천: 좀 우스꽝스러운 제목입니다. 『여성 시대에는 남자도 화장을 한다』.

크로닌: 아주 적절하고 함축적인 제목입니다. 책 제목에 관한 칭

찬을 되돌려 드리고 싶습니다.

최재천: 결국 여성 운동 단체에서 이 사안을 헌법 재판소로 가져갔고, 그곳에서 호주제가 헌법에 맞는 제도인지 아닌지 결정을 내리게 되었습니다. 어느 날 재판소에서 저에게 출두해 증언해 달라는 통보를 보내왔습니다. 제가 거기서 좀 흥미로운 일을 했습니다. 당시 재판소에는 빔프로젝터가 없다는 걸 알고 있었기 때문에 저는 휴대용 프로젝터와 파워포인트 파일을 가져갔습니다. 제가 재판관님들에게 "파워포인트로 발표를 할 수 있습니까?"라고 묻자 그들은 "그런 일을 한 번도 해 본 적이 없습니다."라고 대답했어요. 그래도 그들은 모여서 회의를 했어요. 그리고 흥미롭게도 제가 정확히 예측한 대답을 했습니다. "우리에게 스크린이 없네요."라고요. 저는 "저기 저 흰 벽이면 안성맞춤입니다."라고 했죠. 결국 저는 그 재판관들에게 공작, 코끼리바다표범, 메릴린 먼로 등의 사진을 보여 주며 다윈이 자연의 성적 다양성에 대해 뭐라고 말했는지 설명했습니다. 제 진술의 마지막 말은 이것이었습니다. "우리가 가지고 있는 제도는 전혀 '자연적'이지 않습니다. 하지만 저는 우리가 틀렸다고 말하고 있는 것이 아닙니다. 저는 단지 우리가 기이한 존재들이라고 말하고 있습니다. 우리가 예외입니다." 제가 재판소에 출두한 지 몇 주 후 한 세기도 넘게 지속되었던 제도에 드디어 헌법 불합치 결정이 내려졌습니다. 그래서 저는 많은 한국 여성들에게 일종의 영웅 같은 존재로 떠오르게 되었죠.

크로닌: 당연히 그래야죠. 당신은 정말 영웅이네요. 하지만 그것이 이전보다 더욱 심한 반격을 불러일으키지는 않았나요?

최재천: 일단 그 정도까지 밀고 나가자 열기가 많이 식었습니다. 남성들은 어쩔 수 없이 받아들이기 시작했죠. 그들은 그들이 싸움에서 졌다는 것을 알고 있었습니다.

크로닌: 그렇다면 당신은 정책의 이런 면을 어떻게 바라봐야 하는지에 대해 새로운 논점을 제기한 겁니다. 하지만 실제로는 어떤…….

최재천: 잠깐만요. 당신이 저를 인터뷰하는 게 아니라 제가 당신을 인터뷰하는 겁니다! (웃음)

크로닌: 그러면 질문을 딱 하나만 더 하겠습니다. 당신이 열두 개를 질문할 때마다 내가 한 개씩만 질문합시다. 그것이 구체적으로 어떠한 영향을 미쳤나요? 당신들은 이전의 제도를 척결했습니다. 하지만 그 자리에 정확히 어떤 것이 들어오게 되었나요?

최재천: 한국 정부는 일단 호주제를 폐지해야 했습니다. 그리고 개인을 중심으로 한 새로운 제도를 만들었습니다. 제가 예를 들어드리죠. 이전에는 여성이 이혼을 한 후 재혼을 하더라도 자녀의 성을 바꾸지 못했습니다. 그래서 여성이 아들과 딸에 대한 친권을 갖게 된다고 하더라도, 아이들은 여전히 전남편의 성을 따라야 했습니다. 그리고 그들이 학교에 가게 되면 많은 문제점이 발생했습니다. "네 성이 네 아빠 성이랑 다른 이유가 뭐냐?" 하지만 이제 한국 여성들은 자신의 성을 아이들에게 물려줄 수 있게 되었습니다.

크로닌: 그러면 그 법이 집행되기 시작한 것은 언제입니까?

최재천: 2008년부터 시행되었습니다.

크로닌: 축하드립니다!

최재천: 자, 이제 제게 질문을 두 개 하셨으니 당신 차례는 대충 끝났습니다. 제가 올해 초 스티븐 핑커를 만났을 때 전 하버드 대학교 총장인 래리 서머스(Larry Summers)의 불명예 퇴진에 대한 질문을 했습니다. 왜 자연 과학, 공학, 수학 분야의 상위권에 남성보다 여성이 적은지에 대한 그의 발언이 불러일으킨 논쟁 말입니다.* 당신은 하버드의 인지 과학자 스티븐 핑커가 래리 서머스를 지지하는 발언을 한 것 때문에 많은 어려움에 처했다는 사실을 알고 계시죠? 제가 그에게 "어려움이 많았다고 들었습니다."라고 했더니 그는 "뭐, 래리가 더 심하게 당했죠."라고 말하더군요.** 저는 어딘가에서 당신이 래리 서머스를 지지했던 걸 읽은 적이 있습니다. 그것에 대해 좀

* 2005년 래리 서머스 당시 하버드 대학교 총장은 한 비공개 회의에서 과학 기술 분야 상위권에 여성이 적은 이유를 설명하는 과정에서 남성이 여성보다 어려운 일이 요구하는 시간적 제약이나 융통성을 더 잘 받아들이는 경향이 있고, 상위권에 있는 여성의 경우에는 결혼하지 않거나 아이가 없는 경우가 많고, "어떤 능력의 최고치에 있어서 남녀 차이(different availability of aptitude at the high end)"가 있는 듯하며(다시 말해 과학 기술에 대한 관심, 능력, 취향과 관련해서 남자 쪽이 능력치 또는 성적의 통계 분포에서 더 넓은 분포를 보이며), 부모의 교육 태도 같은 사회화 과정과 사회적 차별이 존재해 이런 현상이 일어나는 것 같다고 발언했고 이는 당시 미국 지식 사회에서 큰 논란을 불러일으켰다. 서머스는 이 구설수로 2006년 사임하게 되고 후임 총장으로 하버드 역사상 첫 여성 총장이 선출되게 된다.

** 핑커는 서머스의 발언이 과학적 가설로서 틀렸다고 하더라도 거론하는 것조차 불쾌하게 여기고 고려조차 하지 않는 것은 문제가 있다고 지적했다가 된통 비판을 받았다. 자세한 것은 핑커 인터뷰 참조.

상세히 설명해 주실 수 있습니까?

크로닌: 아, 예, 맞습니다. 저는 서머스의 연설에 대한 반응에 격분했습니다. 영국 신문《가디언》에 저의 뚜껑을 열리게 한 기사가 실렸어요. 저는 그래서 편집자에게 짧은 편지를 보냈습니다. 그러자 차라리 직접 기고를 하시지 않겠냐는 제안을 받게 되었습니다. 그래서 저는 제 이름으로 된 논평을 썼습니다.* 그게 답니다. 하지만 그게 상당한 반응을 불러일으켰죠. 그걸 당신이 읽은 것 같습니다.

최재천: 맞습니다. 당신의 주장을 간략하게 요약해 주신다면?

크로닌: 핵심적인 주장은 두 가지입니다. 하나는 과학, 다른 하나는 정책에 관한 거죠. 과학의 입장에서 저는 서머스의 말이 옳다고 주장했습니다. 첫째, 그가 설명한 대로, 평균적으로 남성이 공학과 수학의 핵심인 특정한 수리 능력과 공간 지각 능력(특히 3차원 물체의 회전을 직관적으로 이해하는 능력) 면에서 훨씬 탁월합니다. 둘째, 대체로 경향, 관심, 가치관에 성적 차이, 성차가 있습니다. 특히 남성은 물체에, 여성은 사람에 훨씬 많은 관심을 보입니다. 그리고 남성은 훨씬 더 경쟁적이고 야망으로 가득 차 있고 지위를 의식하며 개인적인 데 비해 여성은 훨씬 균형 잡힌 사고를 하고 관심 분야가 더 넓은 장점을 지니고 있습니다. 셋째, 서머스가 말했다시피 성차는 편차와 평균 모두에 명백하게 나타납니다. 남성들 사이에서 편차, 즉 가장 큰 것과 가장 작은 것, 가장 좋은 것과 가장 나쁜 것의 차이는 어마어마합니다. 하지만 여성들은 서로 훨씬 유사하고 평균 근처에 모이는

* Helena Cronin, "The vital statistics," *The Guardian*, 12. Mar. 2005.

경향을 보입니다. 따라서 과학에서 남자들은 아래와 위 모두에서 두드러질 수 있습니다. 제가 요즘 "멍청이도 많지만 노벨상 수상자도 많네."라고 부르는 현상입니다.

이 모든 것으로부터 우리는 어떤 결론을 끌어낼 수 있을까요? 이제 이 세 요인을 종합해 봅시다. 여성 과학자와 남성 과학자의 비율이 같을 것이라는 예상은 정말 터무니없는 일이 됩니다. 그리고 지위가 높을수록 남성이 수적으로 우세할 겁니다. 하버드와 같은 엘리트 기관의 상황이 분명하게 보여 주죠. 그 기사에서 저는 8억 년 전 유성 생식의 출현 후 유성 생식을 하는 모든 종에서 암컷과 수컷이 분기된 이유가 무엇일지에 대해 언급했습니다. 그리고 마지막으로 저는 서머스의 주장이 풍부한 과학적인 증거를 토대로 하고 있음에 주목했습니다. 예를 들어, 신생아(태어난 첫날부터 여아는 인간의 얼굴을 선호하고 남아는 침대 위에 매달아 놓은 움직이는 모빌을 선호한다.)로부터 병리학(자궁에 있는 동안 남성 호르몬에 노출된 여아는 전형적으로 '말괄량이' 같고 여성의 평균 공간 지각 능력을 초월한다. 남아에 있어서도 정반대가 성립한다.), 그리고 아이들의 놀이(남자아이들의 놀이는 경쟁적이고 규칙을 정하며 승자를 결정하는 데 반해, 여자아이들의 놀이는 훨씬 협력적이고 의견의 일치를 끌어낸다.)에 이르기까지 광범위합니다. 이러한 성차와 다른 예측 가능한 성차는 문화를 막론하고 만연해 있습니다. 지금도 그러하고 역사적으로도 그랬습니다. 그러니 서머스는 과학적으로 옳았을 뿐 아니라 현재의 지식 수준에 대한 명백하고 유익하며 적절한 설명을 제공한 것입니다.

최재천: 그러면 당신의 두 번째 논점인 정책에 관한 것은 어떤 것

이었나요?

크로닌: 그것은 과학과 정책의 관계에 관한 것이었습니다. 과학은 목표를 결정해 주지는 않습니다. 하지만 우리가 목적을 이룰 수 있도록 도움을 줄 수는 있죠. 왜냐고요? 왜냐하면, 당신이 만일 세상을 바꾸고 싶어 한다면 먼저 그것을 이해해야 하는데 과학은 세상에 대한 최고의 이해를 제공해 주기 때문입니다. 그러므로 결과물에서 남녀 차이 문제를 다루려는 어떠한 시도도 성차에 대한 과학적 이해를 배경에 깔고 있어야 하는 겁니다. 자연 과학, 공학, 수학, 그리고 특히 이러한 분야의 상위권에서 남성이 우세를 보이는 현상을 이해하기 위해서는 다윈주의적 과학이 반드시 필요합니다.

그리고 서머스가 연설을 하도록 초대받았을 때 이 문제가 바로 핵심이었음을 사람들은 알아야 합니다. 그가 둔감하고 도발적이며 직무 유기와 여성 혐오 등의 다양한 죄악을 저질렀다고 규탄한 목소리들은 그가 그의 연단을 오용했다는 인상을 심어 줬습니다. 하지만 그날 하버드에서 열린 강연은 공공 행사가 아니라 비공개 토론이었어요. 특히 이러한 지적 분야의 상위권에 있는 학술적 직업에 종사하는 여성의 수가 왜 적은지를 재조명하려는 노력의 일환으로 열린 행사였습니다. 이 사안은 하버드 자체의 상위 계층 사이에서도 심각한 문제로 대두되고 있었습니다. 그래서 서머스는 익숙한 '편견과 장벽'의 문제들, 예를 들어, 보육(불충분), 성차별(과다), 고정 관념(해로움), 그리고 사회화(성숙) 등을 뛰어넘으려 노력한 겁니다. 그는 바로 이러한 맥락에서 성차와 관련하여 그리 과격하지 않은 주장을 한 것뿐입니다. 남성 우세에 대해 그가 지적한 근거가 신중히 고려되어야 할 근거 중의 하나가 아니더라도 말입니다. 그는 편견과 장벽이 어떠한 역할도 하지 않는다고 주장하지 않았습니다. 그는 오직 우리가 과학에 대해 아는 것을 토대로 생각해 봤을 때 그것들이 전부일 리는 없다고 주장한 것이었습니다.

그래서 서머스의 입장과 그의 비판자들의 입장에는 현저한 차이가 있습니다. 그를 비방했던 자칭 페미니스트들은 심지어 진화적인 논쟁에 참여하는 것도 거부했고, 이에 관련된 과학이 있다는 사실조차 부정했습니다. 그들은 더 많은 여성을 자연 과학으로 불러들이려는 그들의 열망이 바로 그 문제와 관련해 과학이 할 수 있는 기여를 애당초 거부하는 것과 모순된다는 사실을 이해하지 못했습니다. 이와 대조적으로 서머스의 주장은 결코 편견과 장벽을 배제하지 않았습니다. 편견과 장벽을 제거하려는 어떤 진지한 시도라도 분명히 성적 차이에 관한 과학에서 시작해야 할 것입니다. 예를 들어, 우리에게 그것들이 작동하지 않았을 때 어떤 일이 벌어질지에 대한 현실적인 방안이 없다면, 그런 일들이 실제로 벌어지고 있는지를 어떻게 감시할 수 있겠습니까? 남성과 여성 모두가 그 자신들의 능력에만 의지할 때 과학과 수학 분야에 어떤 분포가 나타날지에 대해 최소한 대략적인 기대치를 제공함으로써 우리는 기대치로부터의 이탈을 찾아낼 수 있는 강력한 수단을 가지게 되는 겁니다. 마찬가지로 진화에 대한 이해는 정책 사안에 대한 모든 토론의 저변에 깔려야 할 것입니다. 자칭 페미니스트들의 토론을 포함해서 말이죠. 결국 반박되어야 할 것은 과학이 아니라 불평등이니까 말이에요. 바로잡아야 할 것은 성적 차이가 아니라 성차별주의죠. 공정, 평등, 그리고 실력 사회는 차이를 부정하는 게 아니라 그러한 결과에 대한 이해를 바탕으로 추구되어야 할 겁니다.

최재천: 그들이 좋아하지 않을 텐데요. 자칭 페미니스트들 말입니다.

크로닌: 맞습니다, 그럴 테죠. 하지만 비난받아 마땅한 일입니다. 페미니즘을 정치 쟁점화하는 것은 세상을 더 공평한 곳으로 만들고 여성에 대한 부당한 처사를 바로잡기 위함입니다. 하지만 성이 어떻게 다른지에 관한 기본적인 이해 없이 어떻게 더 나은 세상을 구축할 수 있겠습니까? 애초부터 과학적 정보를 바탕으로 한 고려를 배제한다면 어떻게 목표를 달성할 수 있겠습니까? 중요한 사안에 대해 논의하고 토론하고 배우기를 거부하면서 진정 세상을 바꿀 수 있다고 생각합니까? 이것이 페미니즘의 이름으로 거행된 것들이라면, 저는 정치 운동으로서의 페미니즘은 타당성을 잃었다고 말하겠습니다. 자칭 페미니스트들이 자신들을 이 불명예스러운 구석으로 몰아간 것은 대단히 실망스러운 일입니다.

최재천: 페미니즘에 무슨 일이 일어난 겁니까? 왜 페미니스트들은 스스로를 격하시킨 겁니까?

크로닌: 그러게 말입니다. 도대체 어떻게 이런 일이 벌어졌을까요? 공정과 평등을 위한 선의의 열망이 어떻게 과학에 대항하는 완강한 목소리로 변질된 걸까요? 어쩌다가 애초부터 남녀 간 차이를 부정하는 지지받기 힘든 입장에 서게 되었느냐는 말입니다. 이에 대한 답의 적어도 한 부분은 터무니없고도 혼란스러운 생각 때문이었던 것으로 보입니다. 동일함 없이는 공정함이나 평등함을 가질 수

없다는 바로 그 가정 말입니다. 예를 들어, 제가 최근에 여성 과학자로서 참석했던 어느 회의의 슬로건은 바로 이런 공평함(fairness)과 동일함(sameness)에 대한 혼란을 전형적으로 보여 주고 있었습니다. "공평함을 위해 행동한다."라는 깃발 아래에 "능력에는 성차가 없다."라는 여성 참정권 운동가 크리스테이블 팽크허스트(Christabel Pankhurst)를 인용한 격언이 적혀 있었거든요. 하지만 그건 틀렸어요. 저희가 방금 서머스에 대한 논의를 통해서 알게 되었듯이, 능력은 대체로 성과 관련이 없습니다. 더 결정적으로 말하면, 그것은 전혀 중요하지 않아요. 여성과 남성 개인이 평등하게 대접받고 성차별이 없는 사회를 만들고자 한다면 능력을 성과 연계하지 말아야 합니다.

불행하게도 동일함 없이는 공평함도 없다는 이 개념은 50퍼센트에 대한 끈질긴 오해와 집착을 낳았습니다. 사람들 사이에서는 대학, 직장, 스포츠, 어디에서나 남성과 여성의 분포가 같지 않고 여성의 분포가 50퍼센트 미만이라면 그 유일한 이유는 여성에 대한 편견과 장벽일 것이라는 단호한 견해가 자리 잡고 있습니다. 이 50퍼센트의 침해를 알아내고 편견과 장벽을 비난하는 것은 과학 또는 직장 여성 모두의 현재 사고 방식을 지배하게 되었습니다. 예를 들어, '타이틀 9(Title IX)'라는 미국의 법은 연방 정부의 지원을 받는 모든 교육 프로그램에서 성차별을 금지하는데, 처음에는 스포츠에 초점을 맞추던 것이 이제는 대학의 수학, 공학, 자연 과학 분야에도 적용되고 있습니다. 이와 유사하게 영국에서는 '성 평등 의무' 규정이 공공단체로 하여금 여성을 차별하는 기업과 계약을 맺지 못하도록 하고 있습니다. 두 경우 모두 목적은 다분히 칭찬할 만합니다. 누가 반박할 수 있겠습니까? 하지만 불행하게도 '차별'에 대한 유일한 근거가 대부분 남성에 대한 여성의 비율이 50퍼센트보다 낮은가 하는 것뿐입니다. 성차별이 존재한다면 여성의 비율이 낮을 건 당연하죠. 하지만 여성의 비율이 낮다고 해서 그 원인이 성차별일 것이라는 논리는 성립하지 않습니다. 따라서 방법론적으로 성차별을 증명하려면 독립적인 증거가 필요하고, 여성의 비율이 50퍼센트보다 낮다는 것과는 다른 증거여야 할 것입니다. 하지만 저는 정책상의 논의에서도 이런 기본적이고 논리적이고 방법론적인 실수가 반복적으로 일어나고 있으며 반박조차 되지 않는다는 사실에 놀라움을 금치 못했습니다.

더 일반적으로 볼 때, "공평함을 위해 행동한다."에 대해 생각하는 방식 전체는 사후 논평에 지나지 않거나 설명하고 예측하는 능력이 거의 또는 아예 없다는 약점들을 안고 있습니다. 이 관점에서 볼 때 우리는 이런 질문을 던져 볼 수 있습니다. 왜 차별은 성공에 대한 평가 기준이 다른 지식 분야보다 훨씬 객관적이고, 따라서 편견을 숨기기 가장 어려운 수학과 자연 과학 분야에서 제일 두드러지는 것일까요? 미술이나 인문학 분야에서 편견을 갖는 게 상대적으로 쉬울 것으로 보이는데 그 분야들에서는 여성이 우세합니다. 그리고 왜 차별은 여기저기 간헐적으로 일어나는 걸까요? 왜 공학에서는 일반적으로 차별이 심한데 생명 공학에서는 제일 덜하고 광물 공학에서는 가장 심할까요? 왜 물리학은 차별이 심한 데 비해 심리학은 그렇지 않은 걸까요? 그리고 심리학 분야 안에서도 왜 심리 측정학에서는 차별이 있고 발달 또는 아동 심리학에서는 그렇지 않은 거죠? 이것이 성차별이라면, 성차별은 정말로 불가사의하게 기능하고 있네요. 너무 불가사의해서 이런 관점으로는 설명하기 어렵습니다. 반면, 다윈주의 이론에서는 이러한 패턴이 이미 설명되고 예측되고 있습니다. 이런 눈에 띄는 약점들로 인해 반드시 목표에 대해 새롭게 생각하게 될 것입니다.

과학이 목표를 만들어 주지는 못한다고 하더라도 목표를 평가하고, 새로운 지식이 나온다면 그것을 가지고 목표를 재검토하는 데 기여할 수는 있습니다. 팽크허스트의 시대 이후 과학은 고도로 발전했고 방대한 지식을 낳았죠. 남성과 여성 과학자의 수를 정확하게 동일하게 만들겠다는 목표는 너무나 안이해 보입니다. 우리는 우리의 목표가 진정 무엇이어야 하는지, 여성이 과학의 길을 걸으면서 맞이할 도전들이 어떤 것일지에 관한 더 적절한 질문을 던져야 합니다. 예를 들어, 만일 공평함이 더 이상 50 대 50이라는 숫자로 표현될 수 있는 것이 아니라면, 왜 숫자를 똑같이 맞추려는 노력을 지속해야 하는 걸까요? 우리는 어떠한 남녀 비율을 목표로 해야 할까요? 아무 숫자나 목표로 해 둘까요? 그리고 예전에는 차별에 대한 가장 중요한 증거가 숫자의 차이였다면, 이제는 무엇을 증거로 제시해야 할까요? 차별이 페미니스트 의제에서 이렇게 많은 부분을 차지하는 것이 과연 바람직한 걸까요?

최재천: 의제가 어떠한 것들이기를 바라십니까?

크로닌: 제가 그것을 극명하게 보여 주는 예를 하나 들어 보겠습니다. 매우 실용적이며 긍정적인 방안입니다. 그리고 또 여성들로 하여금 수학에서 불리한 위치를 차지하게 하는 인지 차이와 관련

이 있습니다. 수학 능력은 진화된 능력이 아니라는 것을 기억해 주세요. 그렇다고 하기에 수학은 너무나 최근에 발명된 학문이거든요. 수학 능력은 다른 목적을 위해 진화된 능력들을 선택적으로 빌려온 것입니다. 앞에서 보았듯이, 남성의 수학 능력 대부분은 공간 지각 능력, 특히 물체가 공간에서 회전하는 모습을 상상할 수 있는 능력인 3차원 회전 능력과 관련이 있습니다. 왜 남성에게는 이 재능이 있는 걸까요? 예전에 길찾기와 창 던지기, 사냥, 다른 남성과의 싸움, 그리고 짝 찾기에 필요한 능력이었기 때문입니다. 모두 전형적인 남성의 욕망입니다. 이것이 왜 남성들이 3차원 회전과 관련된 인지 테스트에서 여성보다 더 좋은 성적을 거두는지를 설명해 줍니다. 성차에 따라 선천적으로 생기는 타고난 능력 차이 중에서 공간 지각 능력이 가장 큰 차이를 보입니다. 따라서 평균적으로 남성은 여성에 비해 수학적인 공식을 공간적으로 도식화하는 능력이 탁월합니다. 마치 마음의 눈으로 공간에 그림을 그리는 듯합니다. 이 선천적 능력을 사용할 줄 아는 남자아이들은 수학적 공식을 도표로 만드는 것을 여자아이들보다 훨씬 잘합니다. 따라서 남자들은 수학, 공학, 자연 과학에서 큰 이점을 갖는 것이죠.

이것이 과학적 배경입니다. 이제 정책으로 넘어갑시다. 이제 이러한 지식을 가졌으니 자연 선택이 여성에게 주지 않은 능력을 보완하기 위해 여성을 어떻게 도울까를 생각해야 하지 않을까요? 그리고 실제로 수학 문제를 직관적으로 공간적 도표로 전환하는 남성들의 능력을 학생들에게 가르치는 방법들이 고안되기도 했습니다. 그리고 예상대로 학생들의 수학 능력은 개선되었고, 여학생들의 능력이 남학생들보다 더 많이 개선되어 성차가 좁혀졌습니다.

저는 몇 가지 이유 때문에 이 예를 골랐습니다. 첫째, 이 시도는 결과뿐 아니라 이것이 진화되어 온 적응 과정을 다루고 있습니다. 다윈주의적 통찰력이 돋보입니다. 인지의 기본적인 성차와 직결된 문제를 다루는 겁니다. 여학생들을 돕는 최고의 방법은 차이를 부정하지 않고 그것을 완전히 인정한 채 그 차이를 파고드는 것입니다. 그렇지 않으면 여학생을 결함 있는 남학생으로 간주하지 않는 다른 중재 방안을 고안할 수가 없습니다. 둘째, 이것은 효과적입니다. 이와 대조적으로, 수학에 대한 자신감이 남학생에게 유리하게 작용한다고 해서 여학생들의 자신감을 끌어올리기 위해 고안된 '역량 강화' 또는 '자부심'에 관련된 강의들은 여학생들의 성취도를 끌어올려 주지 못합니다. 셋째, 이 방안은 하버드에 더 많은 여성 수학 교수들이 나타나는 것, 광물 공학 분야 인력의 50퍼센트를 차지할 여성이 나타나는 것, 여성 물리학자들이 노벨상을 받는 것을 보장하지 않습니다. 하지만 여학생들뿐 아니라 남학생들에게도 자신의 잠재력을 제대로 인식할 기회를 줄 겁니다. 그것이 공평함 아니겠습니까?

"멍청이도 많지만 노벨상 수상자도 많네."

최재천: 우리는 흔히 남성이 여성보다 위험을 무릅쓰기를 좋아한다고 말합니다. 그것이 정말 유전적으로 결정된 것일까요? 아니면 사회가 변하고 있고, 여성들이 점점 더 예전에 남성들이 했던 행동들을

하고 있는데, 먼 훗날 우리가 동일한 검사를 한다 해도 여전히 성차가 나타날 것으로 보시나요?

크로닌: 이것이 제가 앞에서도 언급했던 "멍청이도 많지만 노벨상 수상자도 많네."라고 부르는 현상입니다. 이런 식으로 생각해 봅시다. 충분히 커다란 남성 집단이 있다면 거기에는 키가 가장 작은 사람과 가장 큰 사람, 가장 아둔한 사람과 가장 영리한 사람, 앞에서도 말했듯이 가장 작은 것과 가장 큰 것, 최악과 최고의 차이가 아주 클 것입니다. 하지만 여성 집단을 보면 그들은 서로 훨씬 더 비슷할 것입니다. 예를 들어, 가장 아둔한 사람과 가장 영특한 사람 간의 차이가 작겠죠. 자 이제 이 남성 집단과 여성 집단을 합쳐 봅시다. 그러면 키든, 지능이든, 어떤 것이든 맨 아래와 맨 위에는 여성보다 남성이 많음을 보게 될 것입니다. 그리고 이것은 여성 집단과 남성 집단의 평균이 서로 비슷할지라도 성립할 것입니다.

이것이 문화 차이의 영향일까요? 아마 이것은 우리뿐 아니라 유성 생식을 하는 모든 종에서 볼 수 있는 현상일 겁니다. 육체적인, 그리고 정신적인 차이 모두에서 말이죠. 그러니 단지 문화만의 영향은 아닐 것입니다. 그러면 어떠한 힘이 작용하고 있는 걸까요? 이것은 자연 선택과 실제 통계적 분포라는 두 원인의 조합으로 나타난 것입니다. 자연 선택이 남긴 유산에는 두 가지가 있습니다. 남성 간의 큰 변이는 경쟁의 선택압이 가져온 결과로 보입니다. 경쟁이 심할수록 변이는 커질 수밖에 없습니다. 종과 그 종의 환경에 상관없이 수컷은 진화의 과정에서 언제나 암컷보다 강한 경쟁압의 영향을 받았습니다. 따라서 남성의 변이가 여성보다 큽니다. 큰 변이는 적응, 즉 자연 선택이 만들어 낸 속성이 아니라 수컷 간 경쟁 — 현재까지는 어떻게 경쟁이 이런 결과를 초래하는지와 관련해서는 의견의 일치를 보지 못했지만 말입니다. — 이 만든 적응의 부산물이죠. 자연 선택의 다른 유산은 남성 과학자와 여성 과학자의 경우에서 봤듯이 다양한 종류의 능력과 경향에서 성차가 존재한다는 것입니다. 어떠한 형질에서는 평균값이 퍽 비슷하지만, 다른 형질들에서는 그렇지 못합니다.

이제 자연 선택의 두 가지 유산에 실제의 통계 분포를 더해 보십시오. 그것은 세 부분으로 되어 있습니다. 남성과 여성을 나타내는 종 모양 곡선 두 개를 상상해 보십시오. 특히 오른쪽 곡선의 오른쪽 꼬리 부분에서 무슨 일이 일어날지 그려 보세요. 첫째, 두 겹치는 곡선에서 평균에 조금만 차이가 생겨도, 꼬리 부분으로 갈수록 차이가 급격히 증가합니다. 둘째, 변이가 클수록 '멍청이-노벨상' 현상이 일어날 가능성이 큽니다. 셋째, 한 집단이 평균과 변이에서 모두 더 크면, 그 집단의 오른쪽 꼬리 부분은 더욱 과장되어 있을 것입니다.

그러면 결론은 무엇일까요? 우리가 성차, 특히 과학적 성공에 중요한, 그러니까 평균값의 차이가 꽤 크고 남성에게 이롭게 작용하는 성차를 다룬다면 오른쪽으로 갈수록 남성들의 우세함을 많이 보게 될 것입니다. 그러니 아둔한 남자가 더 많든 그렇지 않든 간에 통계적으로나 실제로도 노벨상을 받는 남성이 더 많은 것입니다. 모든 경우에, 그리고 다시 한번 강조하지만 자연 선택과 통계적 분포가 남성에게 이롭게 작용하는 과학과 관련된 경우에는 이 현상이 서머스가 설명을 요청받았던 '상위권 남성' 현상의 주된 원인입니다.

하나의 두드러지는 예는 성이 다른 쌍둥이에서조차 대체로 남아의 IQ가 여아의 IQ보다 아주 조금만 더 높은데도 불구하고, IQ 상위 2퍼센트인 사람들에서는 오빠나 남동생의 IQ가 누나나 여동생의 IQ를 2 대 1로 압도한다는 것입니다. 유사하게, 심리 적성 검사 중 하나인 유명한 메타 검사(Meta Test)에서는 남녀 평균의 차이가 적었음에도 불구하고 남성 변이는 37개 검사에서 35퍼센트나 더 컸습니다. 그리고 여성보다 훨씬 많은 남성이 가장 높은 점수대를 차지하고 있었습니다. 이제 미국 과학 한림원의 수학 분과의 예를 봅시다. 이 분과 구성원의 95퍼센트가 남성입니다. 높은 평균과 큰 변이 중에서 어느 것이 이 우세함에 기여하는 것일까요?

다음과 같은 결과를 도출해 낸 계산이 있습니다. 평균 간의 성차를 없애 버리고 변이는 그대로 두면 남성 구성원의 수는 91퍼센트까지 조금 감소합니다. 하지만 평균값은 그대로 두고 변이의 차이를 없애면 남성 구성원 수는 64퍼센트까지 폭락합니다. 이것은 평균의 차이가 작더라도 변이가 크면 압도적인 남성 우세가 나타난다는 것을 보여 줍니다. 시사하는 바가 크죠. 하버드의 수학과 교수들이 대부분 남자이기 때문에 벌어지는 일련의 소동, 그리고 이러한 사실을 직시하지 않고 서머스를 그저 비방만 하는 사람들……, 그들은 정말 수학을 못하는 겁니다.

이러한 것들을 고려하다 보면 우리가 관심을 가져야 하는 것은 과학과 수학에서 남자와 여자가 거두는 성적의 차이나 관련 분야에서 남자와 여자가 차지하는 직책이나 직급이 아니라 정책임을 알 수 있습니다. 불행하게도 현재의 정책 토론들은 성차가 매우 적은 편인 평균 쪽에 집중되어 있고 분포의 꼬리를 간과하는 경향이 있습니다.

그래서 사람들은 차이를 의심스러운 눈으로 보게 됩니다. 여성이 평균적으로 남성만큼 능력이 있다면 왜 상위권에는 남성의 수가 압도적일까요? 그리고 이제 자동 반사적인 대답이 뒤따릅니다. 편견과 장벽! 그러면 정책은 한쪽으로 치우치게 됩니다. 참으로 비현실적입니다. 통계 분포가 정치 문제로 변질되면서 여성은 밑으로 끌어내리고 오히려 남자들은 최고로 올려 줘 '편견과 장벽'의 증거를 만들어 내죠.

최재천: 바닥도 고려해야 하는 것 아닙니까? 왼쪽 곡선의 왼쪽 꼬리에 있는 멍청이 남성들 말입니다.

크로닌: 예! 정확히 그겁니다. 그 부분의 발견들이 정책 입안자들에게 충격을 줘야 합니다. 예를 들어, 산업화된 41개 국가에서 15세 아이들을 대상으로 수행된 최근의 한 연구는 예상대로 남학생들이 평균적으로 여학생보다 수학을 잘하고 여학생은 대체로 남학생보다 독해 능력이 좋았다고 밝혔습니다. 하지만 남학생들의 변이가 너무 커 독해를 못하는 학생의 집단에는 남학생 수가 월등히 많았습니다. 이 남학생들은 글을 읽고 쓰는 능력이 일상 생활을 영위해 나가기에도 부족한 판국인데, 현대 산업 사회의 직업 시장에서 어떻게 살아남을 수 있을까요? 문맹인 남성들은 훨씬 더 많이 감옥에 갑니다. 이것은 성차의 문제에서 애석하게도 무시되는 국면입니다. 그리고 이것은 과학과 관련된 질문이기 때문에, 그리고 사회적, 경제적 영향 때문에 매우 중요합니다.

최재천: 사람들에게 바닥을 보여 주며 거기에서 무슨 일이 일어나고 있는지 보여 주면 아마 "바닥을 치는 그런 남성들은 열심히 노력하지 않은 사람들이에요. 그들은 고려의 대상이 아닙니다. 우리가

대화의 주제로 삼을 필요도 없는 일이에요."라고 말할 겁니다.

크로닌: 예. 실패한 남성들은 성공하지 못한 여자들이 끌어낼 수 있는 관심을 유도하지 못합니다. 그리고 최상단과 최하단의 양극단을 달리는 남성들에 대한 이해는 극히 드문 실정이고, 남성들은 양극단에 분포하는 데 비해 여성은 어느 쪽에도 없는 것에 대한 이해도 마찬가지로 거의 되어 있지 않습니다. 어쩌면 이건 놀라운 일이 아닐지 모릅니다. 결국 '편견과 장벽'이 최상단에 있는 남자들을 설명해 줄 수 있다고 믿는다면, 지속적으로 최하단 바닥에 있는 남성 '멍청이'들은 수수께끼로 남습니다. 비정상적인 것들은 더 이상 고려의 대상도 아니게 되죠. 반응은 대개 완벽한 침묵일 뿐입니다.

최재천: 이 모든 것에 대해 책을 쓰셔야 할 것 같습니다. 소문에 따르면 또 다른 책을 쓰고 계시다던데……, 제가 제목을 지어드리겠습니다. "성차에 대한 다윈주의적 이해". 재미없죠? 『개미와 공작』 근처도 못 가네요.

크로닌: 예, 그게 주제입니다. 하지만 아직 제목은 정하지 못했죠. 그것을 위해서는 다시 오빠를 만나야 할 것 같습니다. 책의 도입부는 8억 년 전에 일어난 유성 생식의 기원을 다루고 있고 끝부분은 오늘날 인간이라는 종의 성차를 다루고 있습니다. 진화적으로 까마득한 옛날에 일어난 사건을 다루는 깊은 생물학적 이론에서 시작해서 오늘날의 사회적인 질문들과 정책들을 진화적 관점으로 다루며 끝내는 거죠.

시작 부분에 나오는 유성 생식은 존 메이너드 스미스와 그의 공저자 외르스 사트마리(Eörs Szathmáry)가 "진화의 대변화" 중의 하나라고 부른 바 있습니다. 이것은 진화 생물학에 대한 심오한 질문들을 불러일으킵니다. 왜 유성 생식일까요? 왜 두 성이 필요합니까? 이 두 성이 서로 다른 이유는 무엇일까요? 이 질문들에 대한 답을 하는 과정에서 이 변화가 얼마나 정교하고 복잡했는지를 이해하게 되는 것입니다. 이것은 분명히 자연 선택의 위대한 승리 중의 하나입니다. 현대 사회에서 인간의 성차를 다루는 책의 마지막 부분은 우리가 방금 다뤘던 것과 같은 사안들, 그리고 당신이 여성 운동상을 수상하게 된 이유와 같은 것들을 살펴보고 있습니다. 이 책은 자연 선택의 오래된 질문들에 대한 해결이 시사하는 바와 오늘날 이것들이 우리 삶에서 어떻게 느껴지는지를 다루고 있습니다.

저는 성차의 기원을 공부했고 그것들이 언제쯤 어떠한 모습으로 나타날지 대충 예측할 수 있는 사람임에도 불구하고 현대 사회의 실제 상황이 예측 패턴과 세부 사항에서 얼마나 가깝게 맞아떨어지는지 보고 너무나 자주 놀라곤 합니다. 저는 흔히 '성에 대한 고정 관념' — 인간적인 보편성에 의해 이것들이 정말 사실이기 때문에 고정 관념으로 정립되었음을 잊지 마세요. — 으로 일축되는 잘 알려진 특징들에 대해서만 생각하는 게 아닙니다. 저는 또한 이러한 패턴들을 특수성, 하위 특수성, 또 그 하위 특수성으로 구분하고 있습니다. 대체로 산업화된 국가의 직장 여성들은 문화와 경제가 다르더라도, 예를 들면 거의 언제나 '물건보다는 사람'을 선호합니다. 성차가 클 것이라고 예상되는 가장 높은 직위에서도 마찬가지입니다. 또는 모든 문화를 막론하고 특히 아주 어린 아이들일 경우 남아와 여아의 그림 그리기에는 두드러지는 차이가 있습니다. 여자아이들의 그림은 가

볍고 따뜻한 분홍색 계열인 데 반해 남자아이들의 그림은 파란색과 어두운 색 계열입니다. 진화된 색 선호도의 성차입니다. 여자아이들은 사람, 특히 여자아이와 숙녀, 꽃과 나비를 그리는데 남자아이들은 기계적인 것, 특히 자동차, 기차, 비행기를 그립니다. 여자아이들은 그들의 모티프를 2차원적으로 하나의 선에 나열하는 반면, 남자들은 주로 조감도와 같은 3차원 그림을 그립니다. 진화된 공간 지각 능력에 성차가 있는 겁니다.

책의 앞부분과 뒷부분 간에 긴밀한 연결 고리가 존재합니다. 시간에 따른 자연 선택의 방대한 영향, 조상 종에서 세대를 거듭하며 흘러 내려온 유전자, 유성 생식에서 암수를 오가며 재조합된 유전자, 포유류와 영장류를 거쳐 지난 200만 년간 바로 우리 인간이라는 특별한 종으로 오게 된 그 유전자……, 우리가 어떻게 삶을 이어 나가는지에 대한 세부 사항들, 우리의 진취성, 우리의 특권과 오늘날의 세계가 어떻게 해서 성차가 분명히 드러나는 전례 없는 환경을 제공하는게 되었는지를 쓰고자 합니다.

최재천: 하지만 당신도 자칭 페미니스트라고 부르는 그들을 이러한 설명으로는 절대 만족시킬 수 없음을 아시겠죠? 그들에게 당신의 논리를 이해시키는 일은 매우 어려울 겁니다.

크로닌: 예, 어려울 겁니다. 하지만 그들이 설득되지 않는다 하더라도 장기적으로 보면 과학이 이기게 되어 있습니다. 그러니 그들의 찬성이나 반대는 영향력도 적고 중요하지도 않습니다. 그리고 경험의 무게도 그 생각을 바꾸기 시작할 겁니다. 성공적인 여성 집단이 현대 사회로 들어오며 그들의 삶의 패턴이 남성과 다르다는 것을 보

이면서 여성들이 남성들에 비해 자유로운 선택을 하지 못한다고 주장하는 것은 점차 타당성을 잃어 갈 것입니다. 그리고 결과로서의 격차는 편견과 장벽의 결과가 아니라 누구의 삶에서든 불가피하게 나타나는 선호도와 성과, 헌신과 제약의 결과로 보일 것입니다.

다윈보다 다윈주의적이었던 월리스

최재천: 당신이 주관하고 있는 Darwin@LSE 프로그램으로 대화를 돌려 보렵니다. 그 프로그램에 참여했던 많은 사람으로부터 많은 다윈주의자들과 다윈주의자가 되려고 하는 사람들에게 당신이 얼마나 훌륭한 환경을 제공했는지에 대해 익히 들었습니다. 예를 들어, 런던 정경 대학에서 몇 달을 보낸 한국의 장대익 박사는 한국에 돌아온 후 그 얘기를 멈추지 못하더군요. 저도 비슷한 일을 한국에서도 하려고 시도하고 있지만, 쉽지 않습니다. 함께할 사람이 너무 적습니다. 당신의 프로그램을 소개해 주세요. 어떻게 진행하시는지, 그리고 현재까지 진행 상황에 만족하시는지?

크로닌: 그렇게 긍정적인 평가를 들으셨다니 매우 기쁩니다. 장대익 박사는 우리 프로그램에 많은 기여를 했습니다. 한국에서 그러한 일을 시작하셨다는 것도 또한 대단히 감동적입니다. Darwin@Ewha인가요? 건투를 빕니다. 사람이 적은 것은 중요하지 않으니 꾸준히 밀고 나가세요. 당신은 이미 학계와 그 외의 세계에서도 많은 관심을 받고 계실 것으로 확신합니다. 당신의 텔레비전 방송 강연이

얼마나 훌륭한 반응을 끌어냈는지 기억해 보세요.

Darwin@LSE는 이제 새로운 국면에 접어들었습니다. 대중적으로도 큰 성공을 거두었습니다. 하지만 그것은 학생이나 수업이나 연구 기반 없이 대중을 상대한 것이었어요. 그래서 저는 이 프로그램을 진행하는 동시에 런던 정경 대학에 학술적인 다윈 모임을 만드는 데 모든 노력을 기울였습니다. 목표는 자연 과학과 사회 과학을 엄밀한 적응주의에 따라 통합하는 일에 헌신하는 프로그램을 설립하는 것이었습니다. 신경 과학과 행동 유전학에서 심리학과 인류학에 이르기까지 온갖 분야에서 놀라운 발견들이 새로 이루어져 왔고, 우리의 뇌, 마음, 생각, 행동, 가치관과 감정과 관련해 우리는 새로운 관점을 획득하게 되었습니다. 이것은 바로 다윈이 한 일이기도 합니다. 제 목표는 다윈을 기원으로 한 이 강력한 통찰들이 제공하는 인간 본성에 대한 새로운 이해를 온전하게 통합하고 나아가서 사회적 관계에 기여할 수 있도록 인식의 폭을 확장하는 것입니다.

모순적이게도 현재 학제간 연구에 대한 입발림이 꾸준히 유행함에도 불구하고 학문의 경계를 급진적으로 뛰어넘고 나아가서 변형시키기까지 하는 과학에 대한 재정적 지원을 찾는 것은 아주 어렵습니다. 대표적인 재정 지원 단체들은 아니라 하더라도 선견지명이 있고 지성적인 기업가들이 관심을 가질 만한 모험인데도 말이죠. 그리고 세계 학계를 주도하고 가장 잘 알려진 사회 과학 연구 기관인 런던 정경 대학은 그것을 발전시키는 데 적임자라고 생각합니다.

최재천: 많은 행운이 있기를 기원합니다. 다윈의 해를 맞이해서 한국에서 가장 크고 영향력 있는 신문사에서 저에게 다윈의 영향력

을 소개하는 기사를 기획해 달라고 부탁했습니다. 그래서 저는 다윈과 심리학, 다윈과 정치학, 다윈과 또 무언가 등으로 연속 기사를 만들었습니다. 저는 가능한 모든 학술 분야를 연결하고 싶었고, 그 결과 스무 편가량의 기사를 만들었습니다. 그 연재가 3주 전에 끝났습니다. 이 일을 통해서 저는 다윈이 영향을 미치지 않은 학문 분야가 없다는 것을 깨달았죠. 생각해 보면 참 엄청난 일입니다.

크로닌: 예, 하나의 과학 이론이 넓고 다양한 범위에서 핵심적인 중요성을 갖는다는 것은 엄청난 일입니다. 하지만 어떤 면에서 보면 전혀 신기하지 않아요. 다윈의 이론은 결국 우리 인간의 존재와 자연에 대한 이해를 포함해서 살아 있는 모든 생명에 대한 이해를 바꾸어 놓지 않았습니까? 그 기사 스무 편에 실린 많은 학문 분야들은 아마 우리 자신을 탐구하는 학문이었을 것 같습니다. 『종의 기원』이 출판된 지 한 세기하고도 반이 지난 지금 다윈 이론은 인간 본성에 대한 과학적 이해를 가져오고 있습니다. 그리고 대중은 그것을 알기를 열망합니다.

최재천: 아직 스무 개가량의 질문이 남아 있지만 시간을 고려하면 이제 제가 당신을 보내 드려야 할 것 같습니다. 딱 두 질문만 더 드릴 수 있도록 허락해 주시겠습니까? 제가 만나는 다윈주의자 모두에게 하는 질문입니다. "왜 다윈이 중요합니까?" 이것을 마지막 질문으로 남겨두겠습니다. 하지만 그 전에 당신의 『개미와 공작』에서 제가 느낀 것 중 하나는 당신이 월리스 얘기를 많이 했다는 겁니다. 진화 생물학을 배우는 학생들조차 월리스는 많이 고려하지 않는 경향이 있습니다. 이 모든 것과 덧붙여 저는 앤디(Andy), 그러니까 앤드루

베리(Andrew Berry)의 월리스 논집인 『끝없는 열대(*Infinite Tropics*)』라는 책을 번역하고 있습니다. 올해 우리는 다윈, 정말 오직 다윈에 대해서만 대화를 하느라 바빴죠. 하지만 지금이야말로 월리스 얘기를 꺼내기에 적절한 시간이라고 생각합니다.

크로닌: 저 또한 동의합니다. 그리고 이 또한 당신이 하시는 좋은 일 중 하나여서 기분이 매우 좋습니다.

최재천: 『끝없는 열대』를 번역하면서 저는 당신의 책 『개미와 공작』 생각을 많이 했습니다. 그 책에 월리스가 등장한 것은 우연이었나요? 아니면 기획하신 건가요?

크로닌: 아니요. 의도한 게 전혀 아닙니다. 다윈과 월리스의 성 선택, 특히 색에 관련된 성차에 관하여 편지로 주고받은 논쟁을 보다가 불꽃처럼 튀어 오른 것이었습니다. 다윈주의를 선도한 두 사람이 서로 동의하지 않는 부분이 있었다면, 그리고 그것이 다윈주의 이론의 핵심에 있는 것이라면, 그들의 이론은 각각 매우 가치 있는 비판과 방어를 포함하고 있겠구나 하는 생각이 들었습니다. 그리고 그것은 월리스가 훗날 그의 비판을 성 선택의 중심 개념인 '암컷 선택'으로 확대하면서 정말 흥미롭게 드러났습니다. 저는 이것을 가지고 마치 그들 사이에 논쟁이 있었던 것처럼 꾸몄습니다. 논쟁의 내용을 객관적으로 들여다보면 그것이 사실이었죠. 월리스의 가장 강력한 반박 중에는 다윈의 죽음 후에도 풀리지 않은 것들이 있었어요. 그러니 이것은 '분석적' 혹은 '이성적'인 과학의 역사였지 과학자들의 연대기는 아니었습니다. 하지만 다윈과 월리스의 분열은 성 선택의 모든 역사를 죄다 나타내고 있는 것으로 드러났고, 이 논쟁은 오늘날까지

지속되고 있습니다. 제가 이것에 관해 세미나를 한 것을 들은 후 빌 해밀턴이 "이 모든 시간이 지나도록 내가 사실 월리스주의자였던 것을 모르고 있었군!"이라고 말했던 게 기억납니다. 월리스가 들었으면 매우 기뻐했을 겁니다.

월리스는 자신을 "다윈보다 더 다윈주의자"라고 선언한 바 있는데, 이는 그의 관점에서는 다윈조차도 수정주의자일 수 있기 때문입니다. 『다윈주의: 자연 선택 이론 해설, 일부 응용 사례를 중심으로(*Darwinism: An Exposition of the Theory of Natural Selection, with Some of Its Applications*)』(1889년)라는 책의 서문에서 월리스는 다윈의 후기 작업은 그의 초기 입장에서 멀어졌지만 자신의 작업은 "출중한 다윈적 강령"에 따르고 있다고 말하며, "따라서 나는 내 책이 순수한 다윈주의 옹호자로서의 위치를 갖기 바란다."라고 했습니다. 제 관심사는 개인 혹은 과학자로서의 월리스가 아니었습니다. 특히 저는 많은 사학자처럼 그를 위한 '계급 투쟁', 그러니까 노동 계급 출신의 월리스가 신사 계급 출신의 다윈에게 선취권을 뺏긴 게 아닌가 하는 논쟁에 참여하고자 한 것도 아닙니다. 저는 단지 다윈에 관한 그의 주장들이 과학적으로나 정보 면에서나 이로운 점이 많다고 봤던 것입니다.

최재천: 저는 얼마 전 케임브리지 대학교의 과학사학자 존 밴 와이(John van Wyhe) 박사의 논문을 읽었습니다.*

* John van Wyhe. 2007. "Mind the gap: Did Darwin avoid publishing his theory for many years?," *Notes Rec.* R. Soc. 61: 177-205. 우리나라 지하철에서는 "우리 역은 승강장과 열차 사이가 넓으니 발이 빠지지 않도록 주의하십시오."라고 길게 방송을 하지만, 런던 지하철

크로닌: 오, '다윈 온라인(http://darwin-online.org.uk/)'이라는 웹사이트를 운영하는 존 말입니까?

최재천: 예. 그는 다윈이 그의 생각을 출판하는 일을 20년이나 연기한 것이 의도적이 아니었다고 말하고 있어요. 다윈은 단지 과학 연구에 최선을 다했고 그만큼 시간이 걸렸을 뿐이라고 말입니다. 그 논문을 읽어 보셨습니까?

크로닌: 예, 그 논문을 알고 있습니다. 저는 그 논리 전개가 좋다고 생각했습니다. 제게 그것이 설득력을 가졌던 하나의 이유는 다윈이 의도적으로 연기했다는 주장들에 그다지 신뢰가 가지 않았기 때문입니다. 가장 화제가 많이 된 근거들조차 정치적 의도를 뒷받침하기 위한 혼합물에 지나지 않았습니다. 하지만 설사 그 원인들이 어떠한 역할을 했다 하더라도 주목하지 않을 수 없는 완전한 이유를 만들어 내지는 못했을 겁니다.

최재천: 동의합니다. 누구나 반격을 걱정하는 것은 다분히 자연스럽습니다. 저 또한 많은 반격을 받았고요. 하지만 좋은 과학자라면 공격의 가능성 때문에 자신의 연구를 멈추지는 않습니다. 밴 와이 박사의 논문은 다윈을 매우 우유부단한 사람으로 배웠던 제게 훨씬 더 합리적이라는 느낌으로 읽혔습니다. 다윈의 편지들을 실제로 읽어 보면 다윈이 그다지 내성적인 사람이 아니었음을 알 수 있습니다.

에는 "간격에 유의하라(Mind the Gap)."라는 간단명료한 표지판만 박혀 있다. 2007년 당시 케임브리지 대학교에서 다윈의 서신을 관리하던 존 밴 와이 교수는 이 문구를 인용해 다윈이 결코 출간을 미루지 않았다는 내용의 논문을 발표했다.

재닛 브라운의 『찰스 다윈 평전』을 읽어 보면 그가 내성적이거나 주저하거나 조용한 사람이 전혀 아니었으며, 그리 수줍어하는 사람도 아니었음을 알 수 있습니다.

크로닌: 예, 다윈의 이력에 관한 제 결론 또한 같습니다. 하지만 저는 좀 다른 경로를 통해 그 결론에 도달했습니다. 당신이 말씀하신 것 가운데 내성적인 성격 같은 것보다는 좋은 과학자가 되는 것과 더 관련이 있습니다. 과학 철학자 칼 레이먼드 포퍼(Karl Raimund Popper, 런던 정경 대학에 있었죠.)는 이러한 문제들에 통찰력 있는 방법으로 접근합니다. 저는 그의 강연과 세미나에 자주 참석했고 그를 퍽 잘 알았습니다. 포퍼가 말한 두 개의 '세계'에 대한 저 나름의 소박한 해석은 이렇습니다. 하나는 개인적이고 사회적인 정신, 즉 생각, 신념, 지각, 느낌, 감정, 희망, 야망의 세계입니다. 다른 하나는 생각의 객관적인 내용, 사고의 가능한 대상과 그 둘 사이의 객관적인 관계, 즉 논리적 함의, 생각과 실제 세계의 소통, 진실된 혹은 거짓된 묘사, 타당한 혹은 타당하지 않은 논쟁의 세계입니다. 여기서 핵심은 과학의 진실은 객관적인 세계에 있는 데 반해 과학자의 생각은 주관적인 세계에서 떠돌고 있다는 겁니다. 과학은 개인이나 사회에 종속되지 않습니다. 과학 이론은 실제 세계, 가능한 세계에 관한 것이죠. 그것들이 사실인지, 어떠한 증거들이 과학을 반박할 수 있는지, 현재의 과학과 객관적으로 진실인 것 사이의 일치에 관한 것들이 항상 문제가 되죠.

이 모든 것이 다윈과 무슨 상관이 있냐고요? 당신은 다윈이 출판을 지연했다는 사학자들의 주장에 대해 언급했습니다. 참이든 거짓이든 그 주장들은 오직 주관적인 세계만을 다루고 있습니다. 부인 에마의 경건한 마음을 상하게 할지도 모른다는 우려, 무신론자라고 비난받는 것에 대한 두려움, '악마의 복음'을 세상에 알리는 것에 대한 죄의식, 그의 생각들이 선동가들에게 좌지우지될지도 모른다는 걱정, 그의 가설을 중산층에게 맞도록 만들려는 욕심 등이 그것입니다. 하지만 여전히 핵심에는 과학 이론이 있습니다. 설명은 여기에서 시작되어야 하는 것 아닐까요? 적어도 그것을 중요하게 취급해 주어야 하지 않나요? 그러면 즉시 그 주제는 그 이론의 객관적인 상태를 추적할 다른 세계로 인도될 것입니다. 반대 의견들이 얼마나 잘 맞아떨어졌는지를 평가하고, 실험적 결과들을 정돈하고, 결정적인 단서들을 나열하고, 논점들은 타당하게 다듬어 가는 그런 세계로 말입니다. 제가 밴 와이의 설명에 동감했던 이유는 그가 20년이라는 간격을 설명하면서 과학이라는 세계를 먼저 제시했기 때문입니다. 이것이 다른 설명을 배제할 것이라고 말하는 것은 아닙니다. 하지만 우리는 거기에서 시작해야 합니다. 이것을 절대로 무시하거나 배제해서는 안 될 겁니다.

최재천: 밴 와이 박사의 논증이 실제로 그 두 가지 카테고리를 사용하고 있지는 않지만, 그가 말하고자 했던 바가 바로 이것이라는 생각이 드네요.

크로닌: 그렇게 봐 주셔서 감사합니다.

세인트 판크라스 역사 보전 운동을 한 영국의 계관 시인 존 베체먼(John Betjeman, 1906~1984년)의 동상 앞에서 헬레나 크로닌과 필자.

생물학은 영원히 다윈주의적이리라!

최재천: 이젠 정말로 보내드려야 할 것 같습니다. 제 마지막 질문은, 아까 말씀드렸다시피, "왜 다윈이 그렇게 중요한가?"입니다.

크로닌: 거기에는 다섯 가지 서로 연관된 근거가 있습니다. 첫째, 다윈이 옳았습니다. 그러므로 그가 과학에 바친 기여는 존속될 것입니다. 덧붙여 '옳았다.'는 것은 경탄할 만한 업적이었습니다. 과학은 진보합니다. 그 길을 따라가다 보면 진실에 더욱 가까워지게 됩니다. 그래서 우리는 최고의 도약을 했던, 이전까지의 모든 것을 재정립한 가장 중요한 과학 이론들조차 결국에는 진실에 더욱 가까워지는 새로운 이론들에 의해 추월당하리라 예상하고 심지어는 그러기를 희망합니다. 이전의 이론을 수정하고 개편하는 것, 비정상적인 문제를 푸는 것, 더 깊은 존재를 발견하는 것, 중요한 근거를 예측하는 것, 이전에 답으로 여겼던 것들을 다시 심오한 질문으로 되돌려놓는 그러한 것들 말입니다. 전설적인 예는 바로 뉴턴의 사례입니다. 과학의 발전은 물리학을 결국 영원히 뉴턴적이지도 않고 영원히 아인슈타인적이지도 않은 상태로 변화시켰습니다. 반면, 그리고 어쩌면 과학의 역사에서 유일하게 다윈은 근본 이론을 옳게 맞혔을 가능성이 매우 큽니다. 자연 선택은 설계자 없이도 설계를 낳을 수 있는 유일한 방법인 듯합니다. 이것이 사실이라면, 다윈의 핵심적인 이론은 영원히 길을 밝히는 등불이 될 것입니다. 생물학은 영원히 다윈주의적일 것이라는 말입니다.

최재천: 다윈의 이론은 대체될 수 없다고 말씀하시는 건가요?

뉴턴이나 아인슈타인과 달리?

크로닌: 그것이 사실이라고 확신할 방법은 없습니다. 과학이 자연에게 어떠한 이론이 사실이냐고 물어본다면 그 대답은 대개 "아니요."일 겁니다. 우리는 이 질문에 명확히 "예."라고 답할 수 있는 과학 이론을 얻을 수 있을지 확신을 가질 수는 없습니다. 하지만 저는 다윈의 자연 선택 이론과 관련해서는 "예."라는 답을 할 수 있으리라 예측합니다. 지금까지 우리가 말할 수 있는 한은 그렇습니다. 그리고 그렇다면, 다윈은 과학의 근본에 확고히 이정표를 박아 넣은 셈입니다. 과학의 역사를 돌아볼 때 언제, 어디에서도, 그리고 그 누구도 달성하지 못한 업적이죠.

최재천: 두 번째 근거는 무엇입니까?

크로닌: 둘째는 적응입니다. 다윈은 적응이 생명의 정교함과 복잡성을 설명해 주는 개념일 뿐만 아니라 진화 생물학 전체에서도 가장 중요한 개념이라는 것을 이해하고 있었습니다. 『종의 기원』에서 그가 말했듯이, 자연을 주의 깊게 관찰하는 과학자라면 누구든 살아 있는 생명은 진화의 결과란 사실을 알 수 있을 겁니다. 하지만 그 결말은 "어떻게 (그들이 획득했는지) 보여 주지 못한다면 만족스럽지 못할 것이다. …… 가장 확실하게 우리의 경외심을 자극하는 구조의 완벽함……."이라고 되어 있어요. 살아 있는 생명을 나머지 자연으로부터 구분하며 자연 선택이라고 하는 독특한 생물학적 설명을 필요하게끔 만드는 게 바로 목적과 효율성, 즉 설계에 관한 것입니다. 오랫동안 신학의 영역에 속했던 이 현상들을 과학적으로 설명한 게 바로 적응이라는 개념입니다. 이런 점에서 볼 때 다윈 이론이 오랜 시

간 신학적이고 비과학적이라고 조롱받고 비판받은 것은 참으로 엄청난 모순입니다. 심지어 박식한 오늘날의 생물학자들조차 편협한 경험주의에 빠져 구체적인 메커니즘 기술(記述)이 적응적 설명을 찾는 것보다 더 '과학적'이라며 그 이상의 도전을 거부합니다. 다행스럽게도 다윈은 이러한 사이비 과학에 죄책감을 느끼지 않았습니다. 그는 적응이 진화 과정의 과학적 단일성과 그것의 설계가 어떻게 그 과정을 예로 들어 설명할 수 있는지를 이해했고, 이를 통해 우리로 하여금 전 지구적으로 영겁의 시간을 거슬러 올라가며 그것을 헤아리고, 수백만 년의 선택의 역사를 세대와 세대를 넘나들며 상상할 수 있게 했습니다.

셋째, 그리고 다시 한번 적응 덕택에, 다윈에게 주어진 시험은 현상의 가장 복잡한 점을 설명하는 것이었어요. 그리고 주목할 점은 그가 가장 단순한 도구로 이에 성공했다는 점입니다. 복잡성을 어떤 식으로 측정하든, 직관적으로 보든, 정밀한 기기를 이용해 계측하든 간에 생명은 우리가 아는 한 우주에서 가장 복잡한 존재입니다. 인터넷에 이런 말이 유행한다죠. '우주 전체에서 인간의 뇌는 가장 복잡한 구조물이다.' 그 말 그대로입니다. 다윈은 자연 선택이 어떻게 해서 이러한 복잡성의 기원이 되었는지를 논리적으로 설명하는 데 성공했습니다. 그리고 그는 그것을 수학, 기술 용어, 정교한 장비, 유전학이나 지구의 나이나 대륙의 이동에 대한 지식 없이 해냈습니다. 물론 이러한 분야들이 발달함에 따라 다윈 자신이 그토록 원했지만 이르지 못했던 경지까지 그의 이론이 구체화되고 풍부화될 수 있었습니다. 따라서 그가 그렇게 적은 것을 가지고 이처럼 많은 것을 구체화한 것에 더욱 많은 찬사를 보냅니다.

넷째, 다윈은 생명의 영역을 과학의 범주로 끌어들였습니다. 인류 문명의 역사에서 과학 혁명은 늦게 이뤄졌습니다. 그리고 과학이 어느 정도 문명의 주도권을 갖기 시작한 이후에도 세상은 신학, 미신, 그리고 반계몽주의의 수렁에 빠져 있었습니다. 다윈은 생물학뿐 아니라 과학 전체의 범위를 넓힘으로써 이 모든 것을 바꿔놓았죠. 유기물과 무기물, 생물학적인 것과 사회적인 것, 진화적 시간의 심연에 역사적인 시간과 동시대 모두를 연결 지었습니다.

다섯째, 그리고 마지막으로, 그러나 다른 모든 이유보다 훨씬 중요하게 다윈의 기여는 인간의 진보를 상징합니다. 다윈주의는 과학의 절정일 뿐 아니라 계몽주의의 핵심 유산입니다.

최재천: 다윈의 이론이 계몽주의의 핵심 유산이라는 가르침을 손에 쥐고 우리의 귀한 만남을 마무리하렵니다. 정말 감사합니다. 이 매우 늦은 시각에 이처럼 매력적인 장소에서……, 이 순간을 저는 아주 오래도록 기억할 것입니다. 감사합니다.

익숙함을 낯설게 만드는 진화 심리학자

셋째 사도

스티븐 핑커

03

스티븐 아서 핑커(Steven Arthur Pinker)

1954년 캐나다 몬트리올에서 출생.

1979년 하버드 대학교에서 박사 학위 취득(실험 심리학).

1982년 MIT 뇌 및 인지 과학과 교수 부임.

1993년 트롤랜드 연구상(Troland Research Awards) 수상.

1994년 『언어 본능』 출간.

1997년 『마음은 어떻게 작동하는가』 출간.

2002년 『빈 서판』 출간.

2003년 하버드 대학교 교수 부임.

2011년 『우리 본성의 선한 천사』 출간.

2013년 리처드 도킨스 상 수상.

2018년 『지금 다시 계몽』 출간.

스티븐 핑커는 『빈 서판(*The Blank Slate*)』에서 다음과 같이 반문한다. "왜 (문화가 전부라는) 과격한 관점은 대체로 중립적으로 받아들여지고 정작 중립적인 입장은 과격하게 받아들여지는가? 인간 본성에 대해 말할 때 유전자의 역할을 조금이라도 언급할라치면, 많은 사람은 그것이 인종 차별주의, 성차별주의, 전쟁, 탐욕, 종족 말살, 허무주의, 정치적 반동, 어린이와 약자에 대한 방치 등을 옹호한다고 생각한다." 『종의 기원』의 거의 마지막 부분에서 다윈은 다음과 같이 적는다. "먼 미래에 훨씬 더 중요한 연구들을 위해 새로운 분야들이 열릴 텐데, 심리학은 새로운 기초, 즉 단계적으로 각각의 정신적 능력을 획득하는 데 필요한 기초 위에 놓일 것이다." 이제 진화 심리학이 "인간과 그의 역사에" 새로운 관점을 제시하고 있다. 진화 심리학자 핑커는 익숙함을 낯설게 함으로써 핵심을 건드리는 특별한 재주를 지녔다. 그의 글은 그 자신의 표현을 빌리면 얄밉도록 정갈하고 지나치리만치 명료한 '문학적 치즈케이크'이다. 이제 당신은 그의 또 다른 매력의 '청각 치즈케이크'를 맛볼 수 있을 것이다.

마음은 우리의 진화적 과거를 보여 주는 창

최재천: 예전에 몇 번 제가 당신 연구실에 들러 이런저런 주제로 얘기를 나눈 적이 있습니다만, 오늘은 아시다시피 다윈 탄생 200주년을 맞아 오로지 다윈과 그의 영향에 관해서만 얘기를 나눌까 합니다. 진화 심리학에서 출발해 보도록 하겠습니다. 한국에서는 이제 막 일반인들도 '진화 심리학'이라는 단어를 사용하기 시작했습니다. 그래서 일상적으로 "진화 심리학에 따르면, 어쩌고저쩌고~"라는 표현을 듣고 있습니다만, 실제로 그것이 무얼 뜻하는지 이해하는 사람은 그리 많지 않아 보입니다. 일반 독자들을 위해 진화 심리학이 이를테면 전통적인 심리학과 어떻게 다른지 설명해 주시겠습니까?

핑커: 진화 심리학은 어떤 행동 양상이든 다양한 수준에서 분석되고 설명되어야 한다는 생각에서 출발했다고 봅니다. 이는 노벨상을 받은 위대한 생물학자 니코 틴베르헌(Niko Tinbergen)과 그의 동료 생물학자들이 생각해 낸 것입니다. 위대한 수리 신경 과학자인 데이비드 코트니 마아(David Courtenay Marr)와 언어학자 에이브럼 놈 촘스키(Avram Noam Chomsky) 같은 거물 사상가들에 의해 다듬어지기도 했죠. 이 아이디어는 어떤 종류의 행동이든, 생리적 메커니즘이 무엇인가 하는 실제 신경 회로 수준과, 무엇이 진화적 기원인가 하는 계통 발생 수준과, 무엇에 적응적인지 하는 그 진화적 기능의 수준과, 어떻게 어린아이가 어른으로 성장하는지 하는 발생의 수준, 그리고 우리 마음에 그런 양상을 구축하는 알고리듬의 설계가 무엇인가 하는 소프트웨어의 수준을 비롯한 모든 수준에서 설명되어야 합

니다. 진화 심리학은 계통 발생과 적응 수준의 설명을 시도합니다. 우리의 시각 체계나 기억, 사랑, 두려움, 섹스, 친척이나 친구를 향한 감정, 종교 등이 어떻게 작동하는가를 물을 뿐 아니라 그것들이 어떻게 설계되고 선택되었는지도 함께 묻습니다. 그러면 부가적인 통찰, 즉 마음이 어떻게 작동하는가에 대한 것뿐 아니라 왜 그러한 방식으로 작동하는가에 대한 깊은 성찰을 얻을 수 있습니다.

최재천: 이미 어느 정도 설명했지만 좀 더 명확히 하기 위해 한 번 더 묻습니다. 에드워드 윌슨은 진화 심리학에 대해 좀 불편해합니다. 그는 종종 "사회 생물학이 바로 진화 심리학인데, 왜 꼭 다르게 불러야 하는가?"라고 말합니다. 이 점에 대해 어떻게 생각하십니까?

핑커: 그가 옳습니다. 다르게 부르는 이유 중에는 사회 생물학이 하도 물의를 많이 일으키다 보니 사람들의 부정적인 반응에 휘둘리기 싫었던 점도 있습니다. 새로운 용어의 선택이 숨 쉴 틈을 마련해 주죠. 그리고 언어학자로서 저는 이런 일이 비일비재하게 일어난다는 것을 잘 알고 있습니다. 어떤 용어가 지나치게 격한 감정을 유발하게 되면 그것을 대체할 새로운 용어를 찾게 되고, 또 그 용어가 격한 감정을 유발하면 다시 다른 용어로 바꾸곤 하죠.

최재천: 다른 분야에서보다 언어학에서 그런 현상이 훨씬 심한가요?

핑커: 아니요. 그게 아니라 그것이 언어적 과정이라는 말입니다. 언어학이라는 학문에서만 일어나는 일이라는 뜻이 아닙니다. 언어가 작동하는 방법이죠.

최재천: 아, 예, 알겠습니다.

스티븐 핑커.

핑커: '쓰레기 수거'라는 단어가 '위생 관리'로 바뀌고, 또다시 '환경 서비스'로 바뀌었죠. 그리고 '변소'는 '욕실'과 '세면실'을 거쳐 '화장실'로 바뀌었고, '깜둥이'가 '흑인'으로, 그리고 '아프리카계 미국인'으로 바뀌었습니다. 마찬가지로 '사회 생물학'이 피뢰침 같은 존재가 되어 버리자 '진화 심리학'으로 바뀐 것입니다. 동물을 연구하는 일부 학자들은 '행동 생태학'이라는 용어를 쓰기도 합니다.

최재천: 예, 우리 대부분이 사회 생물학자로 시작했다가 점차 스스로 행동 생태학자라고 부르게 되었죠. 저도 그랬습니다.

핑커: 그렇지만 사회 생물학과 행동 생태학 사이에 확실한 차이점도 있습니다. 진화 심리학이란 용어에 '심리학'이 들어 있는 것은 행동 수준에서 일어나는 일뿐 아니라 마음 수준에서 일어나는 일들도 분석한다는 뜻입니다. 그것이 매우 다른 강조점이며 그로 인해 진화 이론이 실험적으로 더 정확해진다고 생각합니다. 예를 들어, 성간 차이에 대해 일반화를 시도한다고 합시다. 즉 "포유류 수컷은 암컷보다 더 일부다처적인 경향을 지닌다."라고. 만일 이것이 행동에 관한 진술이라면, 남자들은 다양한 섹스 파트너를 갖는다고 예측해야 합니다. 그러나 대부분 사회에서 이는 사실이 아닙니다. 남자 대부분은 일부일처제를 따릅니다. 그러나 이것이 '행동'으로 나타나지 않고 '마음' 속에서 일어나는 '욕망'을 진술하고 있다면, 이는 엄연한 사실입니다. 전 미국 대통령 지미 카터(Jimmy Carter)가 좋은 예일 것입니다. 우리가 아는 한 그는 철저하게 일부일처제를 지키며 살았죠. 그러나 《플레이보이》와 가진 유명한 인터뷰에서 그는 이렇게 고백했습니다. "마음으로는 수없이 많은 간통을 저질렀습니다." 진화

생물학은 마음에 관해서는 정확하게 예측하지만 행동에 관해서는 그렇지 못합니다. 심리학자인 저는 겉으로 드러나는 행동은 사회적 상황에 따라 달라지지만 감정은 우리의 진화적 과거를 훨씬 더 명확하게 보여 주는 창이라고 굳게 믿습니다.

최재천: 화제를 약간 다르지만 관련된 주제로 바꿔 보겠습니다. 당신의 책들을 읽다 보면 종종 우리가 심리학과 도덕 철학을 혼동한다고 비판합니다. 방금 얘기한 비유가 이를 설명하는 좋은 예가 될 수 있을 것 같은데, 좀 더 상세히 설명해 주실 수 있는지요?

핑커: 무엇보다도 "사실이 당위를 의미한다."라는 자연주의적 오류뿐 아니라 "당위가 사실을 의미한다."라는 도덕주의적 오류 또한 저지르지 않는 것이 중요하다고 생각합니다. 예를 들어, 만일 사람들이 이기심, 탐욕, 폭력, 성적 문란함 등의 추악한 동기를 가졌다는 게 사실이라고 해서 그들을 도덕적으로 정당화하거나 정당하다고 생각한다면 자연주의적 오류를 범하는 셈이죠. 우리의 마음이 매우 복잡한 시스템이란 점이 이유 중의 하나입니다. 우리는 수많은 욕망과 충동을 만들어 내는 대뇌 변연계를 지니고 있지만 또한 자기 조절과 이성적인 사고를 가능하게 하는 전두엽 피질도 가지고 있습니다. 우리는 또한 다른 사람과 서로 의견을 교환함으로써 도덕 체계를 다듬을 수 있는 언어를 갖고 있습니다. 그래서 누구든 무언가를 원하면 자동적으로 행동에 옮기는 법이며, 따라서 그렇게 하는 것이 허락되어야 한다고 말하는 것은 옳지 않습니다. 사람들은 많은 것을 원하지만 뇌의 다른 부분이 도덕률이나 행동의 결과에 대한 예측에 따라 그러한 행동을 자제시킵니다. 이것이 바로 오류의 첫 부분입니다.

두 번째는 자체적으로 논리 체계를 가지고 있는 생각들이 있다는 것입니다. 수학적 인지가 수학과 동일하지 않다는 게 좋은 비유가 되겠죠. 수학적 인지에 관한 연구에 따르면 사람들은 온갖 종류의 오류를 범합니다. 사람들은 수학을 습득하기 위해 십수 년간 학교에 다닙니다. 우리의 타고난 수학적 감각은 아마 하나, 둘, 그리고 여럿이라는 수의 개념이나 유클리드 기하학의 수준에 머물러 있을 겁니다. 이 정도로는 수학을 할 수 없죠. 어쩌면 우리의 도덕적 감각도 이와 비슷할지 모릅니다. 우리는 조악하고 자족적이며 심지어 위험하기까지 한 도덕적 직관을 갖고 있을지도 모릅니다. 그러나 수학과 마찬가지로 우리는 도덕 철학을 갖고 있습니다. 이는 오랜 시간에 걸쳐 도덕적 직관을 다듬은 것으로 노예제나 고문, 정복, 여성에 대한 억압 등이 옳지 않다는 것을 깨닫게 만들어 줍니다. 이들은 어쩌면 우리의 도덕적 감각에 자연스럽게 나타나는 것은 아닐지 모르지만 도덕적 이성이 그들을 정제할 수 있습니다.

최재천: 사회 생물학의 초창기에 우리가 바로 그런 종류의 오류를 범했고, 그로 인해, 예를 들어 페미니스트들과 처음부터 어긋나기 시작했죠.

핑커: 초기 사회 생물학은 이 점을 명확하게 하지 못했습니다. 비판자들도 마찬가지였죠. 논쟁이 잘못된 방향으로 튀었다는 당신의 지적은 정확합니다. 제가 쓴 『빈 서판』이 바로 이 주제를 다루고 있죠.

최재천: 한국에는 여성 문제를 다루는 '여성부'라는 중앙 정부 부처가 따로 있습니다. 제 추측으로는 여성 문제를 이처럼 국가 기관

에서 다루는 나라는 많지 않을 것 같습니다. 한국 여성들은 오랫동안 억압받아 왔고, 오랜 투쟁의 결과로 그런 부처가 탄생했죠. 몇 년 전 여성부가 성매매 등 섹스 산업을 무너뜨리려는 계획을 세운 적이 있습니다. 그해 5월 '가정의 달'을 맞아 그달에 한해 일찍 귀가하는 남성들을 포상하겠다는 정책을 발표했습니다. 그 정책은 한국의 남성 모두를 일단 잠재적 성범죄자로 간주한 것이었습니다. 참으로 어리석은 정책이었다고 생각합니다.

핑커: 저는 이 질문이 생물학과 진보적 이상을 어떻게 화합시킬 수 있을지 하는 문제와 관련 있다고 봅니다. 『빈 서판』에서 설명한 제 생각은 페미니즘을 '젠더 페미니즘(gender-feminism)'과 '평등 페미니즘(equity feminism)'으로 구분한 철학자 크리스티나 호프 소머스(Christina Hoff Sommers)에 따른 것이었습니다. 평등 페미니즘은 공평함을 추구하라는 강령을 따르는 것입니다. 사람은 누구나 자기가 원하는 삶을 살 자유를 누려야 한다는 거죠. 여성은 어떤 분야에서든 차별받아서 안 되며 어떤 삶의 방식도 강요당해서는 안 된다는 것입니다. 삶의 방식은 개인의 결정에 달려 있습니다. 본래 19세기 여성운동의 핵심이 바로 이것이었습니다. 성차에 관한 모든 통계적 발견은 이 원칙과 정확히 합치합니다. 한편, 젠더 페미니즘은 여자와 남자는 생물학적으로 같은데, 다만 사회적으로 서로 다른 역할을 맡게 되어 남성이 여성을 지배할 수 있게 되었다는 견해입니다. 젠더 페미니즘은 성차에 관한 발견들에 문제가 많다고 생각하지만 평등 페미니즘과 양립 불가능하다고 생각하지는 않습니다. 이 논리가 매우 미국적으로 들릴지 모르지만, 개인의 선택권은 반드시 지켜야 할 윤리

및 정치 체제의 기본이라고 생각합니다.

최재천: 바로 이런 문제와 관련해서 당신은 전 하버드 대학교 총장 래리 서머스를 변호하는 발언으로 한동안 어려움을 겪은 것으로 압니다. 저는 진화 생물학자로서 당신의 주장은 정확했고 완벽하게 합리적이었다고 생각하는데, 결국 온갖 비합리적인 공격을 받으셨습니다. 어떠셨습니까?

핑커: 글쎄요, 서머스 총장이 저보다 더 심한 곤경을 겪었으니 저는 불평하면 안 되겠죠. 지금까지도 신문들은 서머스 총장이 "여성들은 수학을 못한다."라고 말했기 때문에 하버드를 떠나야 했다고 하는데, 이는 정말 불공평한 평가입니다. 그는 절대로 여성들이 수학을 못한다고 생각하지 않습니다. 그러나 그는 물리학, 공학, 수학 분야에서 남성과 여성의 분포가 정확히 50 대 50의 비율이 아닌 점에는 여러 가지 이유가 있을 수 있다는 것을 인지했습니다. 차별은 여러 이유 중 하나일 뿐입니다.

또 하나는 만일 남녀의 능력을 나타내는 분포도에서 평균이나 분산에 아주 조그마한 차이라도 존재한다면, 분포도의 끝에서는 끝으로 갈수록 극단적인 차이가 만들어진다는 겁니다. 여성과 남성의 정규 분포 곡선이 상당히 많이 겹치더라도, 그러니까 평균적인 능력은 큰 차이가 없다고 해도 마찬가지입니다. 심지어 남성과 여성이 동일한 평균을 갖고 있더라도 남성들이 더 큰 분산을 보입니다. 즉 한쪽 꼬리에는 모자라고 어리석고 자폐적인 남성들이 여성들보다 훨씬 더 많이 있고, 다른 쪽 꼬리에는 천재적인 남성들이 훨씬 더 많이 있습니다. 중간 부분 곡선이 정확히 동일하다 하더라도 여전히 MIT

수학과에는 남자 교수들이 더 많고 50 대 50의 비율은 나타나지 않습니다. 이는 그저 정교한 통계 논리였는데, 그만 서머스 총장이 여성은 수학을 할 수 없다고 생각한다는 어처구니없는 진술로 왜곡된 것입니다. 그는 비판자들과 언론인들의 통계 무지의 희생물이었습니다. 그가 어느 정도 전략적 실수를 범한 건 사실이지만.

최재천: 일반 대중과 언론인은 대체로 통계에 관해 너무 모릅니다. 그런 점에서 저는 서머스 총장의 통계 설명이 그렇게 정교했다고 생각하지 않습니다. 적어도 당신의 세련된 설명 수준은 아니었다고 생각합니다. 우리가 지금 얘기하고 있는 것은 대학 통계학 수업의 첫 몇 시간에 다 배우는 내용입니다. 어쨌든 우리는 이제 여성 운동 덕택에 여성 차별을 하지 않으려는 사회에 살고 있습니다. 이런 환경 속에서도 여전히 남녀의 유전학적 차이가 우리의 행동을 조정한다고 생각하십니까?

핑커: 오늘날 우리는 훨씬 더 많은 여성 국가 지도자, 기업 대표, 과학자, 수학자를 갖고 있습니다. 남녀의 평균적인 생물학적 차이는 이 모든 분야에서 여성이 50퍼센트를 차지하기는 어려우리라 예측할 뿐입니다. 어떤 분야에서는 50 대 50이 달성되겠죠. 어떤 분야에서는 여성이 더 많을 것이고, 또 다른 분야에서는 남성이 더 많을 것입니다. 이런 통계적 차이는 사라지지 않을 겁니다. 대부분 남성과 여성의 능력이 보이는 분포 곡선은 서로 잘 겹칩니다. 평균은 다를 수 있지만, 여전히 많은 남성은 여성적인 속성을 보일 것이며 많은 여성 역시 남성적인 특징을 갖고 있을 겁니다. 비유하자면, 대체로 남성이 여성보다 큽니다. 여성이 대체로 남성보다 오래 삽니다. 그

렇다고 해서 모든 남성이 모든 여성보다 큰 것은 아니며 모든 여성이 모든 남성보다 오래 사는 것은 아니죠. 통계적인 차이일 뿐입니다.

왜 자연 선택이 우리 모두를 보다 남성적으로 만들지 않았는가, 다시 말하면, 왜 남자와 여자를 완벽하게 동일하게 만들어 주지 않았는가 하고 물을 수 있습니다. 이런 차이 중 몇몇은 남녀가 각각 서로 다른 속성을 지니는 게 더 유리하게끔 만들어 주는 생리적 형질에 기반을 두고 있습니다. 성(sexuality)이 아주 좋은 예입니다. 여러 여성과 잠자리를 갖고 싶어 하는 남성의 경우, 언제나 피임 수단을 동원하는 게 아니고, 또 피임을 하더라도 그게 완벽하게 실행되는 게 아니라면 그는 남보다 자손을 많이 남길 가능성이 큽니다. 그의 자손 역시 여러 상대와 성행위를 하길 원하는 성향을 지니게 될 겁니다. 하지만 여성은 다릅니다. 남성 열 명과 잠자리를 한 여성이라고 해서 더 많은 자식을 낳는 건 아니죠. 남성이 여성 열 명과 잠자리를 가지면 더 많은 자손을 얻을 확률이 높아지죠. 효율적이고 완벽한 피임 수단이 있고 모든 사람이 언제나 사용한다면 이 같은 차이는 사라지겠죠. 하지만 피임 수단은 완벽하지도 않고 모든 사람이 언제나 피임을 하는 게 아니므로 이 차이는 지속될 것입니다.

답 없는 질문과 답 있는 질문을 구분할 줄 아는 슬기

최재천: 다시 첫 주제인 진화 심리학으로 돌아가 보겠습니다. 『마음은 어떻게 작동하는가(*How the Mind Works*)』에서 당신은 이렇게 말합

니다. "철학적 문제들은 아마 신성하거나 환원 불가능하거나 무의미하거나 무미건조한 과학이라서가 아니라 호모 사피엔스(*Homo sapiens*)의 마음이 그들을 해결할 장비들을 갖추지 못했기 때문에 어려운 것이다." 저는 그다음 문장을 특별히 좋아합니다. "우리는 천사가 아니라 유기체이며 우리의 마음은 진리로 통하는 파이프라인이 아니라 살아 있는 기관이다." 멋집니다. 그런데도 우리는 여전히 스스로에게 "나는 왜 여기에 있는가? 나는 무엇을 위해 존재하는가?"라는 거창한 질문을 던지곤 합니다. 약간 종교적인 냄새를 풍긴다면, "신은 내게 어떤 의미 있는 일을 하라고 나를 여기에 보냈는가?"라고 묻습니다. 우리는 끊임없이 이런 별 의미도 없어 보이는 철학적 질문을 하고 삽니다. 이런 주제도 당신의 논거에 포함되어 있나요? 아니면 전적으로 다른 문제인가요?

핑커: 우리는 우리 뇌에 장착된 일종의 호기심 때문에 답이 없을지도 모르는 질문들을 던지곤 합니다. "무엇을 위해 존재하는가?"라고 묻는 것은 때로는 매우 합리적인 물음입니다. 제가 만일 이 녹음기를 가리키며 "이것은 무엇을 위한 것입니까?"라고 묻는다면, 아마 당신은 "이것은 녹음기입니다. 저는 당신의 말들을 녹음하고 싶습니다."라고 답하겠죠. 그것은 저의 질문에 대한 논리적인 답입니다. 만일 제가 당신에게 "이 탁자는 혹은 쓸개는 무엇 때문에 존재하는가요?"라고 묻는다면, 그것도 현명한 질문입니다. 물론 후자의 경우에는 답이 다양할 수 있겠지만 말입니다. 우리는 진화 생물학자로서 그 답이 "누군가 그걸 설계했다."가 아니라 "자연 선택의 메커니즘이 낳은 적응이다."라는 사실을 알고 있습니다. 어떤 사물이 무엇을 위한

것이냐는 정당한 질문에 대한 답이죠. 그러나 이 같은 '무엇을 위한' 질문, 즉 목적론적인 질문은 무리한 질문일 수 있습니다. 우리는 "지구는 무엇을 위해 존재하나요?" 또는 "모기는 무엇을 위해 존재하나요?"라고 물을 수 있습니다. 우리가 이런 질문을 하는 것은 자연스러운 일일지 모르지만, 그렇다고 해서 이런 질문에 반드시 답이 있어야 하는 것은 아니죠. 이들은 좋지 않은 질문일 수 있습니다.

제 아내 리베카 뉴버거 골드스타인(Rebecca Newberger Goldstein)은 소설가이자 철학자입니다. 얼마 전에 아홉 번째 책 『신의 존재에 대한 36가지 논증(*36 Arguments for the Existence of God*)』을 출간했는데, 무신론에 관한 베스트셀러를 쓰는 작가이며 그 자신은 완전한 무신론자이지만 자신만의 어떤 영적인 감성을 지니고 있는, 이를테면 리처드 도킨스 같은 인물을 그린 소설입니다. 그 책에서 배웠습니다. 사람들이 "내 삶은 무엇을 위한 것인가? 내가 이 지구에 존재하는 목적이 무엇일까?"라고 묻는 것은 고삐 풀린 목적론의 예일 뿐이라는 겁니다. 종교적으로는 중요하겠지만 이는 두 가지 질문을 혼동하는 것입니다.

하나는 "내 행동은 무엇을 위한 것인가? 즉 나는 무슨 선택을 해야 할까? 무언가 발견하는 일을 할까? 가난한 사람들을 도울까? 더 좋은 세상을 만들어 볼까?" 하는 질문들입니다. 이 질문들은 모두 매우 훌륭한 질문들입니다. "내 행동의 이유는?"이 아닌 "내 삶의 이유는? 혹은 내가 지구상에 존재하는 이유는?"과 같은 질문은 '무엇을 위한'이긴 하지만 답이 없는 질문들입니다. 다시 한번 리베카의 책을 인용하면, 종교 옹호자들은 만일 당신의 삶에 목적이 있음을 믿지 않는다면 당신은 도덕성 없이 단지 쾌락만을 추구하는 동물과도 같다고 말합니다. 하지만 그건 아니죠. 당신은 "내 행동의 이유는 무엇인가? 무엇이 내 선택을 의미 있게 만들어 주는가?"라는 질문을 "지구에서 나의 존재를 의미 있게 만들어 주는 것은 무엇인가?"라는 질문 없이 던질 수 있습니다. 후자의 질문은 '무엇을 위한'이라는 질문을 불합리하게 확장한 것입니다.

최재천: 제가 답을 갖고 있거나 다른 의견이 있는 것은 아니지만 이 주제를 좀 더 깊이 파고들었으면 합니다. 그러한 질문들을 던짐으로써 우리가 얻는 것은 없을까요? 제가 묻고자 하는 것은 이렇게 비합리적으로 보이는 질문들에도 적응적인 중요성이 있느냐 하는 것입니다.

핑커: 진화 생물학적 적응을 말씀하시는 건가요? 아니면, 건강한 삶을 영유한다는 의미에서 적응을 말씀하시는 건가요? 제 생각에 둘은 다른 질문입니다. 진화 생물학에서 적응이라 함은 우리가 진화한 환경에서 번식적 성공으로 이끈 무언가를 뜻합니다. 일상적 의미에서의 적응은 건강한 삶으로 이끈 무언가를 의미합니다. 진화적 적응과 도덕적 혹은 영적 적응은 다른 것이죠.

최재천: 물론 진화적 적응을 말하는 겁니다.

핑커: 그렇다면 정확하게 말해서, 우리 조상들로 하여금 '무엇을 위한'이라는 질문을 던지게 만든 신경 회로가 더 많은 후손을 낳게 만들었냐는 질문인가요?

최재천: 예, 당신이 말한 대로입니다. 그게 질문입니다.

핑커: 그 질문이 당신의 삶이나 지구, 나무, 바위 등에 해당할 때

는 아니라고 생각합니다. 답이 없는 질문이기 때문이죠. 그것은 오해일 뿐입니다. 그것이 우리의 도구나 신체 부위, 또는 다른 동물과 식물에 관해 질문하도록 만들어 주는 우리의 추론 능력의 일부로서 선택되었을 수는 있습니다. 다른 사람들의 행동에 대해서 "그는 왜 그렇게 행동했을까?"라고 묻는 것은 매우 적응적입니다. 다른 사람이 무엇을 할지를 예측할 수 있다면, 자신을 방어하거나 그 사람들과 협상할 수 있고 준비할 수도 있기 때문입니다. 이 모든 게 다 적응입니다. 하지만 이런 질문이 생명계 전체 또는 세상 전체에 관한 목적론적 질문으로 지나치게 확장된다면 그건 그 능력이 선택된 범주를 넘어서는 거라고 생각합니다.

최재천: 알겠습니다. 이 주제와 관련해서 좀 개인적인 질문을 드려도 될까요? 스스로에게도 이런 질문을 던져 보신 적이 있는지요? 진화적 사고가 당신 자신의 삶의 의미를 찾는 데 도움을 주나요?

핑커: 글쎄요, 무엇보다 저 자신을 지나치게 대단하게 여기지 않도록 해 주죠. 누군가 제게 "스티븐 핑커는 왜 이 지구에 보내졌는가?"라고 물을 수 있겠죠. 제 답은 "아무런 이유도 없다."입니다. 만일 제가 그걸 현명한 질문이라고 생각한다면 저는 자신의 가치를 지나치게 부풀리는 셈입니다. 반면, "내 삶으로 나는 무엇을 해야 할까? 내 시간을 어떻게 보내야 할까?"라는 질문들은 훌륭한 질문들입니다. 이 두 질문을 혼동하지 않는 것이 중요합니다.

인간은 참으로 기이한 종

최재천: 진화 심리학은 지금 매우 잘 나가고 있는 듯합니다만, 10년 후에는 어떨까요? 지금보다 더 확장되어 있을까요? 앞으로 우리는 어떤 질문들을 던지게 될까요?

핑커: 저는 진화 심리학이 심리학의 독립된 분과 학문이 되지 않았으면 합니다. 심리학 전반에 걸쳐 문제를 제기하는 게 아니라 그저 심리학의 한 분과가 된다면 저는 실패라고 생각합니다. 이 점에서는 인지 신경 과학이나 정서 신경 과학도 마찬가지라고 생각합니다. 인지의 생리적 기반을 다루는 인지 신경 과학이라는 분야가 따로 있는 것은 사실입니다. 그러나 궁극적으로는 뇌과학 연구가 모든 심리학 분야에 파고들어야 합니다. 감정을 이해하려면 감정을 계산해 내는 두뇌 회로에 대한 설명이 필요합니다. 모성애를 이해하려면 모성 행동을 조정하는 변연계와 호르몬에 대한 이해가 필요합니다. 감정이나 모성애의 행동 연구와 그 기초가 되는 신경 생리 연구가 다른 분과에 있으면 안 된다고 생각합니다. 마찬가지로 진화적 기원과 기능에 관한 질문들은 독립된 분야로 따로 떨어져 있는 것보다 심리학의 모든 분야에 스며들어야 합니다.

최재천: 몇몇 '전통적인' 심리학자들은 불편해할지 모르지만 제게는 잘 와닿는 말씀입니다. 자, 이제 이 주제를 우리 자신은 물론, 침팬지와 같은 다른 동물들로 확장해 보겠습니다. 진화 심리학은 인간과 침팬지의 공통 조상으로부터 우리 인간이 갈라져 나왔다고 주장합니다. 우리는 엄청난 양의 유전자와 많은 속성을 공유하고 있습니

스티븐 핑커.

다. 하지만 진화 심리학은 또한 우리 인간에게 무언가 특별한 것이 있다고 강조합니다. 우리 인간만의 특별한 것이 과연 무엇인가요?

핑커: 인간이 매우 기이한 종이라는 것은 틀림없는 사실입니다. 단순히 우리가 침팬지와 같다고 말하는 것은 이 사실에 어긋납니다. 우리는 분명히 침팬지와 많은 것을 공유하고 있습니다. 그들은 우리의 사촌입니다. 그러나 지난 600만 년 동안 많은 일이 일어났습니다. 고래와 코끼리 같은 동물들의 진화에서도 퍽 짧은 시간에 급진적인 적응 현상들이 선택되어 그들만의 독특한 형질들을 만들어 냈다는 사실을 알고 있습니다. 저는 종종 코끼리의 코를 예로 들어 설명합니다. 이 세상에 코끼리처럼 기다란 코를 가진 동물은 없습니다. 그 자체가 진화적으로 기이하다는 뜻은 아닙니다. 긴 코는 소나 사슴과 같은 다른 동물들보다 코끼리에게 더 유용했을 겁니다. 마찬가지로 호모 사피엔스가 무언가 평범하지 않은 형질을 진화시켰다고 말하는 것은 전혀 이상하지 않습니다.

다른 유인원들과 호모 사피엔스를 구분하는 기이한 형질에는 세 가지가 있다고 생각합니다. 그중 하나가 기술입니다. 요리를 하거나 기발한 방법으로 동식물에서 독성 물질이나 약재를 추출하는 데 쓸 도구를 만드는 우리의 능력은 단순히 타고난 재능의 일부는 아닌 것 같습니다. 기술이나 공학을 다룰 수 있는 지능은 호모 사피엔스에게만 있는 능력입니다. 둘째, 유전적으로 친척 관계가 아닌 사람들 간의 협동도 유별난 것입니다. 우리는 호의를 베풀고 친척 관계가 아닌 사람들 간에 제휴 관계를 맺습니다. 이는 동물 세계에서는 생소한 일입니다. 셋째, 우리는 언어를 가지고 있습니다. 구문론과 의미론의 문법으로 조합된 언어를 지니고 있습니다. 동물 세계에서 독특한 현상이죠. 이 세 형질이 동일 종에서 발견되는 것은 우연의 일치가 아닙니다. 왜냐하면 각각의 형질이 다른 두 형질에 도움을 주기 때문입니다.

우선 협동 없이는 언어가 진화하지 못했을 것입니다. 영어에는 'on speaking terms'라는 표현이 있습니다. 서로 충분히 친해야 얘기를 나눈다는 뜻이죠. 적이나 낯선 사람에게 정보를 제공해서 이득 될 게 없으니까요. 모종의 협동 관계를 맺고 있을 때나 언어가 필요하죠. 다른 방향에서 보면, 언어는 협동 관계를 강화하는 매우 좋은 방법입니다. 제가 당신에게 무언가를 건네고, 당신이 제게 무언가를 건네는 일이 동시에 일어날 필요는 없습니다. "만일 당신이 가진 고기를 지금 내게 나눠준다면, 1년 후 당신이 싸움에 휘말렸을 때 내가 돕겠다." 이런 일은 언어 없이는 불가능합니다. 아주 큰 시간 차이를 두고 호의를 교환할 수는 없습니다. 물질적인 이익과 달리 의도나 행동, 감정이 결부된 호의는 더욱 그렇습니다. 따라서 언어와 호혜성 이타주의(reciprocal altruism)는 서로를 강화해 줍니다.

도구 제작 기술은 당연히 언어의 도움을 받습니다. 'reinvent the wheel'이라는 영어 표현이 있는데 번번이 '바퀴를 새로 발명할 필요는 없다.'는 뜻입니다. 만일 제가 바퀴를 발명했다면, 저는 당신에게 어떻게 만드는지 알려줄 것이고, 그러면 당신은 그걸 또 발명할 필요가 없죠. 생물학에서 배운 것처럼 자신에게는 작은 비용이 들지만 상대에게 큰 이득을 줄 수 있을 때 비로소 호혜성 이타주의가 진화한다는 사실을 보면 기술과 언어는 서로 호혜적일 수 있습니다. 누군가가 무언가를 하는 방법, 즉 식물을 먹을 수 있도록 만드는 방법, 동물을 잡는 방법, 더 훌륭한 도구를 만드는 방법을 알고 있으면 자신은 매우 작은 손실을 치르며 남에게 가르쳐 줄 수 있습니다. 자신에게는 그저 몇 분이라는 매우 작은 손실만 생기지만 남에게는 커다란 이익을 줄 수 있습니다. 호혜성은 이처럼 아주 쉽게 진화할 수 있습니다. 이 세 가지가 하나의 복합체를 이루며 그것이 한 종에서 모두 나타나는 것은 결코 우연의 일치가 아닙니다.

최재천: 하지만 동물을 연구하는 생물학자들은 다른 동물들에서도 그런 현상을 발견할 수 있다고 주장합니다. 언어에 관해 말하자면 꿀벌들은 이른바 '춤 언어'라고 부르는 일정 수준의 언어를 지니고 있다고 합니다. 여러 해 전 저는 놈 촘스키 교수를 만나러 MIT에 갔었습니다. 우리는 30분가량 화기애애한 분위기 속에서 대화를 나눴습니다. 그때 촘스키 교수가 제게 무슨 연구를 하느냐고 물었습니다. 이런저런 제 연구들을 이야기하다가 까치의 '언어'를 연구한다고 말씀드렸습니다. 그러자 그는 "까치는 새라서 언어를 가지고 있지 않아요. 그들에게 언어라는 단어를 사용해서는 안 됩니다."라며 상당히 언짢아했습니다. 화기애애하던 분위기가 순식간에 차갑게 식어 버렸습니다. 하지만 그때만 해도 제가 너무 순진했습니다. 그래서 제 생각을 교수님께 계속 밀어붙였죠. 결국 그날의 만남은 그렇게 어색하게 끝나고 말았습니다. 촘스키 교수는 지금까지 단 한 차례도 한국에 오지 않았습니다. 한국의 많은 학자가 그를 만나고 싶어 했지만 그는 번번이 한국이 인권 후진국이란 이유를 들며 초청에 응하지 않았습니다. 그날 처음에는 제 초청에 수락을 했습니다만, 그

렇게 헤어진 후 호텔에 돌아와 이메일을 확인하니 오지 않겠다는 메일을 보내놓았더군요. 저는 지금까지도 언어의 정의에 대한 저의 도전에 그가 왜 그렇게 민감하게 반응해야 했는지 이해할 수 없습니다. 당신은 촘스키 교수와 때론 거리를 두지만 또 때론 그를 매우 긍정적으로 평가하는 것 같습니다. 유치한 질문입니다만 촘스키 교수에 대해 어떻게 생각하십니까? 그와 어떤 관계를 맺고 있습니까?

핑커: 우선 우리는 분야가 서로 다릅니다. 저는 심리학자이고 촘스키 교수는 언어학자입니다. 비록 서로 다른 학과이지만 20년 넘게 같은 대학에 있었습니다. 그는 분명히 제게 큰 영향을 끼쳤지만 다른 많은 사람도 제게 영향을 끼쳤고 저는 어느 누구도 교조처럼 모시진 않습니다. 제가 생각하기에 가치 있는 것은 받아들이고 그렇지 않은 것은 비판합니다. 촘스키 교수의 경우 언어 분석의 기술적인 세부 사항에 대한 그의 공헌은 절대적입니다. 그는 언어를 일종의 수리적 메커니즘으로서, 그러니까 우리가 어떻게 단어를 조합해 질문이나 상대적 동기를 형성해 내는지를 이해하는 데 필요한 수리적 메커니즘으로서 연구했습니다. 그는 또한 어린아이들이 어떻게 이토록 관념적이고 복잡한 지식을 습득할 수 있는지에 관한 심오한 질문을 던지고, 저를 포함하여 많은 사람으로 하여금 언어 획득이 가능하려면 선천적으로 어떤 준비가 필요한지를 묻도록 만들었습니다. 그것은 매우 중요한 질문입니다. 그는 뇌가 언어를 위해 준비되어 있다는 가설을 제안했습니다. 어린아이가 그토록 빨리, 그토록 쉽게 언어를 배울 수 있는 이유 중 하나는 언어 획득이 가능하도록 뇌의 신경 회로가 만들어졌기 때문이라는 것이죠. 이들은 제게 대단히 중요한 영향

을 끼쳤습니다.

촘스키 교수는 언어가 의사 소통을 위해 선택되었다는 주장에 대해서는 회의적인 것으로 유명합니다. 그 점에서 저는 달리 생각합니다. 저는 언어가 명백히 의사 소통을 위한 메커니즘이며 그래서 선택되었다고 생각합니다. 인간의 언어가 다른 동물들의 의사 소통 체계와 근본적으로 다르다는 점에서는 촘스키 교수와 의견을 같이합니다. 그것을 언어로 부르든 아니든 그것은 단어의 문제이지 과학의 문제는 아니라고 봅니다. 저는 인간 언어가 꿀벌이나 까치의 의사 소통 체제와 '상동(homologous) 형질'인가 아닌가를 묻는 게 더 타당하다고 생각합니다. 명백히 그건 아닙니다. 우리의 의사 소통 체계는 우리와 까치의 공통 조상으로부터 물려받은 것은 아닙니다.

또한 인간의 언어는 다른 동물의 의사 소통 체계와는 구분되는 중요한 설계상의 특징을 지니고 있다고 생각합니다. 인간의 언어는 디지털 방식이어서 양을 표현하기 위해 단어를 길게 늘어뜨리거나 크게 말해야 하는 게 아니라 '크다.', '작다.', '가깝다.', '멀다.' 등의 단어로 구분합니다. 그리고 우리는 구문 체계를 갖고 있습니다. 즉 언어의 요소들을 규칙에 따라 결합하여 의미를 지니도록 합니다. 새들의 노래와는 다릅니다. 명금류의 새들도 나름 구문 체계를 가지고 있을지 모르지만 음의 순서를 달리한다고 해서 다른 메시지를 지니는 것은 아닙니다. 인간의 언어는 "남자가 개를 물었다."와 "개가 남자를 물었다."를 구분합니다. 인간의 언어는 다른 동물들의 의사 소통 체계와는 다른 원리에 따라 작동합니다. 저는 이 문제를 따지는 게 언어라는 단어를 사용해야 하느냐 마느냐를 걱정하는 것보다 훨씬 더 효율적인 방법이라고 생각합니다. 당신이 만일 "춤이 언어인가요?" 또는 "음악이 언어인가요?"라고 묻는다면, 당신은 '언어'라는 단어를 어떻게 쓰는 게 옳으냐고 묻는 것일 뿐 과학적인 질문을 하는 건 아니라고 생각합니다.

최재천: 조금 전 당신이 사용한 표현을 빌린다면, 당신은 촘스키 교수와 대화를 하는 사이인가요?

핑커: 물론이죠.

최재천: 촘스키 교수는 많은 진화 생물학자들과 소통의 어려움을 겪고 있습니다. 예를 들면, 에드워드 윌슨과는 사이가 영 좋지 않습니다. 당신과는 별문제가 없는 것 같네요.

핑커: 저는 책임의 일부는 진화 생물학자들에게 있다고 생각합니다. 많은 진화 생물학자들이 인간이 영장류에서 진화했다면 인간만이 가진 유일무이한 속성이란 있을 수 없으며 현존하는 모든 생물에 진화적 연속성(continuity)이 있어야 한다고 잘못 생각하고 있습니다. 그것은 오류입니다. 진화적 연속성은 살아 있는 모든 종이 아니라 계통(lineage)에 있습니다. 인간과 침팬지의 공통 조상까지 거슬러 올라가 보면 의심의 여지 없이 점진적으로 진화한 언어의 단계들을 발견할 수 있습니다. 그것이 인간 계통에서 600만 년 전에 떨어져 나가 자신의 계통을 이루며 현재에 이른 우리의 사촌인 침팬지에서 언어를 찾을 수 있다는 뜻은 아닙니다. 촘스키 비판자 중 일부는 "다윈을 믿는다면 침팬지도 언어를 가지고 있다고 믿어야 한다."라고 말하는데, 그것은 생물학적 오류입니다. 이 경우에는 촘스키 비판자들이 틀렸고 촘스키가 옳습니다.

최재천: 침팬지와 우리 인간에 대해 얘기하며 당신은 우리가 매우 짧은 시간 안에 엄청난 진화적 도약을 이뤘다고 말했습니다. 진화심리학은 언제나 우리는 기본적으로 석기 시대의 마음을 가졌으며 그때부터 지금까지 별로 변화하지 않았다고 말합니다. 그렇다면 우리 인간은 현대라는 이 새로운 환경에서 또 한번 엄청난 도약을 이뤄낼 수 있을까요? 당신은 우리가 우리 스스로 만들어 낸 이 환경 속에서 다시 한번 빠른 변화를 겪을 것이라 예상하시는지요?

핑커: 예, 가능하다고 생각합니다. 진화가 작동하는 방식 때문에 말입니다. 하지만 유전자군을 특정한 방향으로 밀어붙일 만큼 오랫동안 선택 체계가 확보되어야만 합니다. 즉 사람들로 하여금 생존 가능한 아기를 더 많이 갖도록 하는 어떤 유전 형질이 유전자군의 통계적 조성을 충분히 변화시킬 수 있도록 환경 조건이 일관적으로 유지되어야 합니다. 농경이 시작된 이후 지난 몇천 년 동안에 우리의 심리 형질에 무슨 일이 일어났는지 우리는 모릅니다. 어떤 단독 유전자가 어떤 형질의 생리적 변화를 일으켰다고 믿을 만한 근거들은 있습니다. 북반구 고위도 지역에 사는 사람들이 가축을 기르며 사람의 젖보다 젖소나 양, 혹은 염소의 젖을 섭취하게 되면서 성인이 되어서도 젖당을 소화할 수 있는 능력을 유지하는 현상이 좋은 예입니다. 녹말과 알코올을 분해하는 데 필요한 몇몇 효소들은 보다 오랜 기간 농업에 의존해 살아온 민족에서 훨씬 흔하게 나타납니다. 피부색도 좋은 예를 제공합니다. 자외선이 덜한 위도 지역에서 사는 사람들의 피부는 훨씬 창백합니다. 하지만 이들은 모두 하나 또는 매우 적은 수의 유전자에 의해 조절되는 형질들입니다. 머리를 쓰는 것에 얼마나 큰

변화가 있었는지는 훨씬 덜 확실합니다. 또한 지금부터 앞으로 무슨 일이 일어날지는 더욱 불확실합니다. 어떤 유전자 조합이 다른 조합보다 생존 가능한 아이들을 생산하는 데 더 성공적일지, 그리하여 유전자군을 변화시킬 만큼 오랫동안 계속될지 등은 누구도 예측할 수 없다고 생각합니다. 100년 안에 생명이 어떻게 될지도 우리는 모릅니다.

최재천: 인공 지능(artificial inteligence, AI)은 어떻습니까? 인간과 기계의 혼종인 트랜스휴먼(trans-human) 같은 게 나올 수 있을까요? 진화 심리학자로서 어떻게 생각하십니까?

핑커: 그 점에 대해서는 회의적입니다. 우리가 만든 기계들은 지난 수백 년간 해 온 대로 우리 뇌를 보완할 것입니다. 저도 제 기억의 엄청나게 많은 부분을 제 스마트폰에 담아 두고 그것에 의존해 살아갑니다. 따라서 우리의 기계가 좀 더 지적인 일들을 하는, 그러한 종류의 트랜스휴머니즘은 확실히 실현될 것 같습니다. 그것을 진화라 부르지는 않겠습니다. 이 문제만 아니라 다른 경우에도 저는 진화라는 용어를 시간에 따른 유전자 빈도의 변화라는 정확한 생물학적 의미에서만 써야 한다고 생각합니다. 인간 유전 공학에 대해서는 회의적입니다. 우선 크고 확실하게 긍정적인 효과를 지닌 단독 유전자들이 있다고 믿지 않습니다. 우리 유전자가 우리가 무엇인가에 큰 영향을 끼친다는 걸 의심하는 것은 아닙니다. 쌍둥이와 입양아를 대상으로 한 연구로부터 지적 능력과 성격이 고도의 유전성을 지닌다는 사실이 밝혀졌습니다. 그렇다고 아이들에게 IQ 10점을 보태 줄 수 있는 어떤 유전자를 찾았고 그걸 내 아이에게 주입할 수 있다는 뜻은

아닙니다. 제가 참여했던 연구를 비롯해서 많은 연구는 새로운 염기 서열 분석법을 사용해 지능에 큰 영향을 주는 단독 유전자를 찾는 게 거의 불가능함을 밝혀냈습니다. 운이 좋다면 어쩌면 IQ를 4분의 1점 정도 올릴 수 있을지도 모릅니다. 그 말은 아마 수백, 수천 개의 유전자가 각각 아주 작은 정도로 지능에 영향을 끼친다는 뜻입니다. 어쩌면 사람을 똑똑하게 만들거나 덜 똑똑하게 만드는 특정한 유전자가 있을지도 모르지만 그것을 만지는 일은 부작용을 수반할지도 모릅니다. 혹은 다른 부수 효과가 있을지도 모릅니다. 이형 접합 상태라면 IQ를 올려 줄 수 있는 유전자라도 동형 접합 상태에서는 기형을 유발할지도 모릅니다. 부모들은 그런 유전자를 자기 아이에게 집어넣으려 하지 않을 겁니다.

유전자와 형질의 관계는 너무나 복잡하고 불확실해서 수많은 장단점을 내포하고 있어서 가까운 장래에는 기술적으로 현실화되기 어렵다고 생각합니다. 또한 인간 뇌에 무언가를 이식하는 일은 뇌의 미세한 신경 회로가 우리가 상상할 수 있는 그 어떤 것보다 작고 섬세하며 감염 같은 많은 문제를 일으킬 수 있기 때문에 우리 생애에는 그 같은 신경 과학의 발달을 기대하기 어려울 거라 생각합니다. 사람들은 사지가 마비된 사람의 삶이 개선될 수 있는가 하는 질문과 정상적인 사람의 뇌가 개선될 수 있는가 하는 질문을 혼동합니다. 사지 마비의 경우 개선될 수 있을까요? 뇌 이식 중에 사지가 마비된 사람이나 파킨슨병 환자를 강한 뇌 자극을 주어 개선하는 것은 그리 어렵지 않습니다. 치료나 사지 마비의 개선을 이루는 데는 그리 오래 걸리지 않을 것입니다. 질병을 치유하는 기술에서 정상적인 사람을 더 낫게 만드는 기술을 추정할 수는 없습니다. 머지않아 인간-기계 혼종 또는 뇌-컴퓨터 혼종이 나오리라는 생각은 이 같은 오류에 기반을 두고 있다고 생각합니다.

무생물의 세계와 생물의 세계를 하나로 엮다

최재천: 이제 음악에 대한 질문을 하나 드리고 싶습니다. 제 아내는 음악가인데 『마음은 어떻게 작동하는가』에서 당신이 음악과 관련해 얘기한 부분을 흥미롭게 읽더군요. 거기서 당신은 평소 당신의 동료들과는 사뭇 다른 주장을 펼칩니다. 대부분의 진화 생물학자들은 음악을 적응 현상으로 간주하는데, 당신은 "음악은 수수께끼이다……. 언어, 시각, 사회적 논리, 물리학적 지식 등과 달리 음악은 인간 세계에서 사라지더라도 우리의 생활 양식은 거의 변하지 않을 것이다."라고 주장했습니다. 이에 대해 얘기해 주셨으면 합니다. 음악을 연구하는 사람들에게는 상당한 논란거리입니다.

핑커: 음악을 연구하는 사람들은 생물학적 적응이 무엇인지 혼동하고 있습니다. 음악계 사람들은 흔히 음악이 우리 인간의 삶에서 아주 중요하며 그러므로 그것은 생물학적 적응이라고 말할 수 있으리라 여깁니다. 이는 적응이 생물학적으로 무엇을 뜻하는지를 잘못 이해한 것입니다. 생물학적 의미에서 적응이란 우리 조상들이 진화한 환경에서 우리 조상들로 하여금 생존 가능한 자손을 더 많이 갖게 한 무언가를 뜻합니다. 도덕적으로, 영적으로, 지적으로 가치 있는

무언가를 뜻하거나 보전해야 할 값어치가 있다거나 찬양해야 할 값어치가 있음을 의미하는 게 아닙니다. 『마음은 어떻게 작동하는가』의 그 부분에 반대하는 대부분의 예술계 사람들은 이 두 가지 질문을 혼동하고 있습니다. 그들은 음악이 중요하다고, 그래서 대단하다고 말하고 싶어 합니다. 음악은 필요합니다. 저도 음악이 대단하고 인간의 행복에 중요하다는 데 동의합니다. 하지만 그것은 음악이 생물학적 적응이라고 말하는 것과 같지는 않습니다.

제가 음악이 적응이라는 논거에 회의적인 이유는 누구도 음악이 어떤 진화적 이득을 가져다주는지에 대해 공학적으로 분석해 내지 못했기 때문입니다. 색각, 언어, 운동 신경과 같은 형질에 대해서는 그렇게 할 수 있지만 음악에 대해서는 아직 누구도 해낸 적이 없습니다. 그래서 저는 음악이 적응이라는 데 회의적입니다. 지금까지 음악의 진화론적 기능이라며 제시된 것들은 거의 다 실험을 통과하지 못한다는 문제를 갖고 있습니다. 음악이 공작의 꼬리처럼 성적 과시라는 주장은 사람들이 짝짓기를 하는 게 아닌 다른 상황에서도 음악을 만들고 즐긴다는 사실을 설명하지 못합니다. 모차르트의 음악은 듣지만 배우자를 찾아 나서지 않는 75세의 노파는 음악에서 성적 욕망을 경험하지 않습니다. 따라서 '음악=공작 꼬리' 이론은 사실과 맞지 않습니다.

최재천: 하지만 다른 한편에는 지미 헨드릭스(Jimi Hendrix)가 있지 않습니까?

핑커: 남성은 모든 분야에서 경쟁하고 있으며 탁월함의 과시는 성적으로 매력적일 겁니다. 그러나 이것이 음악도 그중 하나여야 할

하버드 대학교 교정에서 스티븐 핑커와 필자.

이유를 설명하지 못합니다. 운동 선수들이 성적으로 매력적이지만 그들의 다리가 성적 과시라는 뜻은 아닙니다. 말을 잘하는 사람, 신체적으로 강한 사람, 무언가를 잘하는 사람들은 다 성적으로 매력적입니다. 그러나 이들만으로는 왜 음악이 진화의 산물인지를 설명하지는 못합니다. 음악을 더 잘 만드는 사람이 성적으로 더 매력적이라 하더라도 그것은 우리가 음악을 만드는 이유를 설명하지는 못합니다. 설명이 잘못된 단계에 설정되어 있습니다. 그것은 무슨 일이든 탁월함이 왜 중요한가에 대한 설명이지 음악이 왜 그중 하나여야 하는가에 대한 설명은 아닙니다.

최재천: '회의적'이라는 표현을 두 번이나 사용하셨습니다.

핑커: 물론 훌륭한 설명이 나오면 저도 설득될 겁니다. 하지만 아직 그런 설명을 들어 보지 못했습니다. 사람들이 하고 있다고 해서 그것이 적응이라고 가정할 수는 없습니다. 그것은 모순입니다. 실제로 진화 심리학에 대한 공통된 비판은 너무나 많은 형질에서 적응을 운운한다는 것입니다. 그러나 역설적이게도 진화 심리학에 기반을 둔 제 주장은 적응을 '충분히' 거론하지 않는다는 비판을 받습니다. 저는 동일한 사람이 모순적인 발언을 하면서 전혀 인식하지 못하는 걸 종종 봅니다. 그들은 "어떻게 감히 인간 감정이 적응이라고 말할 수 있느냐?", "그건 다 그렇고 그런 이야기, 즉 결과를 보고 만들어 낸 이야기가 아니냐?"라고 말하면서 동시에 "어떻게 감히 음악이 적응이 아니라고 말할 수 있느냐? 그것은 음악을 모욕하고 음악이 쓸모없는 것이라고 말하는 게 아니고 무엇이냐?"라고 얘기하죠. 적응을 어떻게 정의하느냐에 따라 달라지겠지만 일단 두려움, 성적 질투,

색각, 언어는 적응인 반면, 음악과 종교는 적응이 아니라고 말할 수 있을 겁니다.

최재천: 당신이 약간의 가능성을 열어 두는 입장을 견지하고 있는 것 같아 생각해 볼 만한 아주 작은 정보를 하나 제공하고자 합니다. 어떤 부족에서는 음악이 오로지 지도자에게만 속해 있습니다. 한국 역사에서도 오로지 왕만이 음악을 쓸 수 있었던 시기가 있었습니다. 어쩌면 왕은 대리 작곡가를 뒤에 숨겨두고 있었을지 모르지만, 어쨌든 왕만이 군중에게 "내가 만든 음악이니 모두 부르도록 하라."라고 말할 수 있었습니다. 음악과 권력의 관계는 번식 성공도로 해석할 수 있습니다. 이 점에 대해 어떻게 생각하십니까?

핑커: 그래요. 하지만 이 경우에도 음악이 언어와 얼마나 다른지 보세요. 오직 왕만이 언어를 사용하거나, 생각을 하거나, 성적 욕구를 가진 사회는 없습니다. 음악에 이처럼 어마어마한 변이가 있다는 것이 바로 음악이 적응이 아니라 기술이라는 제 주장의 뒷받침이 될 수 있을 겁니다. 예, 그것은 분명 왕의 권력을 유지하는 하나의 수단이었을 겁니다. 기병대가 마술(馬術)을 훈련하는 것이나 무기를 개발하는 것, 세금을 징수하는 것, 죄수를 감금하는 것처럼 말입니다. 많은 것들이 권력 의지를 뒷받침하는 데 사용되며 그들은 문화적 맥락에 따라 다릅니다.

최재천: 음악에 대해서는 이쯤 합시다. 이제 제 마지막 질문입니다. 올해가 다윈의 해라는 사실이 이 질문을 하는 좋은 이유를 제공합니다. 우리는 왜 다윈을 중요하게 생각해야 합니까?

핑커: 제 동료이자 우리 둘의 친구인 대니얼 데닛은 다윈의 자연

선택 이론은 이 세상 사람이 생각해 낸 모든 아이디어 중에서 최고라고 썼습니다. 그 누구도 다윈의 이론이 타의 추종을 불허하는 최고의 아이디어라는 걸 결정적으로 입증할 수는 없겠지만, 분명히 최고 중의 하나라는 걸 부정하지는 못할 겁니다. 왜냐하면 그것은 생물계와 무생물계의 간극에 다리를 놓아 주기 때문입니다. 다윈의 이론은 설계와 목적과 목적론이 그 자체로는 설계자도 목적도 없는 과정으로부터 발생했다는 걸 설명합니다. 이 점에서 다윈의 이론은 우주에 대한 우리의 이해를 하나로 엮어 줍니다. 무생물의 세계와 생물의 세계가 하나로 연결되었습니다.

유전자의 눈을 가진 미스터 다윈

넷째 사도

리처드 도킨스

04

클린턴 리처드 도킨스(Clinton Richard Dawkins)

1941년 영국령 케냐 나이로비에서 출생.

1966년 옥스퍼드 대학교에서 박사 학위 취득(동물 행동학).

1967년 캘리포니아 대학교 버클리 캠퍼스 동물학 조교수 부임.

1970년 옥스퍼드 대학교 조교수 부임.

1976년 『이기적 유전자』 출간.

1982년 『확장된 표현형』 출간.

1986년 『눈먼 시계공』 출간.

1990년 마이클 패러데이 상 수상.

1995년 옥스퍼드 대학교 찰스 시모니 석좌 교수 취임.

1997년 국제 코스모스 상 수상.

2005년 셰익스피어 상 수상.

2006년 『만들어진 신』 출간.

2006년 이성과 과학을 위한 리처드 도킨스 재단(RDFRS) 설립.

2011년 노스이스턴 대학교 런던 교수 부임.

2022년 『마법의 비행』 출간.

『이기적 유전자』는 이제 과학 저술로는 영원한 베스트셀러의 반열에 올랐다. 적어도 한국에서는 여러 해 동안 대적할 상대가 없는 최고의 베스트셀러가 되었다. 가끔 흥미로운 새 과학책이 출간되면 베스트셀러 목록에서 두어 계단 내려와 준다. 하지만 그저 한두 주만 지나면 지체 없이, 그리고 상당히 이기적으로 권좌에 복귀한다. 나는 이 책을 한국의 초특급 베스트셀러로 만드는 데 가장 크게 기여한 사람이라고 자부한다. 대학에서 내가 가르친 모든 과목과 그동안 내가 한 거의 모든 공개 강연에서 다음과 같이 말하며 듣는 이들을 윽박질렀다. "『이기적 유전자』를 읽기 전에는 누구에게든 내 수업이나 강연을 들었노라 말하지 마라." 이 책의 한국어판 표지에는 내가 쓴 추천의 글에서 따온 다음과 같은 광고 문구가 적혀 있다. "한 권의 책 때문에 인생관이 하루아침에 뒤바뀌는 경험을 한 적이 있는가? 내게는 『이기적 유전자』가 바로 그런 책이다." 나는 지금도 생생하게 기억한다. 내가 처음 이 책을 읽었던 그날 밤을. 내가 미국에 유학한 첫해인 1979년 가을 어느 날이었다. 진화 생물학에 대해 이제 막 배우기 시작한 나는 그날 밤 이 책을 집어 들고 잠을 이룰 수 없었고, 내가 책을 다 읽고 난 다음 날 새벽 세상은 완전히 다른 모습으로 내게 다가왔다.

인생을 바꾼 책의 저자를 만난다는 것

최재천: 당신이 『이기적 유전자』를 출간한 해가 1976년이었습니다. 그때 나이가 35세였으니 퍽 젊은 나이에 책을 쓰셨네요. 이제 그 책이 세상에 나온 지 수십 년의 시간이 흘렀습니다. 그 책이 어떤 식으로든 당신의 삶도 변화시켰을 것 같은데, 그 책을 쓰게 된 동기는 무엇이었습니까?

도킨스: 당시에는 집단 선택설이 만연해 있었죠. 콘라트 로렌츠(Konrad Lorenz)와 로버트 아드리(Robert Ardrey)를 비롯한 여러 사람이 정확한 이해 없이 막연히 자연 선택이 종의 이익을 위해 작용한다고 생각했어요. BBC 다큐멘터리 등에서도 쉽게 볼 수 있는 견해였죠. 그걸 멈춰 보려는 게 저의 동기였습니다.

최재천: 여전히 많은 다큐멘터리에서 그런 종류의 설명이 등장하고 있다는 사실을 알고 계시겠죠.

도킨스: 그래도 좀 나아졌다고 생각합니다. 실제로 이제는 유전자 단계까지 접근하는 다큐멘터리들이 꽤 자주 나오고 있습니다. 유전자 개념이 대략 50퍼센트의 다큐멘터리에는 영향을 미치고 있다고 생각합니다.

최재천: 몇 년 전 한국에서는 한 미술 대회에서 「이기적인 유전자」라는 제목의 조각 작품을 출품한 어느 여성 조각가에게 금메달이 주어졌습니다. 올해 첫날부터는 한국의 주요 신문 중 한 곳에서 두 사람이 함께 쓰는 소설을 연재하기 시작했습니다. 과학자와 소설가가 공동 집필하는 일종의 SF 소설인데, 제목이 바로 『눈먼 시계공』입니다.* 몇 년 전 한국에서 번역된 당신의 책 『눈먼 시계공(*The Blind Watchmaker*)』과 정확히 같은 제목이죠.

도킨스: 그것참 멋지군요. 제 책과 연관이 좀 있나요?

최재천: 그저 착상만 같을 뿐입니다. 어쨌든 제가 말하려는 것은 당신이 정확히 무슨 말씀을 하고 있는지 이해하건 못하건 간에 한국에서 당신은 일종의 대중적인 아이콘으로 자리 잡았다는 사실입니다. 많은 사람이 당신의 책에서 개념이나 문구를 빌리고 있습니다. 빌리는 얘기를 하는 김에 한 말씀 드립니다. 당신의 『이기적 유전자』 아이디어는 상당 부분 빌 해밀턴의 이론으로부터 온 거죠? 빌은 대중과 소통할 줄 아는 사람이 아니었지만, 당신은 다른 학문 분야의 학자들은 물론 비전문가들과도 소통할 줄 아는 특별한 재주를 지녔습니다. 『이기적 유전자』, 『눈먼 시계공』, 『확장된 표현형(*The Extended Phenotype*)』 등의 제목은 가장 매력적인 우리 시대의 상징어들입니다. 어린 시절 소설가가 되고 싶다는 꿈을 꾸신 적이 있는지요?

도킨스: 전혀 그렇지 않습니다. 옥스퍼드 대학교 학생들은 매주

* 2010년 단행본으로 출간되었다. 김탁환, 정재승, 『눈먼 시계공』(전2권, 서울: 민음사, 2010년).

에세이를 써야만 하기 때문에 글쓰기 습관이 몸에 배게 됩니다. 저는 그걸 즐겼던 것 같습니다. 글쓰기는 제 정규 교육의 중요한 부분이었습니다. 어릴 때부터 책을 읽었지만 소설가가 되고 싶다는 꿈을 가졌던 적은 없습니다. 당신 얘기가 맞습니다. 빌은 일반 대중과 소통하는 데는 재주가 없었죠. 하지만 가끔 멋진 제목을 붙이곤 했죠. 그가 쓴 어느 서평의 제목이 '유사 이래 최고의 도박꾼들—진딧물, 느릅나무', 그리고 …… 마지막 하나가 생각이 나질 않네요.

최재천: '따개비, 진딧물, 느릅나무'였던 걸로 압니다.* 그는 소설도 한 편 썼어요.

도킨스: 그래요, 소설도 썼죠. 출간은 되지 않은 걸로 압니다. 저는 읽어 보지 못했습니다.

최재천: 저는 읽었습니다. 나오미 피어스가 "제이(Jae),** 네가 꼭 읽어야 할 것 같아서"라는 쪽지를 붙여 보내 줬습니다.

도킨스: 어떻던가요?

최재천: 한마디로 빌, 그 자체였습니다. (웃음) 전반적으로 무미건조하지만 가끔 그만의 기발한 유머 감각이 드러나는 작품? 저야 워낙 빌을 좋아하니 그렇지만, 다른 사람들도 좋아할지는 잘 모르겠

* William D. Hamilton, "Gamblers Since Life Began: Barnacles, Aphids, Elms," *The Quarterly Review of Biology*, Vol. 50, No. 2 (Jun., 1975), University of Chicago Press, pp. 175-180.

** 내 이름의 영문 표기는 Jae Chun Choe이다. 그래서 가까운 해외 학자들은 나를 '제이(Jae)'로 부른다.

습니다. 소설가 얘기를 꺼낸 이유는 사실 저도 한국에서 과학을 알리는 기사와 책을 많이 쓰고 있기 때문입니다. 부디 용서를 구합니다만, 요즘 제가 종종 '한국의 도킨스'라고 불리기도 합니다.

도킨스: 아, 그거 반갑네요.

『만들어진 신』, 냉정함을 잃은 것 아닌가?

최재천: 자, 그럼 주제를 기독교를 비롯한 종교 전반을 상대로 벌이고 있는 당신의 활동으로 바꿔 볼까요? 대단히 흥미로운 점을 하나 발견했습니다. 당신과 에드워드 윌슨, 대니얼 데닛 모두 2006년에 종교에 관한 책을 썼습니다. 그들이 비슷한 주제의 책들을 쓰고 있다는 걸 알고 있었나요?

도킨스: 아닙니다. 댄, 그러니까 대니얼 데닛이 책을 쓰고 있다는 사실은 알고 있었습니다. 댄 역시 제가 책을 쓰는 걸 알고 있었고요. 그러나 우리가 어떤 식으로든 함께 작업한 적은 없습니다. 에드, 그러니까 에드워드 윌슨이 책을 쓰고 있는 줄은 몰랐습니다.

최재천: 이와 동일한 질문을 작년에 에드에게 했더니 이렇게 말하던데요. "나는 리처드가 종교에 관한 책을 쓰고 있는지 몰랐어요. 그 후 그의 책을 읽고 그에게 편지를 썼거나 직접 전화를 했던 것 같습니다." 에드가 당신에게 "당신은 투사와 같더이다."라고 했더니 당신이 답하기를 "당신은 외교관일세."라고 했다더군요.

도킨스: 예, 그는 훨씬 더 외교적입니다. 그래야 할 이유가 있죠.

인터뷰 중인 필자와 리처드 도킨스.

그는 보다 많은 사람이 세상을 구원하는 일에 동참하길 원하니까요.

최재천: 궁금한 것이 있습니다. 당신 셋 외에도 당시 기독교를 공격하는 책들이 몇 권 더 있었습니다.

도킨스: 대표적으로 샘 해리스(Sam Harris)와 크리스토퍼 에릭 히친스(Christopher Eric Hitchens)가 있죠.

최재천: 예, 맞습니다. 그런데 왜 당신들 모두 거의 같은 시기에…….

도킨스: 다시 말하지만, 우연입니다.

최재천: 순전히 우연일까요?

도킨스: 글쎄요, 공기 중에 뭔가 있었나? 시대 정신 같은 게 있었을까요? 하지만 우리가 공모한 것은 아닙니다. 제 기억에 샘 해리스의 책은 1년 전에 나왔고 저는 그가 그 책을 쓰는 걸 알고 있었습니다. 읽기도 했고요.

최재천: 에드는 외교적 입장을 취했지만, 댄은 그의 책 『주문을 깨다(*Breaking the Spell*)』에서 기독교에 대해 상당히 강경한 어조로 말했습니다. 그러나 세 책 중에서 당신의 책이 가장 전투적인 게 사실입니다. 거의 기독교적 믿음이나 기독교에 대해 전쟁을 선포하신 거와 다름없어 보입니다. 왜 그토록 강경하게 썼나요?

도킨스: 몇몇 사람들이 생각하는 것만큼 강경하지는 않습니다. 군데군데 강한 어조의 문장들이 있을 뿐이죠.

최재천: 당신의 책을 하나도 빼놓지 않고 읽은 열혈 독자로서 『만들어진 신(*The God Delusion*)』은 확실히 다르다고 말할 수밖에 없습니다. 다른 사람의 책을 읽고 있다는 착각까지 들었습니다.

도킨스: 그래요, 저는 과학자로서 우리 모두 우주를 이해하고, 생명을 이해하고, 진리를 이해하려는 진실된 시도를 해야 한다고 믿습니다. 만일 철저하게 증거가 아니라 믿음에 근거한 지식을 기반으로 한 또 다른 세계관이 있다면, 저는 그에 대해서는 다분히 전투적으로 됩니다. 왜냐하면 그것은 매우 그릇되지만 표면적으로는 설득력 있고 아주 매혹적일 수 있기 때문입니다. 그리고 수많은 사람을 현혹할 수 있습니다. 세상에는 전혀 근거 없는 종교를 맹신하는 사람들이 너무나 많습니다. 저는 이런 식으로 너무도 쉽게 무너지는 것은 인간 정신의 엄청난 실수라고 생각하고, 그래서 싸워야 한다고 생각합니다.

최재천: 그렇더라도, 앞에서도 말했듯이, 당신의 모든 책을 읽은 독자로서 『만들어진 신』에서 당신은 이른바 냉정함을 잃은 것 같다는 생각이 듭니다. 상당히 감정적인 모습을 보였는데, 그건 당신답지 않습니다. 당신의 머리보다 심장이 한발 앞섰다는 생각이 들 때도 있었습니다. 이게 공정한 평가일까요?

도킨스: 그럴지도 모르죠. 하지만 실제로 꽤 유머러스한 부분도 있지 않았나요? 2장의 도입부에서 저는 구약 성서에 나오는 하느님은 모든 소설을 통틀어 가장 "비호감" 인물이라고 썼습니다. 물론 농담이죠. 그런 다음 종족 학살, 존속 살해, 과대 망상증 등의 과장된 논쟁으로 넘어갑니다. 아내 랄라 워드(Lalla Ward)와 저는 책이 나오면 종종 낭독회를 엽니다.* 낭독회를 시작하기 전에 우리는 항상 분위

* 도킨스와 랄라 워드는 2016년에 이혼했다.

기를 고조시키기 위해 청중을 웃기죠. 『만들어진 신』 낭독회장에서는 바로 그 부분을 읽었습니다. 왜냐하면 그 농담이 청중을 웃게 만들어 긴장을 완화해 주기 때문입니다. 그들에게 공격적으로 다가가는 게 아니라 유머러스하게 다가가는 것입니다. 아마 당신도 자칫 공격적으로 읽기 쉬운 몇몇 구절들을 찾을 수 있을 겁니다. 호전적인 안경 대신 유머의 안경을 쓴다면, 아마 다르게 받아들일지도 모릅니다.

최재천: 어쨌든 윌슨 또는 데닛과 비교해서 당신의 책은 실제로 기독교가 인간에게 해를 끼쳐 왔다고 말하는 점에서 샘 해리스의 책에 더 가까웠습니다.

도킨스: 그렇습니다. 단지 기독교뿐만 아니라 이슬람교는 더 그렇죠. 윌슨과 데닛은 사뭇 다른 목표를 가지고 있습니다. 윌슨은 정말 다르죠. 그는 세상을 구하고 싶어 하고 종교계 사람들을 이 중요하고 훌륭한 목적으로 끌어들이려 합니다. 데닛은 인간의 마음이 종교에 왜 이토록 쉽게 영향을 받는 것인지, 그 매혹적인 현상을 연구하길 바랍니다. 아마 우리 셋 모두는 종교에 대해 비슷한 의견들을 가지고 있을 겁니다. 다만 목표가 다를 뿐이죠. 저의 목표는 샘 해리스나 크리스토퍼 히친스의 목표에 더 가까울 겁니다.

최재천: 그렇다면 윌슨이나 데닛과 비교해서 당신은 모든 것을 어떻게든 바로잡아야겠다는 절박함을 느끼는 것 같습니다.

도킨스: 예. 매우 그렇습니다. 윌슨은 다른 방식으로 절박합니다. 그의 절박함은 이 행성을 구하는 것이죠. 어떤 면으로는 훨씬 더 절박한 사안입니다.

최재천: 데닛의 책을 읽어 보면, 그는 우리 인간이 하나의 종으

로서 종교성을 표출하는 것은 매우 흥미로운 현상이라고 강조합니다. 당신은 종교란 우리 종에서 나타나는 일종의 현상 또는 적응적 속성으로 볼 것까지는 없다고 했습니다. 종교는 진화적 적응이 아닌가요?

도킨스: 오, 그럴 수도 있죠. 우리가 반드시 연구해야 할 주제입니다. 심리학, 인류학, 그리고 사회학의 관점에서 매우 중요한 현상입니다. 우리는 꼭 종교를 연구해야 합니다. 그리고 당신이나 나나 다윈주의 생물학자이기 때문에 우리 마음은 심리학적으로 보편적인 현상만 보면 자연스럽게 다윈주의적 질문을 떠올리게끔 되어 있습니다. 종교는 인간의 보편적 속성입니다. 우리는 이에 대해 다윈주의적 설명을 하고자 하고 따라서 저는 이 질문에 관심이 있습니다. 그래서 『만들어진 신』에서도 그 문제를 다루고 있습니다. 아마도 오늘날 대부분의 사람은 종교 자체는 다윈주의적 생존 가치(survival value)를 갖고 있지 않으며 그러한 생존 가치를 지니는 심리적 성향의 표현 또는 부산물이라고 생각합니다. 아마도 하나 이상의 심리적 성향이 관련되어 있을 겁니다. 따라서 우리는 종교의 생존 가치가 무엇이냐고 묻지 말고 종교를 통해 드러나는 심리적 성향의 생존 가치가 무엇이냐고 물어야 합니다. 촛불과 같은 불빛을 향해 날아드는 곤충에 비유해 봅시다. 나방이 불로 달려드는 행위의 생존 가치를 묻는 것은 잘못된 질문입니다. 그것은 생존 가치를 지니지 않기 때문입니다. 하지만 곤충의 신경계, 그러니까 어떤 신경망 구조를 가졌는가 하는 것은 생존 가치를 지니고 있고, 곤충이 촛불 속으로 날아드는 것은 그것의 부산물이죠. 자연 선택을 통해 이러한 신경망이 구성되

던 시절에는 촛불이 없었습니다. 오로지 별과 달과 태양만이 있었습니다.

최재천: 당신의 논의를 확장한다면, 당신은 종교를 완전히 제거하거나 엄청나게 축소하고자 합니다. 당신의 노력이 성공을 거둔다 해도 결국에는 종교를 대체할 다른 종류의 믿음이 나타나리라 생각하지 않습니까?

도킨스: 그런 위험은 큽니다. 영국에서는 지금 교회를 다니는 신도가 계속 줄고 있죠. 그런데 그게 무신론이 아니라 미치광이들과 심지어는 점성술과 미신 등으로 대체되고 있습니다.

최재천: 그렇다면 종교를 없애는 일이 무슨 소용이 있나요?

도킨스: 시간이 답해 주겠죠. 장차 무슨 일이 일어날지 기다리며 지켜봐야 합니다. 하지만 추측건대 결실이 있을 것 같습니다. 그렇지 않다면 제가 뭣하러 이 짓을 하고 있겠습니까?

최재천: 그래요. 당신은 노력하고 있습니다. 엄청난 노력을 기울이고 있다고 듣고 있습니다.

도킨스: 두 개의 자선 재단을 만들었습니다. 영국과 미국에 각각 하나씩 이성과 과학을 장려할 목적으로 세웠습니다. 대놓고 하지 않더라도 부차적으로나마 종교를 억제하려는 목적을 갖고 있죠. 제가 우려하는 일 중의 하나는 아이들에 대한 신앙 세뇌입니다. 저는 아이들을 부모의 종교에 따라 분류하는 것은 매우 사악한 일이라고 생각합니다. 기독교 아이들 혹은 이슬람교 아이들이라는 표현을 들으면 정신을 바짝 차려야 합니다. 생각해 보세요. 마르크스주의 아이들에 대해 이야기하지 않듯이 그런 표현을 써서는 안 된다고 생각합니다.

최재천: 제 개인적인 얘기를 하나 하렵니다. 당신은 스티븐 제이 굴드와 이 문제에 대해 많은 토론을 했던 거로 알고 있습니다. 굴드는 가운데 길을 택했고 당신은 그래서는 안 된다고 비난했습니다. 하지만 많은 사람이 같은 입장에 있습니다. 저도 그렇습니다. 제 아내는 독실한 기독교인이고 결혼한 이래 저는 아내와 함께 그야말로 독실하게 교회에 다녔습니다. 아내에게 "이제 더 이상 당신과 함께 교회에 가지 않겠소."라고 말할 수도 있겠지만, 그녀를 처음 만났을 때 저는 마음이 약해 "그래요, 당신과 함께 교회에 가겠어요."라고 약속해 버리고 말았죠.

도킨스: 어느 기독교 종파인가요?

최재천: 장로교입니다. 아내는 오르간 연주자라서 우리가 미국에서 공부하던 시절에는 여러 종파의 교회에 다녔습니다. 한국에서도 우리는 여전히 교회에 다닙니다. 몇 년 전에 돌아가신 유명한 목사님이 한 분 계셨습니다. 말년에 그분은 저를 이를테면 과학 가정교사로 부렸습니다. 그분은 과학의 발전에 관심이 정말 많았습니다.

도킨스: 그분의 성함이 무엇이었나요?

최재천: 강원용 목사님이라는 분이셨는데 한국 기독교 역사에서 가장 유명한 목사님 중의 한 분으로 열린 마음을 지니셨습니다. 한국 기독교의 얼굴을 바꾼 분이라고 할 수 있습니다. 그분은 가끔 제게 전화를 하셔서 "그래 줄기 세포에 대해 설명해 봐." 하시곤 하셨습니다. 제가 한참 전화로 설명하고 있으면 "그 부분은 잘 이해가 안 되네." 하십니다. 그러면 저는 "목사님, 거기 계세요. 제가 곧 가겠습니다." 저는 곧바로 책을 챙겨 목사님 집무실로 달려가곤 했습니다.

며칠 후 또 전화를 하시곤 “이기적 유전자가 뭔가? 유전자가 정말 이기적이란 말인가?” 하시면 또 달려갔습니다. 어느 날 그런 개인 교습을 마치고 일어서려는데, 목사님은 제가 진화 생물학자라는 사실을 잘 아시면서도 제게 목사님들 앞에서 강의할 수 있겠냐고 물으셨습니다. 두어 달 후 저는 예배당 안에서 100여 명의 목사님을 앞에 두고 두 시간 넘도록 진화 강의를 했죠. 그분은 진정으로 열린 분이셨습니다. 하루는 제게 이렇게 물으시는 겁니다. “진화 생물학자인데도 어떻게 늘 교회에 나오는 건가?” 저는 잠시 망설이다가 농담으로 이렇게 답했습니다. “아내의 독실한 운전 기사로 나옵니다.” 그분은 껄껄 웃으며 “좋아, 좋아, 언젠가 자네의 진실을 찾게 될 걸세. 나는 그 진실이 꼭 기독교적 진실이 되어야 한다고 말하지 않으려네. 진실을 찾으면 되는 걸세.” 저는 그분을 정말 존경했습니다. 자, 이제 제 질문입니다. 아내에 대한 사랑으로 수십 년간 함께 교회에 다녔습니다. 그러지 말아야 했나요? 그러는 동안 하나밖에 없는 아들 역시 독실한 기독교인이 되었습니다. 우리는 그 아이에게 기독교를 강요하지 않았습니다. 아들은 매우 독실한 기독교인이 되었고 저를 교화하려 애쓰고 있습니다. 제가 잘못했나요?

도킨스: 아내에 대한 사랑으로 교회를 다닌 건 괜찮아 보입니다. 당신 아들에 대해서는 조의를 표합니다. (웃음)

최재천: 그 아이에게는 아직 시간이 있습니다. 스스로 진실을 찾겠죠. 어떤 진실이든 말입니다. 저는 하버드에 있을 때 굴드와 잘 지내지 못했습니다. 여러 면에서 저는 그에게 동조하기 어려웠습니다. 저는 그를 그리 좋아하지 않았던 것 같습니다. 하지만 어떤 문제에

관해서는 저는 그와 생각이 같았고 그를 존경했습니다. 종교 문제에 관한 한, 스스로에 대해 생각해 보면, 저는 아무래도 그가 말하는 타협안에 가까운 것 같습니다. 저 역시 중도를 걷고 있는 것 같습니다.

도킨스: '중도'라고 하셨나요? 저는 그걸 중도라고 할 수 있는지 모르겠습니다. 그는 '노마(NOMA)', 즉 '중복되지 않는 교도권(non-overlapping magisteria)'을 얘기했습니다. 과학은 과학의 영역을 갖고, 종교는 종교의 영역을 갖는다고. 그 둘은 겹치지 않는다고. 하지만 과학과 종교의 영역이 정말로 겹치지 않을까요?

최재천: 그래서 저는 그걸 중도라고 부르는데요.

도킨스: 그리 부르면 안 되죠. 그는 그 둘이 겹치지 않는다고 했어요. 그는 과학과 종교가 각기 다른 영역이라고 했습니다. 그리고 그 둘은 서로 연결되어 있지 않답니다. 글쎄요, 예를 들어, 종교가 기적에 대해 말하지 않는다면 그의 말이 사실일 수도 있을 겁니다. 왜냐하면 기적이야말로 과학의 영역을 심각하게 잠식하기 때문입니다. 수없이 많은 사람이 기적 때문에 종교에 귀의하게 됩니다. 그들은 예수가 물 위를 걸었다고, 예수가 죽었다가 다시 살아났다고, 예수가 동정녀에게서 태어났다고 말합니다. 종교는 굴드가 그어 놓은 경계를 존중하지 않습니다. 만일 그랬다면 사람들은 그걸 따르지 않았을 겁니다. 어떤 의미에서는 양쪽을 다 갖는 셈입니다. 기적을 믿는다는 식의 속임수로 굴드 같은 사람으로부터도 존중을 받는다는 이득을 얻습니다. 그런가 하면 굴드는 궁극적인 질문들과 도덕성의 영역을 종교에 할양합니다. 저는 도덕성의 문제를 종교에 할양하고 싶지 않습니다. 왜 살인을 하지 않느냐, 왜 도둑질을 하지 않느냐, 그

리처드 도킨스.

리고 왜 세금을 내느냐고 물으면 당신은 곧바로 도덕 철학을 생각할 겁니다. 성서에 살인하지 말라고 적혀 있기 때문이라고 하지 않겠죠. 비슷하게 삶의 궁극적인 의미가 무엇인가 하는 질문은 또 어떻습니까? 산다는 게 정말 무엇인가? 도대체 왜 우리는 이곳에 존재하는 것일까? 우주는 어떻게 시작되었을까? 이들은 모두 종교가 전문성을 갖고 있지 않은 궁극의 질문들입니다. 논쟁의 여지가 있지만 과학은 어쩌면 이 문제들과 관련해 전문성을 지닐 수 있습니다. 과학은 아직 우주가 어떻게 기원했는지는 답하지 못하고 있습니다. 하지만 질문 자체가 답이 없든, 아니면 아직 아무도 답을 찾지 못했든, 어쨌든 답은 과학이 찾을 거라고 생각합니다. 그래서 저는 굴드의 '노마'는 성립하지 않는다고 생각합니다. 만일 정치적인, 감정적인, 그리고 당신과 아내와의 관계에서처럼 외교적인 이유의 중도라면, 그건 가능합니다. 버락 오바마(Barack Obama) 대통령이 외교적인 쟁점에서 이기기 위해 타협하는 것은 쉽게 상상할 수 있습니다. 그게 중도입니다. 그러나 저는 굴드는 전적으로 틀렸다고 생각합니다. 저는 당신도 '중도'라는 표현을 사용하며 자신을 그의 진영으로 유혹했다고 생각합니다. 당신은 중도입니다. 그러나 '노마'는 아니라고 말하고 싶습니다.

최재천: 그래요, 이제 이해가 됩니다. 당신의 책에 대한 그 어느 글에서도 아직 읽지 못했습니다만, 저는 당신의 『이기적 유전자』에서 이런 표현을 읽은 기억이 납니다. 당신은 그 책 어디에선가 이 세상 모든 생물 중에서 우리 인간이 유일하게 유전자의 존재를 알아차렸으므로 우리는 유전자의 횡포에 항거할 수 있다고 썼습니다. 당신

이 지금 종교에 대항하여 하는 이 모든 일이 어쩌면 스스로 한 말을 실천에 옮기고 있는 것이죠. 저는 이를 분명한 가르침으로 받아들입니다.

도킨스: 우리가 피임약을 복용할 때, 또는 아이를 입양할 때, 우리는 유전자의 횡포에 항거하는 것입니다. 이런 일은 매우 흔합니다. 이 모든 것들이 다 우리가 이기적 유전자에 저항하여 하는 일들입니다.

이기적 유전자의 횡포에 항거할 수 있는 유일한 존재

최재천: 그 얘기는 자연스럽게 제가 당신에게 묻고 싶은 다음 질문으로 이어지네요. 인간의 진화와 미래와 관련된 질문입니다. 오늘날 우리는 엄청난 기술적 진보에 힘입어 인간을 닮은 로봇도 만들었고 인공 지능도 현실화하기에 이르렀습니다. 언젠가 굴드가 인간은 진화하기를 멈추었다고 말한 게 기억납니다. 저는 동의하지 않습니다. 저는 진화란 어떤 상황에서든 멈추는 게 아니며 인간이 멈출 수 있는 게 아니라고 생각합니다. 지금 우리가 겪고 있는 모든 기술적 변화와 관련해서 인간의 진화에 대해 어떻게 생각하시는지요? 혹은 어떻게 예측하시는지요?

도킨스: 저는 우리가 장기 예측, 예를 들어 300만 년 후에 대한 예측과 단기 예측을 구별해야 한다고 생각합니다. 그래야 사람들은 비로소 "현생 인류의 뇌가 오스트랄로피테쿠스 뇌의 두 배가 된 것처

럼 우리의 뇌가 장차 두 배로 커질까?" 같은 질문을 할 수 있습니다. 저는 다소 회의적입니다. 그러한 일이 일어나려면 가장 큰 뇌를 가진 사람이 가장 많은 아이를 낳아야 했지만 그랬을 것 같지는 않습니다. 이렇게 장기 예측과 단기 예측을 구분한 다음 당신은 앞의 경우보다 훨씬 짧은 기간 안에 아프리카에서 에이즈(AIDS)에 대한 면역성의 선택이 어떻게 될지 질문할 수 있습니다. 에이즈의 면역성에 관련된 유전자들이 있습니다. 예를 들어, 유전적으로 에이즈에 대해 면역성을 지닌 매춘부들이 있다고 합니다. 에이즈가 창궐하고 있는 아프리카와 같은 환경에서는 그런 유전자들이 선택되리라 예상할 수 있습니다. 보츠와나 인구의 50퍼센트가 HIV(인간 면역 결핍 바이러스) 양성 반응을 보입니다. 따라서 매우 강력한 선택압이 작용하고 있을 수 있습니다. 이는 "우리의 뇌가 점점 더 커지고 있는가?"와 같은 장기적 질문과 상당히 다른 매우 단기적인 질문입니다. 하지만 예를 들어 키의 변화를 생각해 볼 수 있습니다. 20세기 단 1세기 동안 인간의 키에는 엄청난 변화가 있었습니다. 이는 대개 개선된 영양 조건 덕분으로 생각되는데, 어쩌면 사실일지도 모르죠. 하지만 상당히 복잡한 선택 과정이 진행되고 있을지도 모른다고 상상할 수 있습니다. 비슷하게도 요즘 여자아이들은 예전보다 훨씬 이른 나이에 성적으로 성숙하기 시작합니다. 그것이 유전적 효과인지 영양학적 효과인지는 잘 모르겠습니다. 하지만 어쨌든 문화적 진화는 매우 빠르고 훨씬 극적입니다. 매우 다른 종류의 진화이지만 중요한 면에서 생명의 진화와 매우 흡사합니다. 이것이 인간이 현재 진화하고 있는 중요한 방식입니다.

최재천: 당신이 마침 문화적 진화를 언급하셨으니 선전자(meme, 밈)에 대해 물어보겠습니다. 『이기적 유전자』를 읽으면서 선전자의 개념에 대해 알게 되었습니다. 그런데 그 후 한동안 그에 대한 얘기가 별로 많지 않았어요. 사회 과학자들이 한동안 퍽 흥분하는 듯하더니 이내 조용해졌습니다. 그런데 최근, 제 관찰이 정확한 것인지는 모르겠습니다만, 훨씬 활발해졌습니다. 제가 올바르게 관찰한 겁니까?

도킨스: 그런 것 같습니다. 선전자의 부활에는 대니얼 데닛이 누구보다도 큰 역할을 한 것 같습니다. 수전 블랙모어(Susan Blackmore)도요. 현재 제목에 그 단어가 들어간 책이 네댓 권이나 나와 있습니다. 원래 저는 인간 문화 연구에 기여할 의도는 없었습니다. 책에서 줄곧 유전자의 중요성만 강조했기 때문에 균형을 잡아 보려고 『이기적 유전자』의 끝부분에서 작은 시도를 한 것이었어요.

최재천: 그것이 정확하게 제가 묻고자 했던 질문입니다. 제 생각에 당신은 거의 어쩌다가 그 용어를 소개했는데 그게 그만 걷잡을 수 없이 커져 버린 거죠? 그래서 무슨 이유에서건 당신은 거의 발을 빼려 했던 것처럼 느꼈습니다. 제가 제대로 본 건가요?

도킨스: 예, 당시 제가 정말로 하고자 했던 것은 복제를 아주 정확하게 수행할 수 있는 복제자만 있으면 자연 선택은 충분히 작동하리라는 얘기를 하려는 것이었습니다. 만일 그때 컴퓨터 바이러스가 발명되어 있었다면 꼭 DNA가 아니더라도 가능한 복제자의 예로 컴퓨터 바이러스를 사용했을 겁니다. 하지만 당시에는 아직 컴퓨터 바이러스가 없었거나 제가 그에 대해 알지 못했기 때문에 선전자가 그

일을 한 거죠.*

저는 여전히 선전자가 나쁜 예라고 생각하지 않습니다. 누구나 따라서 휘파람으로 불 수 있는 외기 쉬운 곡조 같은 것! 우연히 길에서 듣고 그걸 따라 부르다 보면 다른 사람에게 전달될 수 있습니다. 광고 노래나 유행어도 있습니다. 언어도 이런 식으로 생각해 볼 수 있습니다. 우리는 단어들을 제가끔 달리 발음합니다. 악센트도 다릅니다. 남자와 여자의 음성이 다르고 저음과 고음이 있습니다. 그러나 한 언어의 단어들에는 변하지 않는 것이 있습니다. 절대로 변하지 않는 게 있기 때문에 단어의 철자를 알려주는 사전이란 게 있는 겁니다. 목욕을 뜻하는 'bath'라는 단어는 영국에서는 "바스", 미국에서는 "배스"라고 발음되지만 사람과 사람 사이에서 전달될 때 그 뜻은 바뀌지 않습니다. 언어는 분명히 진화합니다. 네덜란드 어와 독일어는 공통 조상을 가지고 있습니다. 그래서 언어학자들도 마치 생물학자들처럼 언어의 역사를 거슬러 올라가 분기되는 지점을 찾습니다. 언어는 혼합되기 때문에 좀 더 복잡하긴 합니다만. 하지만 그럼에도 불구하고 놀라울 정도로 정교하게 언어의 가계도를 그릴 수 있습니다. 조상 언어가 어떠했을지 재구성할 수 있습니다. 인도유럽 어의 조상 언어와 다른 주요 언어는 물론, 원시 독일어나 원시 로마 어 가계도도 재구성할 수 있습니다. 이 모두는 선전자와 유전자 간에 강한 유사성이 있음을 시사합니다. 여기서도 다윈의 자연 선택과 같은 메

* 최초의 컴퓨터 바이러스는 1971년에 만들어진 크리퍼 바이러스(Creeper virus)다. 『이기적 유전자』 초판은 1976년에 출판되었다.

커니즘이 작동하고 있을지는 잘 모르겠습니다만, 일부 언어학자들은 단어들은 일종의 실용적이고 기능적인 방식으로 점점 더 사용하기 편리하게 진화한다고 제안하고 있습니다.

'모음 대추이(great vowel shift)'를 아시나요? 영어에 일어난 큰 사건이었죠. 중세 언제인가 영어의 모든 모음이 변했어요. 자세하게 설명할 수는 없지만 모음들이 예측 가능한 방향으로 변했습니다. 장모음 [aː]가 이중 모음 [eɪ]로, 장모음 [oː]가 장모음 [uː]로 변하는 식으로 말입니다.* 저는 잘 몰라서 잘 설명할 자신은 없습니다. 하지만 백과사전에 찾아보면 나옵니다. 그것은 기능적인 사건이었다고 합니다. 우선, 한 모음이 다른 것으로 변하게 만드는 일이 벌어졌습니다. 그것이 무엇이었는지는 모르지만 일단 벌어지자 다른 모음들도 혼동을 피하고자 전부 변한 겁니다. 저는 대부분의 언어학자가 이를 기능적 선택이 아니라 생물학자들이 '유전적 부동(genetic drift)'이라고 부르는 것에 더 가까운 현상으로 생각한다고 믿습니다.

앞서 얘기했던 흥얼거리는 노래 얘기로 돌아가 볼까요. 거기에는 필경 어떤 형태로든 선택 과정이 있다고 생각합니다. 모든 곡조가 다 사람들의 마음을 사로잡는 것은 아니잖아요? 좋은 곡조가 더 나쁜 곡조보다 더 많이 흥얼거려지는 겁니다. 따라서 거기에는 반드시

* 대모음 추이라고도 한다. 영어 역사에서 1400년대 후반과 1600년 전반 사이에 일어난 모음 체계의 변화를 말한다. 강세가 있는 장모음의 혀 위치가 한 단계씩 높아지고, 더 높아질 수 없는 [iː]나 [uː] 같은 발음은 이중 발음으로 쪼개진 현상이다. 이 변화 때문에 영어에서 철자와 발음이 일치하지 않는 현상이 크게 일어났다.

모종의 선택이 일어나고 있죠. 저는 이게 매우 흥미로운 분야라고 생각합니다. 당신이 지적한 대로 이는 지금 데닛 같은 학자들에 의해 부활하고 있습니다. 인터넷에서 커다란 존재감을 가지고 있죠. 그런데 구글에서 'meme'이라는 단어를 치면 프랑스 어 'même'이 나올 겁니다. 하지만 'meme'의 형용사인 'memetic'은 매우 높은 빈도로 사용되고 있는 걸 알게 될 겁니다.

최재천: 매우 유용하고 매력적인 개념입니다. 하지만 저는 이 문제와 관련해 당신이 한동안 침묵하고 있었던 이유가 궁금합니다.

도킨스: 저는 제가 잘 알지 못하는 영역까지 아는 체하는 인상을 주고 싶지 않았습니다. 인간 문화 분야에서 오랫동안 연구한 전문가들이 있다는 걸 저도 잘 압니다. 저는 인간 문화가 아니라 생물학을 설명하기 위해 비유를 만든 것뿐이었습니다. 다만 여기에는 다윈의 진화론적 통찰이 담겨 있죠.

최재천: 잠시 유전자에 대해, 특히 당신이 만들어 낸 이기적 유전자의 개념에 대해 얘기를 나누고 싶습니다. 이 질문을 수없이 많이 받았으리라 생각합니다만, '이기적'이라는 표현이 당신에게 상당한 골칫거리였을 텐데 정말 어떠셨어요?

도킨스: 그에 대해서는 책을 쓴 동기가 무엇이었냐는 당신의 첫 질문으로 돌아가고 싶은 거군요. 기억하시겠지만 애초에 그 책은 집단 선택을 반대하기 위해 펴낸 것이었습니다. 따라서 저는 이익의 단위, 즉 적응의 단위에 초점을 맞추고 싶었습니다. "○○의 이익을 위하여!"라고 얘기할 때의 단위 말입니다. 종 같은 집단의 이익을 위해 진화가 이뤄진다는 당시 유행하던 오해에 맞서 싸우고 있었기 때

문에 저는 자연 선택은 스스로 자신을 돌보는 단위, 즉 이기적인 단위를 선호한다는 걸 다윈의 언어로 설명하려 했습니다. 만일 이기적인 종이 이타적인 종보다 더 잘 생존할 수 있도록 해 주는 기제가 있다면, 그것은 일종의 집단 선택이 될 겁니다. 그러나 그런 것은 없습니다. 자연 선택은 그런 수준에서는 작동하지 않기 때문입니다. 그렇다면 이기적인 개체는 어떨까요? 그 또한 작동하지 않습니다. 다윈주의적 선택의 메커니즘을 들여다보면 누구나 알 수 있습니다. 개체의 생존이 문제가 아닙니다. 개체의 생존은 오로지 번식을 위한 수단일 뿐입니다. 개체는 자신의 생존이 아니라 포괄 적합도(inclusive fitness)를 극대화한다는 것을 이해해야만 '이기적 개체'를 말할 수 있습니다. 선택은 이기적 유전자의 수준에서만 가능합니다. 해밀턴은 포괄 적합도를 유전자의 생존이 극대화될 때 극대화되는 개체의 속성으로 정의했습니다. 이기적 유전자의 개념은 이 모든 걸 일괄적으로 설명합니다. 생존하는 유전자란 생존을 위해 일했던 유전자이고, 다시 말하면 힘의 지렛대를 쥔 표현형이며, 그러니까 대부분의 경우 자기가 몸담은 개체를 조정하는 유전자라는 걸 이해하면 올바른 답을 찾을 수 있습니다. 다윈주의적 계산을 올바르게 하고 싶다면, 가장 간단한 방법은 "내가 만일 이기적인 유전자라면, 이 시점에서 무엇을 할 것인가?"라고 묻는 것입니다.

최재천: 어쨌든 상당한 혼돈이 있었다는 건 아시죠?

도킨스: 예. 하지만 그것은 사람들이 대개 '이기적 유전자'가 '이기적 개체'를 뜻한다고 생각하기 때문입니다. 사람들은 당신이 하나의 개체일 때 당신을 이기적으로 만들어 주는 유전자들이 '이기적 유

전자'라고 생각하죠. 그건 아닙니다.

최재천: 만일 시간을 되돌릴 수 있다면, 제목을 바꿀 의향이 있는지 궁금합니다. 만일 바꾼다면 무엇으로?

도킨스: 글쎄요, 『이기적 유전자, 이타적 개체』 정도로 바꾸면 어떨까요. 그때 나왔던 제안 중의 하나는 『불멸의 유전자』였습니다. 저는 그것도 퍽 좋은 제목이라고 생각합니다. 왜 그 제목을 선택하지 않았는지 잘 기억이 나지 않습니다. 더 나았을지도 모를 텐데 말입니다. '불멸'이라는 단어가 희망적이고 시적이니까요.

최재천: 약간 종교적이기도 하네요. 당신의 저서 『무지개를 풀며(*Unweaving the Rainbow*)』의 서문에서 잠시 언급한 얘기인데, 당신에게 누군가, 아마 출판사 사람이었던 것 같은데, 편지를 썼다고 했습니다. 『이기적 유전자』 생각 때문에 잠을 이룰 수 없다고 말입니다.

도킨스: 그래요. 출판사의 뉴질랜드 지사에서 일하던 사람이었던 것 같습니다.

최재천: 저도 비슷한 경험을 합니다. 저는 제 수업에서 당신이 얘기하는 개념들을 가르치는데, 학기마다 거의 매번 두세 명의 학생이 찾아와 이렇게 말합니다. "저는 이제 어찌할 바를 모르겠습니다. 사회학을 전공하는 4학년 학생인데 교수님의 강의가 제가 지금까지 배운 모든 것을 깨부수고 말았습니다."

도킨스: 하지만 그건 잠을 이루지 못하는 것과는 다른 일인데요. 잠을 이루지 못하는 것은 삶이 하찮고 공허하다고 느끼기 때문이고 당신 수업의 사회학과 학생은 자신의 학업이 망가진 것이지 삶 전체가 무너진 걸 불평하는 건 아니잖아요?

최재천: 저는 지금 이 둘을 연결하려 애쓰고 있습니다.

도킨스: 하지만 그들은 그저 사회학과 학생들일 뿐입니다. 그들이 자신의 삶을 연명할까 말까를 얘기하는 건 아니잖아요?

최재천: 사회학 전공자 얘기만이 아닙니다. 다양한 전공의 학생들이 있습니다.

도킨스: 당신의 강의가 사회학 이론에 대한 그들의 믿음을 깨부순다면, 그건 대환영입니다!

최재천: 어떤 학생들은 감정에 북받쳐 울음을 터뜨리기도 합니다. "도킨스의 책 덕분에 이제 뭔가가 보이기 시작합니다. 저는 이제 예전의 설명을 받아들일 수가 없습니다. 저는 이제 곧 졸업을 하고 직장을 얻어야 합니다. 제 삶을 살아가야 하는데, 저는 이제 어찌해야 합니까?"

도킨스: 그 학생들에게 질문을 계속해서 문제가 무엇인지 찾아냅니까?

최재천: 예, 저는 종종 그 친구들과 긴 토론을 합니다. 그리고 그들에게 저 역시 똑같은 경험을 했노라고 얘기해 줍니다. "내가 처음 미국에 가서 이 분야를 공부하게 됐을 때 에드워드 윌슨의 『사회 생물학(*Sociobiology*)』과 도킨스의 『이기적 유전자』를 읽었는데 나도 잠을 이룰 수가 없었다. 정신적 충격이 이루 말할 수 없이 컸다." 그리곤 이렇게 말합니다. "계속 읽어라, 계속 생각해라. 그러다 보면 어느 순간 신기하게도 마음의 평안을 얻게 된다. 무슨 이유에선지 모든 게 차분히 가라앉는다. 마치 불교에서 얘기하는 것처럼 어떤 고행의 단계를 넘어서 깨달음을 얻으면 세상이 어떻게 움직이는지 이해하

게 된다." 종교적으로 들릴까 적이 걱정됩니다만, 저는 개인적으로 그런 경험을 했습니다. 제가 감히 '해탈(解脫)'이라고 얘기해도 될까요?

도킨스: 저는 그렇게 얘기하지 않습니다. 저는 이건 어디까지나 학술적인 얘기일 뿐 개인의 삶과는 아무런 관련이 없다고 말합니다.

최재천: 아, 그건 아니죠. 그렇게 얘기할 수는 없습니다.

도킨스: 아니요, 할 수 있습니다. 우리는 축구 경기에서 승리하겠다는, 책을 한 권 쓰겠다는, 현악 사중주를 하나 작곡하겠다는, 또는 아름다운 정원을 만들겠다는 자기만의 삶의 목표를 세웁니다. 모두 다 인간이 세울 수 있는 가치 있는 목표들입니다. 우주의 의미에 대한 당신의 근심이 이들을 방해하도록 해서는 안 됩니다. 스스로 자신에게 이렇게 말하면 됩니다. "나는 여기 존재하는 것만으로도 행복하다. 어쩌면 우주에는 아무 목적도 없을지 모른다. 내 삶도 어쩌면 궁극적으로 아무 의미가 없을지도 모른다. 하지만 나는 아름다운 정원, 멋진 서재, 훌륭한 아내 또는 남편 그리고 아이들이 있어서 내 삶은 무의미하지 않다." 당신이 삶의 무상함을 깨닫는다 하더라도 삶은 여전히 살 만합니다.

최재천: 그렇다면 당신은 기독교를 그처럼 무참히 공격하지 말았어야 합니다. 저를 찾아오는 많은 학생이 기독교인인데 당신의 책이 그들의 믿음을 산산조각 내 버렸다고 말합니다.

도킨스: 좋아요, 그 얘기를 들으며 느끼는 희열을 감출 수가 없네요. 그들의 기독교적 믿음이 깨졌다니 반갑지만, 그렇다고 해서 한 인간의 행복을 깨고 싶지는 않습니다. 저는 다만 그들이 종교에서

행복을 얻고자 하는 것은 행복 찾을 장소를 잘못 고른 거라고 생각할 뿐입니다. 스티븐 핑커가 고안해 낸 비유가 생각나네요. "호랑이에게 쫓기고 있는데 토끼에게 쫓기고 있다고 당신 자신을 속일 수 있다면, 당신은 훨씬 행복해지겠지만 결국 호랑이는 당신을 잡아먹고 말 것이다." 당신의 행복을 엉뚱한 곳에서 찾지 마십시오.

최재천: 하지만 제가 제 학생들을 대하는 태도는 당신이 『만들어진 신』에서 얘기하는 방식과는 다른 듯싶은데, 그렇지 않은가요?

도킨스: 당신의 조언은 좋다고 생각합니다. 계속 생각하고 읽고 공부하다 보면 모든 게 제자리를 찾을 것이다. 아주 훌륭한 얘기라고 생각하지만 저는 그게 종교적이라고 느끼지 않습니다.

에드워드 윌슨은 배신의 사도인가?

최재천: 자, 이번엔 좀 민감한 주제를 다뤄 볼까 합니다. 적어도 제게는 말이죠. 에드, 그러니까 에드워드 윌슨의 갑작스러운 집단 선택 회귀에 대해 어떻게 생각하십니까?

도킨스: 아주 불편합니다. 하지만 우선 밝혀야 할 것은 에드는 『사회 생물학』을 쓸 때부터 혼동하고 있었다는 겁니다. 그건 그의 책을 읽어 보면 알 수 있습니다. 존 메이너드 스미스가 '혈연 선택(kin selection)'이라는 용어를 만들었을 때 정확하게 집단 선택과 구별하기 위해서 만든 것인데, 에드는 언제나 혈연 선택을 집단 선택의 한 부분이라고 생각했습니다. 그래서 실제론 뭐 그리 대단한 반전이 아

납니다. 그는 변심한 게 아닙니다. 결국, 되돌아간 겁니다. 평생 집단 선택의 부활을 위해 살아온 데이비드 슬론 윌슨(David Sloan Wilson)에게 넘어갔죠. 아쉽게도 데이비드에게 에드가 먹힌 겁니다.

최재천: 제게는 대단히 불편한 일입니다.

도킨스: 베르트 횔도블러는 넘어간 것 같지 않은데…….

최재천: 한동안 함께했죠. 하지만 최근에 베르트도 다른 길을 가기로 한 것 같습니다. 에드와 거리를 두기로 한 모양입니다. 얼마 전에 에드를 만났는데 이렇게 말하더군요. "이해할 수가 없네. 베르트는 이제 나와 같이 생각하지 않는 것 같아. 정말 실망일세."

도킨스: 제가 제대로 이해하고 있는지 정말 알고 싶습니다. 사회성 곤충의 특수한 예를 들여다본다면, 에드는 "서로 다른 개미 종들을 보며 왜 어떤 종이 다른 종보다 더 사회적인가를 혈연 선택으로 설명할 수 있는가?"라고 묻는 것 같아요. 그는 그럴 수 없다고 단언합니다. 그건 놀랄 일이 아닙니다. 해밀턴의 법칙, 즉 유전적 근친도 r와 이득 B의 곱이 비용 C보다 큰 형질이 선택된다는 법칙에서 B와 C도 r 못지않게 중요합니다. 유전적 근친도만 보고 평균 근친 계수와 그 종의 사회적 성향은 아무런 관련이 없다고 말할 수는 없겠죠. 관련이 있을 수도 있고 없을 수도 있습니다. 그러나 이득과 비용은 매우 중요합니다. 다윈도 일개미들이 불임인 상황에서 어떻게 일개미의 적응이 다음 세대로 전달될 수 있느냐고 자문했습니다. 다윈은 이런 비유를 했습니다. 소는 도살당하지만 그 고기를 맛본 사람들은 그 어미와 아비 소를 찾아가 새끼를 낳게 한다고. 따라서 당신이 만일 진사회성(eusociality)의 모든 현상을 설명하기 원한다면, 즉 당신이

일개미의 불임, 일개미의 적응, 병정개미의 적응, 꿀단지개미의 적응 등을 모두 설명하기 원한다면, 병정개미의 턱을 만들어 내는 유전자나 여왕개미나 수개미에는 발현되지 않는 형질을 만들어 내는 유전자의 복사체가 그들에게도 존재한다는 걸 설명해야 합니다. 그것이 바로 혈연 선택입니다. 집단 선택이 아닙니다. 아니면 진정한 유전자 선택입니다.

최재천: 에드가 빌 해밀턴의 포괄 적합도 개념이 전부 틀렸다고 얘기하는 것은 아닙니다. 그는 다만 그리 중요하지 않다고 말할 뿐입니다. 다른 요인들이 더 중요하다고 말입니다. 1997년에 케임브리지 대학교 출판부에서 제가 편집한 책 두 권이 나왔는데, 하나는 곤충과 거미류의 사회성 진화에 관한 것이었고 다른 하나는 짝짓기 체계에 관한 것이었습니다. 사이먼 프레이저 대학교의 버나드 크레스피와 함께 편집한 책들입니다. 그 책들에서 우리는 포괄 적합도는 물론 매우 중요하지만 다른 요인들에도 주의를 기울여야 한다고 강조했습니다. 사회적 갈등, 둥지 짓기 등등. 에드는 우리 책을 혈연 선택이 중요하지 않다는 것을 보여 주는 예로 사용했죠. 저는 에드에게 우리가 얘기한 건 그게 아니었다고 말했습니다. 에드가 얘기하는 것은 빌의 개념보다 더 중요한 다른 것들이 많이 있다는 겁니다.

도킨스: 그래요, 하지만 그건 어디까지나 이득과 비용의 문제이고, 이득과 비용은 해밀턴의 법칙에서 매우 중요합니다. 그들은 생태적 요인들입니다. 어떤 동물이 사회성 동물이 되는 이유는 매우 다양합니다. 그렇지만 당신이 만일 일개미의 불임이라는 특수한 문제에 집중한다면, 해밀턴의 법칙 말고는 설명할 방법이 없습니다. 그렇지

않은가요?

최재천: 언제나 혈연 선택 설명이면 충분하다고 생각했습니다.

도킨스: 충분한 정도가 아닙니다. 불임의 일개미를 설명할 수 있는 유전학적 모형을 찾는다면 혈연 선택 말고 무엇이 있겠습니까?

우리의 존재 이유를 알려준 남자

최재천: 그 문제에 대해서는 그 정도로 하고 당신의 집필 활동에 관해서 얘기하고 싶습니다. 당신의 책 *The God Delusion*은 한국어로 『만들어진 신』이라고 번역되었습니다. 한국에서도 엄청난 논쟁을 불러일으켰습니다. 많은 사람이 반겼는가 하면 또 많은 사람은 매우 불편하게 생각했습니다. 이제 다음은 무엇입니까? 종교에 대해서는 이걸로 그만인가요?

도킨스: 막 책을 한 권 끝냈습니다. 『지상 최대의 쇼(*The Greatest Show on Earth*)』라는 책입니다. 진화의 증거에 관한 책입니다. 진화의 증거를 다룬 상당히 정통파적인 생물학 책이죠. 이미 출간된 제리 코인(Jerry Coyne)의 책과 경쟁하게 될 것 같네요. 제리의 책은 훌륭한 책입니다. 제 책도 그랬으면 좋겠네요. 이 책도 한국어로 번역되겠죠?

최재천: 거의 그러리라 확신합니다. 당신의 거의 모든 책이 다 한국어로 번역되었으니까요. 또 다른 책을 쓰고 계신가요?

도킨스: 아직 시작하진 않았는데 계획은 있습니다. 아이들 책을

도킨스의 자택에서 인터뷰하는 필자.

하나 쓰고 싶은 마음이 있습니다. 아마 열두 살배기 아이에게 과학 개념들을 설명하는 책이 될 겁니다.

최재천: 관련된 질문을 하나 하고 싶습니다. 당신의 책 어딘가에 이런 얘기를 하신 적이 있어요. 과학적 사실과 발견에 대해 설명할 때 너무 물을 많이 타면 결코 좋은 일이 아니라고 말입니다. 저는 그 말씀을 정말 진지하게 받아들이고 그걸 지키려고 노력해 왔습니다. 저도 한국에서 과학 글쓰기를 많이 하는데 그 태도를 잃지 않으려 노력합니다. 그냥 과학의 맛만 보여 주는 게 아니라 과학적 사실을 알리고 과학적 사고를 심어 주려 노력합니다. 어린이 책에서는 그게 상당히 힘들 텐데요.

도킨스: 그렇죠. 제 딸이 열 살 때 한번 시험적으로 해 본 적이 있습니다. 그 아이가 이제 스물넷입니다. 그 아이에게 쓴 편지가 『악마의 사도(*A Devil's Chaplain*)』라는 책에 실렸죠. 맨 마지막 장이었어요. 어른들이 상당히 좋아했어요. 아이들은 어떤지 모르지만.

최재천: 『악마의 사도』에서 당신은 여러 시도를 합니다. 여러 흥미로운 시도들이 그 책에 담겨 있습니다. 저는 당신이 굴드와 주고받은 편지를 흥미롭게 읽었습니다. 상당히 감동적이었습니다. 이제 제 마지막 질문을 드리렵니다. 한국에는 다윈주의가 잘 알려져 있지 않았습니다. 저는 그동안 다윈이 얘기한 개념들을 한국에 소개하느라 많은 노력을 기울였습니다만 아직도 사람들은 다윈주의에 대해 잘 모릅니다. 자연 선택에 대해 아는 게 별로 없습니다. 다윈의 해를 맞아…….

도킨스: 만일 다윈을 직접 만난다면 무슨 말을 할 것이냐고 묻지

는 말아 주십시오.(웃음)

최재천: 다윈이 왜 그렇게 중요합니까? 왜 우리가 다윈을 중요하게 생각해야 하나요?

도킨스: 다윈은 아마도 우리 인간에게 가장 중요한 질문인 "우리가 왜 존재하는가?"에 답을 제공한 사람입니다. 어쩌면 이 우주를 통틀어 다른 행성에는 없을지도 모르고, 이 행성에만 존재할지도 모르는 이 놀라운 생명이라는 현상은 과연 무엇일까요? 우리는 아직 모릅니다. 우리에게는 물리학이 있습니다. 우주 전반에 걸쳐 물리학이 존재합니다. 물리학은 그런대로 단순합니다. 하지만 이 행성에는 뉴턴의 법칙을 거스르는 듯한 신기한 생명 현상이 존재합니다. 지구 생명체들은 날개를 펄럭이고 헤엄을 치고 내달리고 뛰어오르며 죽고 죽이고 교미하고 번식합니다. 그들은 물리 법칙을 어기지 않지만 자연 선택을 통한 진화라는 놀라운 과정을 통해 물리 법칙을 확장해 갑니다. 진화는 우리를 포함해 생명이라 불리는 기상천외한 현상을 낳았습니다. 그것은 결국 신경계의 진화와 그 과정을 이해할 수 있을 만큼 커다란 뇌의 진화로 이어졌습니다. 이를 설명할 수 있게 해 준 이가 바로 다윈입니다. 다른 이들은 하지 못했을 것이라고 말하려는 것은 아닙니다. 월리스도 했으니까요. 아무튼 바로 이 때문에 우리는 다윈에게 찬사를 보내는 것입니다.

최재천: 제가 마지막 질문이라고 했지만 이 질문을 하지 않을 수가 없네요. 저는 당신의 책 중에서 가장 좋아하는 책이 있습니다만, 당신은 당신이 쓴 책 중에서 특별히 애착이 가는 책이 있는지요?

도킨스: 종종 『확장된 표현형』이라고 말하곤 합니다.

최재천: 아하, 그게 바로 제가 제일 좋아하는 책입니다.

도킨스: 개인적으로는 『무지개를 풀며』도 좋아합니다. 가장 주목받지 못한 책이거든요. 제일 덜 팔린 책인 걸로 압니다. 그 책에 나름 독창적인 생각들을 많이 담았다고 생각하는데 말입니다. 그저 단순한 대중서는 아닙니다.

최재천: 그건 아마도 그 책이 최근에야 한국어로 번역되었기 때문일 겁니다. (웃음) 사실 제가 그 책을 출간해 보면 어떻겠냐고 출판사에 제안했고, 번역도 제가 맡았죠. 저로서는 당신의 책을 처음으로 번역한 겁니다. 그런데 왜 그 책이 특별한가요?*

도킨스: 그 책이 저의 가장 독창적인 공헌에 가깝기 때문입니다.

최재천: 저는 그 책이 당신의 책 중에서 생각을 가장 많이 하게 만드는 책이라고 생각합니다.

도킨스: 그렇죠. 하지만 당신은 직업 생물학자가 아닌가요? (웃음)

* 『무지개를 풀며』의 한국어판은 2008년 12월에 출간되었고, 이 인터뷰는 2009년 5월에 이루어졌다.

다윈을 철학하다

다섯째 사도

대니얼 데닛

05

대니얼 클레멘트 데닛 3세(Daniel Clement Dennett III)

1942년 미국 보스턴에서 출생.

1965년 옥스퍼드 대학교에서 박사 학위 취득(철학).

1965년 캘리포니아 대학교 어바인 캠퍼스 교수 부임.

1971년 터프츠 대학교 교수 부임.

2011년 마인드 앤드 브레인 상 수상.

2011년 클러지 프로젝트(Clergy Project) 창설.

2012년 에라스무스 상 수상.

2018년 네덜란드 라드바우드 대학교 네이메헨에서 명예 이학 박사 학위 취득.

대니얼 데닛은 다윈의 생각이 위험하다고 말한다. 믿을 수 없을 만큼 단순하기 때문이란다.『종의 기원』에서 다윈은 "이토록 단순한 시작으로부터 이처럼 아름답고 굉장한 형태들이 끝도 없이 진화해 왔고 지금도 진화하고 있다."라고 말했다. 다윈 탄생 200주년을 맞으며 나는「가장 단순한 시작, 가장 단순한 이론」이라는 제목의 논문을 쓴 바 있다. 이토록 단순한 이론이 우리 삶의 이처럼 다양한 것을 설명할 수 있다는 것은 참으로 놀라운 일이다. 철학자들은 다윈이 그들의 영역으로 들어오는 것을 막고 싶었겠지만, 봇물은 이미 새기 시작했다. 물은 여기저기에서 새고 있고, 이제 우리는 진화 심리학, 진화 경제학, 다윈 의학 등을 논하고 있다. 철학이라고 예외일 까닭이 있겠는가? 데닛은 다윈의 물로 철학의 땅을 적시는 정도가 아니라 아예 그 평원에 흘러넘치도록 만들고 있다.

다윈은 왜 위험한가?

최재천: 대담을 당신의 책 『다윈의 위험한 생각(*Darwin's Dangerous Idea*)』에서 시작하고 싶습니다. 왜 '위험한'이라는 단어를 쓰셨습니까?

데닛: 그 책이 처음 나왔을 때 많은 사람이 그것에 대해 물었습니다. 이제는 좀 덜 물어보는 편이죠. 다윈의 생각은 매우 익숙한 사고들을 전복시키고 사람들을 당황하게 만들기 때문에 위험합니다. 세상의 하찮은 것들을 창조하기 위해서는 매우 비싸고 화려하고 지적인 존재가 필요하다는, 이를테면 '위로부터의 창조'라는 개념이 있었죠. 다윈은 그것을 뒤집으며 이렇게 말했죠. "아닙니다, 마치 거품이 끓어오르는 것처럼 지적 능력이나 분별력 없는 것들도 훌륭한 것들을 만들어 내고 궁극적으로는 분별력을 가진 존재도 만들게 된다는 이론이 가능합니다." 그리고 그것은 너무나 낯선 개념이었기에 많은 사람에게 거부감을 주었습니다. 그들은 이렇게 말하고 싶어 했습니다. "생물학에서는 괜찮을지 모릅니다. 하지만 내 영역으로 가져오지는 마세요. 심리학, 윤리학, 예술, 문학에는 들어오지 마세요. 우리는 그렇게 위아래가 뒤바뀐 생각을 원하지 않습니다." 그래서 충돌이 일어났습니다. 이는 마치 영국인들에게 내일 당장 도로 우측에서 운전하라고 하는 것과 같습니다. 실제로 그렇게 된다면 여기저기에서 사고가 일어날 것입니다. 매우 위험한 일이죠. 몇 년 전에 스위스는 어느 주말을 기해 좌측 통행에서 우측 통행으로 바꿨습니다. 큰 사고는 없었습니다. 모든 것이 잘 계획되어 있었기 때문에 전환은

순조롭게 진행되었습니다. 그러나 다윈의 『종의 기원』이 가져온 충격은 계획되었던 것이 아니었죠. 그래서 지난 150년 동안 다윈주의적 전복을 거부하려는 사람들과 그것을 받아들인 사람들 간의 충돌이 벌어져 왔던 거죠.

최재천: 그럼에도 불구하고 19세기 영국의 성직자들은 그를 웨스트민스터 사원에 묻는 걸 크게 반대하지 않았던 것 같습니다.

데닛: 저는 그것이 바로 『종의 기원』 출간이라는 사건이 가진 함의를 150년이 지났는데도 세상이 알아채지 못했음을 보여 주는 증거라고 생각합니다. 다윈은 워낙 탁월한 설득 능력을 지녔고 신중하고 온화했기 때문에 많은 사람이 그의 생각을 그저 뛰어난 방식으로 논리를 전개한 과학으로 받아들였고, 어느 정도 불편하긴 했어도 더 깊은 뜻은 헤아리지 못했죠. 또 어떤 사람들은 자신들이 이해했다고 생각했습니다. 그리고 오늘날까지도 그 의미가 끔찍하고 비관적이라는 생각과 전혀 그렇지 않다는 생각이 논쟁을 벌이고 있죠. 실제로는 이렇게 위아래가 뒤집혀도 중요한 것들은 잘 살아남습니다. 그저 몇몇 낡은 관습들만 버려지면 됩니다. 하지만 어떤 이들에게는 그런 전통들이 너무나 중요해서 버릴 수가 없겠죠.

의식의 유전학에서 신경 세포의 생태학까지

최재천: 우리는 당신을 철학자인 동시에 인지 과학자로 알고 있습니다. 의식을 설명할 때, 당신은 유전자를 기본에 두고 설명합니다. 하

지만 의식의 어떤 부분은 유전자로만 설명하기 어려워 보입니다. 이 질문에 대해 어떻게 설명하시겠습니까?

데닛: 먼저, 의식의 구조, 의식을 구동하는 기계 장치에 대해 얘기해 봅시다. 저는 그것이 전적으로 유전자에 의해, 혹은 유전과 발생을 통해 구현된다고 생각하지 않습니다. 상당 부분이 오히려 학습을 통해 구현되죠. 이게 바로 논쟁거리이긴 합니다만, 저는 의식을 가능케 하는 재조직화의 일부가 학습이나 문화적 교류에서 온다고 생각하지 단순히 인간 유전체에 의해 저절로 이루어지는 것은 아니라고 생각합니다. 이는 논쟁적인 주장이지만, 저는 이 입장을 고수하고 방어할 겁니다. 그런데 일단 구조가 확립되면, 그 구조 자체에서 일어나는 또 다른 진화의 과정이 있습니다. 영향을 주기 위한 경쟁이죠. 의식은 그저 이런 경쟁의 일시적인 승리자가 보여 주는 영향입니다. 무슨 특별한 불이 켜지는 것도 아니고 특별한 섬광이 번득이는 것도 아닙니다. 그저 경쟁에서 이긴 것들은 영향을 미치고, 그렇지 않은 것들은 영향을 미치지 못하는 것입니다. 그것이 바로 의식입니다.

최재천: 어제 하버드에서 강연하셨는데 거기서 당신은 신경 세포들이 때로는 협력하고 때로는 경쟁한다고 했습니다. 저는 그걸 받아 적으면서 이런 생각을 했습니다. '와, 이제 신경 세포의 생태학에 대해 얘기하네.' 경쟁과 협력은 생태학의 주제들이니까요. 신경 세포의 생태학에서 유전학의 역할은 무엇일까요?

데닛: 각각의 신경 세포는 인간 유전자 전체를 지니고 있습니다. 그리고 어떤 유전자가 켜지고 꺼지고 발현되는지는 매우 흥미로운 주제입니다. 최근의 연구들은 실제로 그 주제로부터 많은 논쟁거리

가 불거져 나오고 있음을 보여 줍니다. 예를 들어, 데이비드 애디슨 헤이그(David Addison Haig)는 유전체 각인이 뇌에서 아버지의 유전자를 따르는 세포와 어머니의 유전자를 따르는 세포 사이에서 실질적인 역할 분화를 유도한다는 것을 밝혔습니다. 뇌에서 분화, 즉 유전자의 다양한 발현이 일어나는 겁니다. 그리고 이것이 발생 과정에 영향을 미치고, 그 효과는 당연히 뇌가 어떻게 행동하느냐에 영향을 미칩니다. 부계 유전자 혹은 모계 유전자 중 하나가 차단되어 뇌의 성장이나 마음에 심각한 비정상 현상이 나타나는 몇몇 극단적인 조건들도 있습니다.

최재천: 어제 맨 앞줄에 앉은 어떤 남성으로부터 받은 마지막 질문을 기억하십니까? 그 모든 신경 세포는 단 하나의 수정란에서 왔으므로 동일한 유전자를 공유하고 있음에도 불구하고 서로 경쟁합니다. 왜 그런가요?

데닛: 모두 동일한 수정란에서 나왔다 하더라도 유전자의 모계본과 부계본은 서로 다른 역할을 합니다. 만일 그들이 스스로의 정체성을 인식하도록 각인되었다면, 그러니까 아버지로부터 왔는지, 어머니로부터 왔는지를 스스로 식별할 수 있다면, 발생 과정에서 그들은 서로 다른 역할을 수행할 수 있습니다. 바로 여기에 상당한 논쟁거리가 있습니다. 그리고 단순한 우연이나 발생의 가변성이 갈등으로 증폭될 수 있는 변이들을 만들어 낼 수 있습니다. 앞으로 뇌에서 만들어질 수많은 신경 연결을 모두 결정할 만큼 충분한 정보가 유전체에 담겨 있지 않다고 하더라도 이러한 변이들이 뇌의 발달에 역할을 할 것은 당연합니다. 그중 상당수는 어떻게든 감각 자극에 따라

대니얼 데닛.

결정되겠지만 말이죠. 뇌의 회로는 발달 초기에는 대단히 가변적인 과정을 통해 만들어질 겁니다. 그래서 거기에는 많은 우연이 작용하고, 그 결과가 여러 갈등으로 이어질 수 있겠죠.

최재천: 인간 두뇌의 초기 발달 단계에서, 그러니까 태아나 아기의 뇌가 어떤 종류의 환경을 경험하느냐에 따라 궁극적으로 매우 다른 회로망이 만들어질 수 있다는 말씀이죠?

데닛: 예, 학습도 마찬가지입니다. 한국의 가정이나 미국의 가정에서 자라면서 첫 언어로 한국어나 영어를 배우는 아이를 생각해 보면 분명해지지만, 비슷한 차이가 바로 자궁에도 적용됩니다. 발달 중인 태아도 끊임없이 환경과 상호 작용을 하고 있고, 이는 발생에 영향을 미치죠.

최재천: 임산부들은 자신이 하는 행동과 자신이 처해 있는 상황이 아이에게 영향을 미친다는 걸 알고 있는 듯합니다. 또 임신 시에는 어떻게 행동해야 하고 아이에게 어떤 자극을 주어야 하는지를 알려준다는 책이 수도 없이 많은데, 이런 것들이 어느 정도 의미가 있다는 건가요?

데닛: 어느 정도 의미가 있죠. 예를 들어, 임신 중에 아이에게 좋은 영향을 주려면 특정한 종류의 문학 작품을 읽어야 한다고 생각하는 것은 아니지만, 무엇을 먹느냐는 분명히 큰 영향을 미치죠. 또한 우리는 태아의 청각이 아주 일찍 완성된다는 것을 알고 있고, 아이가 태어났을 때는 이미 엄마의 목소리를 지난 몇 달 동안 들어 왔다는 것도 잘 압니다. 물론 말을 배우는 것은 아니지만, 분명히 소리를 배우는 것이죠.

최재천: 표본의 크기가 겨우 1이지만 제 아내가 음악가인데 아들을 임신했을 때, 그 아이는 매일같이 아내가 연주하는 파이프 오르간 소리를 들었죠. 그렇게 큰 제 아들이 음악에 재능을 보입니다. 일단 음악을 무척 좋아합니다.

데닛: 예, 분명히 차이를 만들 수 있습니다.

최재천: 이제 당신이 예전에 몇 차례 언급했던 문제로 넘어가 보겠습니다. 인공 지능에 관한 얘기입니다. 우리가 기계와 상호 작용할 미래를 어떻게 상상하십니까?

데닛: 저는 미래에는 인간과 분리된 말 그대로 독립적인 인공 지능은 줄어들고 인간과 상호 작용하고 인간에게 의존하는 동시에 인간이 의존하게 만드는 것은 훨씬 더 늘어나리라고 생각합니다. '강한 인공 지능(strong AI)'이라는 목표는 이론적으로는 그럴듯하지만 너무 비현실적입니다. 승산이 없어 보입니다. 제 생전에는 인간만큼 완전한 의식을 지닌 로봇을 보게 될 것 같지 않습니다. 하지만 사람들이 기술과 더 친밀하고 강한 결합을 이뤄 물리적인 능력뿐 아니라 정신적인 능력도 확장하게 될 거라고 기대합니다. 이미 나와 있는 노트북이 아주 좋은 예라고 생각합니다. 제가 만일 노트북을 잃어버린다면 제 뇌의 한 부분을 잃어버린 것과 같을 겁니다. 너무나도 많은 걸 노트북에 담아놓았기 때문에 거기에 상당히 의존하고 살죠. 하지만 우리가 미래에 보게 될 것들에 비하면 아무것도 아닐 겁니다. 인터페이스가 더 개량되고 최적화되면 마우스와 키보드도 쓰지 않게 되겠죠. 우리의 뇌와 하드웨어, 즉 도구들 간의 경계가 매우 흐려질 것입니다. 이미 많이 흐려져 있지만 훨씬 더 그리될 겁니다. 그리

고 사고 활동이 처음에는 부분적이지만 나중에는 온전하게 반도체로 만들어진 보철물을 통해 이뤄지게 된다면, 그리고 그것을 통해 인간의 마음이 효과적으로 사이버 세상에 '이주'하게 된다면 진정으로 생각하는 인공 지능이 현실화될 수도 있겠죠.

최재천: 인간과 기계의 하이브리드(hybrid, 혼종 또는 잡종)가 정말 나타날 거라고 예상하십니까?

데닛: 하이브리드라……, 유전적으로는 아니지만 표현형으로는 그럴 수 있다고 생각합니다. 리처드 도킨스가 '확장된 표현형'이라는 개념을 소개했죠. 그리고 저는 우리가 이미 이런 대단히 조화로운 관계의 예들을 알고 있다고 생각합니다. 거미와 거미집, 비버와 비버의 댐 같은 것 말입니다. 세상에는 아주 정교한 인공물을 만들고 또 그것이 없으면 근본적으로 기능하지 못하는 동물들이 있습니다. 자신이 만든 물건에 종속되는 거죠. 이것은 생명 활동의 일부입니다. 우리는 그 정도가 훨씬 더 심하죠. 지금 당장 당신이 저를 옷, 신발, 양말을 다 벗긴 다음 세상에 내놓는다면 저는 속수무책으로 아무 일도 못 할 겁니다. 퍽 심각한 곤란에 빠지겠죠. 만일 열대 지방에 있다 하더라도 저는 자신을 방어하기 어려울 겁니다. 제 도구들과 제 옷, 노트북을 갖고 있다면 훨씬 더 유능한 존재가 될 겁니다. 이런 현상은 점점 심해지고 있습니다. 제 생각에 이미 사람들은 핸드폰과 GPS, 그리고 노트북이 없으면 발가벗었다고 생각할 겁니다.

최재천: 지금 이 순간 뇌 연구는 어디쯤 와 있고 어디로 가고 있는지 간략하게 요약해 주실 수 있을까요?

데닛: 어디로 가고 있는지는 자신 있게 말할 수 없지만 어디로

가면 좋을지는 말할 수 있습니다. 우리는 이제 뇌의 구조와 변환에 대한 어려운 질문들을 묻고 답할 준비가 되었다고 생각합니다. 우리는 뇌의 어느 부위가 어떤 활동으로 활성화되는지 알 수 있습니다. 얼굴이나 도구나 악기나 장소나 손과 눈의 조화를 담당하는 부위를 파악할 수 있죠. 그러나 그건 대단한 게 아닙니다. 우리는 얼굴을 담당하는 뇌 부위가 어딘지는 알지만, 그것이 어떻게 작용하는지는 아무것도 모릅니다. 다음과 같이 간단한 행위들이 어떻게 가능한 걸까요? 예를 들어, 대문자 D를 시계 반대 방향으로 90도 돌려 대문자 J 위에 놓아 보세요. 뭐가 보이시나요? 이해를 못 하셨나요? 날씨가 어떻죠?

최재천: 아, 예, 우산이 보이네요.

데닛: 제가 좀 더 잘 설명했으면 이렇게 종이에 그릴 필요 없이 머릿속에 그리실 수 있었겠죠. 아주 간단한 연습이었는데 만일 이런 일을 하는 뇌의 시스템을 추적해 볼 수 있다면 정말 좋겠죠. 제 청각적 지시에 따라 머릿속으로 그림을 그리고 그것들을 어떤 특정한 방식으로 조작해서 결국 그 결과를 읽어 내는 일 말입니다. 이건 상당히 간단한 과정입니다. 우리가 상당히 접근했다고 생각합니다. 일단 우리가 이에 대한 모형들을 개발할 수 있다면, 우리는 사람들의 뇌를 들여다보며 사람들의 마음을 읽어 낼 수 있게 될 겁니다. 아마 실시간은 아니겠지만 소급해서 볼 수는 있을 겁니다.

최재천: 지난 몇 년간 저는 우리에게 새로운 기술적 진보가 필요하다고 생각해 왔습니다. 제 생각에 기능성 자기 공명 영상(fMRI) 기술은 할 만큼 했다고 생각합니다. 그것이 많은 진보를 가능하게 했지

만, 지금은 모두 대충 비스름한 뇌 사진들을 찍고 있죠. 그래서 저는 이른바 'mMRI'를 개발해야 한다고 제안합니다. 이름하여 '이동성 자기 공명 영상(mobile-MRI)'입니다. 모자 안에 감지 딱지를 하나만 붙이고 다니면, 실시간으로 그 사람의 뇌에서 어떤 부분이 활성화되는지를 볼 수 있게 말입니다. 어떻습니까? 이건 단지 하나의 아이디어입니다만, 저는 이제 이런 기술적인 도약이 필요한 시점이라고 생각합니다.

데닛: 음, 다음과 같은 경우에 한해서만 동의하렵니다. 저도 fMRI에 대한 당신의 평가를 이해하고 어쩌면 그보다 더 큰 불만을 품고 있을 수도 있는데, 그래도 fMRI에는 하나의 장점이 있습니다. 그것은 바로 사람들로 하여금 "실제적인 뇌의 모형에 대해서 묻지 마라. 그러기에는 시기상조다. 난 단지 기능 생물학적 이론 모형을 연구하고 싶을 뿐이다. 그것이 뇌의 어디에 있는가는 상관없다. 아직 모른다. 너무 이르다."라고 변명할 근거를 제거해 버렸다는 데 있죠. 이제는 이런 말로는 문제를 회피할 수 없습니다. 이제는 뇌 모형 연구를 한다면 신경학적으로 좀 더 실질적인 것에 대해 설명하려고 노력해야 한다는 의무를 지게 된 거죠. 잘된 일이라고 생각합니다. 우리는 준비가 되어 있습니다. 이건 상상력 관리에 대한 제 아이디어의 일부인데요, 지금 우리에게 필요한 것은 우리 상상력을 강화하여 실제로 작동이 되는 모형을 만들어 내도록 도와주는 겁니다.

최재천: 제 질문의 두 번째 부분을 반복해도 될는지요? 뇌 연구가 어디로 가고 있다고 생각하시는지요? 또 어떤 방향을 택해야 한다고 생각하시는지요?

데닛: 아마도 우선 전뇌(全腦)에 대한 작동 모형이 필요할 것 같습니다. 처음에는 아주 단순한 모형밖에 만들 수 없겠지만, 동물의 생존과 활동을 가능하게 해 주는 두뇌 작용 전체를 볼 수 있게 해 줄 모형을 어떻게든 만들 필요가 있습니다. 스케줄과 단계별 임무, 그리고 우선 순위를 정하는 일이 중요하겠죠. 만일 바퀴벌레의 뇌 모형을 설계해서, 그것이 살아 있는 바퀴벌레의 뇌가 식별 가능한 다양한 사물과 현상에 반응하는 것처럼 반응할 수 있고, 바퀴벌레 한 마리를 살아 있는 것처럼 움직일 수 있다면, 자연이 동물의 두뇌를 설계할 때 충족시켜야 했던 요건과 관련해 많은 걸 알게 될 겁니다. 지금 많은 사람이 이를테면 구조에 관해 연구하고 있습니다. 그들은 연결주의 모형(connectionism model)을 연구하고 있는 겁니다.* 그들은 "결과물이나 입력 정보에 대해서는 걱정하지 마라."라고 합니다. 패턴 인식을 제법 잘하는 구조를 발견했다고 합시다. 대단합니다. 하지만 이제 그 구조를 더 큰 구도에 연결하고 방향 감각, 두려움, 배고픔 등을 분석해 봅시다. 전체가 실제로 작동하는지 확인해야 합니다. 지금 우리는 이런 조각을 여럿 가지고 있는 수준입니다. 하지만 아직 아무도 그것들을 어떻게 조립해야 하는지 모릅니다.

최재천: 당신이 하시죠.

데닛: 할 수 있으면 좋죠.

* 신경망 모형에 근거해서 인공 지능을 실현시키려는 인공 지능 연구 태도 또는 신경망 모형을 활용한 모의 실험을 통해 인간의 인지나 행동을 모형화하려는 심리학 또는 인지 과학의 연구 입장을 말한다.

그래, 그게 바로 의식이야!

최재천: 이제 당신에게 의식의 문제에 관해 질문을 드리고자 합니다. 당신의 논문이나 책을 읽은 사람 중 일부는 당신이 좀 유별나다고 생각합니다. 의식 연구 분야에서 당신의 위치를 요약해 주실 수 있는지요?

데닛: 제게 있어서 움직일 수 없는 원칙은 자연주의라고 생각합니다. 그것은 유물론적이고 상당히 보수적으로 보일 수 있습니다. 저는 의식을 설명하기 위해서 새로운 물리학 혁명이 필요하다고 생각하지도 않고, 양자 마법이나 여태껏 모르고 있던 어떤 장(場)의 영향 따위를 끌어들여야 한다고 생각하지도 않습니다. 여기엔 아주 강력한 함의가 존재합니다. 예를 들면, '두 번째 변환(second transduction)'은 없다는 뜻이죠. 이렇게 설명해 볼게요. 지금 이 순간 광자들이 제 눈으로 들어오고 있고 음파가 제 귀로 들어오고 있습니다. 이것들은 제 신경계에서 일련의 신경 자극으로 변환됩니다. 그 결과물의 끝을 따라가 본다면, 제 팔과 입술, 손 등을 움직이고 있는 일련의 자극들을 볼 수 있을 겁니다. "이 일련의 자극들이 색깔과 소리로 표현되는 또 다른 매체로의 두 번째 변환이 있다. 뭔가 다른 매체가 있다. 그리고 그 매체가 인식된 다음 세 번째 변환이 일어나 다시 일련의 신경 자극이 되어 내 손을 움직이게 되는 것이다."라고 얘기하고 싶을 겁니다. 하지만 두 번째나 세 번째 변환은 없습니다. 모두 다 '일련의 자극'일 뿐입니다. 그럼 정말 의식은 어떻게 되는 거죠? 사람들은 "글쎄, 그게 좀비를 설명할 수는 있을지는 모르지. 좀비는 그냥 '일련의 자극'일 뿐이니까. 하지만 너와 나는 말도 하고 생

각도 하는 매우 유능한 존재들이잖아. 그러니까 일련의 자극 이상의 뭔가가 있을 거야."라고 말하죠. 하지만 이것이 바로 실수입니다. 좀비에게는 없고 의식이 있는 사람에게는 있는 어떤 특별한 매질이 있다고 생각하는 게 오류입니다. 마법의 매질을 찾지 마십시오. 그런 건 없고 모든 것이 그냥 '일련의 자극'일 뿐입니다. 그리고 우리는 의식이라는 게 왜 환상인지를 설명해야 합니다. 이것은 꽤 과격한 입장입니다.

최재천: 그렇다면 이른바 '일련의 자극'에도 다른 유형이 있다고 추측하시는 건가요?

데닛: 예, 하지만 그중 마법적인 것은 없습니다. 그리고 단백질의 특별한 성질이나 글루텐의 특별한 성질에 의존하는 것도 없습니다. 분화(differentiation)가 아니라 모두 구성(organization) 안에 있는 것입니다.

최재천: 2002년에 한국에 오셨을 때 같은 종류의 질문이 계속 반복되었는데 그때 당신의 저서 중 하나인 『의식의 수수께끼를 풀다(*Consciousness Explained*)』의 제목을 지적하는 질문이 많았던 게 기억납니다. 글쎄요, 그것이 정말로 설명된 것입니까? 사실은 아직 설명하시는 중인 것 같아서요. 이 질문을 또 반복해서 죄송합니다만…….

데닛: 아니요, 그건 세상에서 가장 자연스러운 질문입니다. 그리고 그 질문이 흔히 취하는 형식은 "의식을 설명하고 있는 거로 보이진 않는데요, 실제로 그것이 사라지도록 설명하고 있는 것 같은데요, 그것이 존재하지 않는다고 설명하셔서요."와 같은 거죠. 그러면 저는 그런 단정적인 생각이 근본적인 오류의 가장 명백한 증거라

대니얼 데닛.

고 얘기해 줍니다. 마법의 매질 같은 역할을 하는 의식이 있다는 생각 때문에 그런 질문이 나오는 것입니다. 그래서 제가 이걸 뇌에서 무수히 일어나는 임기응변식 대응들로 설명하려고 하면, "아니죠, 그건 진짜 마법이 아니라 무대용 마법이잖아요."라고 하죠. 그럼 제가 "그렇지만 무대용 마법이 존재하는 유일한 마법입니다."라고 하죠. 제가 마법과 관련해서 반복적으로 인용하곤 하는 짧은 구절을 아시나요? 제 친구 중에 리 시걸(Lee Siegel)이라는 아주 뛰어난 마술사가 있습니다. 그는 1991년에 『마법의 모든 것(*Net of Magic*)』이라는 책을 썼죠. 그는 이렇게 말합니다.

> "나는 마법에 대한 책을 쓰고 있어."라고 내가 설명하자, 사람들은 "진짜 마법?"이라며 반문한다. 사람들은 기적, 요술적인 행위, 초자연적인 힘을 진짜 마법이라고 생각한다. 그럼 나는 "아니, 무대용 마법이야, 진짜 마법 말고."라고 한다. 진짜 마법을 다른 말로 하면, 실제가 아닌 마법이다. 그러나 실제의 마법, 진짜로 수행할 수 있는 마법은 진짜 마법이 아니다.

이게 많은 사람이 마법이라는 단어에 대해 생각하는 방식입니다. 그리고 많은 사람이 의식이라는 단어에 대해서 생각하는 방식이기도 하죠. 초자연적인 의미의 진짜 마법이 있다고 생각한다면, 마법의 트릭이 어떻게 가능한지에 대한 설명을 듣고 그 과정을 실제로 보고 나면, 그게 실제로 일어나는 일인데도 불구하고, 실망하고 말 겁니다. 그게 전부란 말이야? 예. 그게 전부입니다. 의식에 대한 저의 설명은 마법의 트릭을 설명하는 것과 같습니다. 그리고 어떤 사람들은 그걸 믿고 싶어 하지 않습니다. 물론, 이것이 명백하지는 않습니다. 제가 옳다는 게 명백하지는 않다는 얘기죠. 하지만 정말로 명백한 것은 사람들이 제 의견이 진실이 아니기를 바라기 때문에 고려해 보는 것조차 거부하고는 한다는 것입니다. 그들은 마법이 무대용 마법으로 밝혀지는 것이 싫은 겁니다.

최재천: 원하신다면, 다윈을 여기에 끌어들여 주시죠. 당신의 의식에 대한 아이디어는 아마 어떻게든 다윈을 포함하고 있을 테니까요.

데닛: 예, 정말 그렇습니다. 사실 제 관점에서 사람의 의식은 자연 선택이 거둔 가장 최근 성공 사례 중 하나입니다. 그것도 대성공 사례죠. 아주 최근의 진화적 발달이죠. 생명체는 3억 년을 의식 없이 존속했습니다. 그러니 의식이 생명의 가장 중요한 부분은 아닌 셈입니다. 실제로 우리에게 의식은 하나의 종에서 나타나는 형태로만 친숙한, 상대적으로 별난 발달에 속합니다. 제 생각에 우리의 마음은 개의 마음이나 침팬지의 마음과는 너무도 다를 겁니다. 그들도 의식이 있다는 것을 인정할 수는 있지만, 우리와 같은 방식으로 의식이 있는 것은 아니라고 생각합니다. 정말로 말입니다.

"THANK GOD!"이 아니라 "THANK GOODNESS!"

최재천: 이제 종교에 대한 얘기로 넘어가 볼까요. 당신과 리처드 도

킨스와 에드워드 윌슨 모두 종교에 대한 책을 같은 해인 2006년에 냈는데요. 약속이라도 한 듯이. 정말 흥미로운 일이 아닙니까?

데닛: 예, 하지만 세 권이 서로 아주 다른 책들이죠.

최재천: 에드와 제가 1년 전쯤에 이걸로 얘기를 나눴었는데요. 에드는 자신의 책을 외교관처럼 썼다고 한 반면, 리처드는 마치 전사처럼 『만들어진 신』을 썼다고 했습니다. 『주문을 깨다』를 통해 당신이 한 역할은 무엇이었을까요?

데닛: 저는 반반입니다만 아마 외교관 쪽에 가깝지 않을까 싶습니다. 저는 전사와 외교관 둘 다입니다. 제가 그 책을 쓴 것은 종교를 면밀하게 분석하고 과학적인 시각으로 보는 '태도', 즉 '스스로에게 부과하는 검열'에 대해서 많은 고민을 했기 때문입니다. 저는 '너무 위험해서 안 되겠다.'라고 생각했습니다. 우리는 본격적으로 맞서 싸울 필요가 있습니다. 우리가 동원할 수 있는 모든 수단을 다 동원해서 종교를 살펴볼 필요가 있는데, 그것은 종교의 전반이 혹은 종교의 일부가 위험하기 때문입니다. 그런 측면에서 저는 전사입니다.

우리 시대에는 완전히 사실이라고 하더라도 중요한 게 아니기 때문에 연구할 가치가 없는 것들이 있습니다. 특별히 좋은 예가 생각나질 않는데요. 먼지? 글쎄, 어떤 먼지는 중요하기도 하죠. 어떤 먼지는 정말 아주 중요합니다. 맞아요, 우리는 정말 먼지에 큰 관심을 기울일 필요가 있죠. 그건 취소하고요. 연구할 가치가 없는 어떠한 것이 있는지 잘 모르겠네요. 하지만 확실히, 종교는 연구할 가치가 있습니다. 그리고 저는 종교가 정말로 잘 설계된 것이라고 봅니다. 거기에서 많은 것을 배울 수 있죠. 살아남은 자들은 강인하고, 인간 세상에서 살아남도록 도와준 적응들로 무장되어 있죠. 이런 적응 중 많은 것들이 지금 쇠퇴할 위기에 있습니다. 하지만 제 생각에 종교를 이해하는 가장 좋은 방법은 그것이 매우 강력한 사회 문화적 현상이고 문화적 진화의 과정을 통해 그렇게 만들어졌다고 보는 것입니다. 그리고 만약 종교의 지위를 조정하거나 말살하려 한다면 종교가 무엇인지를 더 잘 이해해야 합니다. 제 생각에 말살이 리처드의 요구 같기도 합니다. 저는 "리처드, 이 문제에 대해서 좀 더 진화적으로 생각해 보자."라고 말하렵니다. 다양성의 진화를 격려하는 것이 이 특정한 바이러스를 절멸시키는 것보다 훨씬 쉬우니까 말입니다.

최재천: 최근에 큰 수술을 받고 살아 돌아온 후 쓴 그 '악명 높은' 기사 말인데요, 거기서 당신은 당신을 살린 것은 신이 아니라 병원 사람들, 즉 간호사, 의사, 의료 기술자 들이었다고 말씀하셨습니다.* 매우 강력하고 용감한 진술이었는데요. 그런 의미에서 당신은 분명히 전사였습니다. 리처드가 원하는 것처럼 종교가 사라지고 과학이 그 자리를 차지하게 될까요?

데닛: 아니죠. 과학 연구소나 병원이 교회를 대신하지는 않을 겁니다. 하지만 다른 세속적인 기관들이 그 일을 하게 되겠죠. 이건 제가 아주 중요하게 생각하는 일입니다. 종교가 아주 잘하고 있긴 하지만, 그들의 방법 중 몇 가지는 퍽 불쾌한 것들입니다. 그들이 아주 잘하는 것은 사람들에게 정말로 강력한 충성심을 부여하는 일이죠. 그들은 사람들에게서 가공할 만한 에너지와 노동력과 헌신을 끌어냅

* Daniel C. Dennett, "THANK GOODNESS!", *Edge.org*, 2. Sep. 2006.

니다. 그건 좋은 일입니다. 21세기의 세상에는 정신적인 협력이 많이 필요하다고 생각합니다. 그리고 이 세상의 분열과 지나친 개인주의는 어떤 면에서 나쁜 일이라고 생각합니다. 또한 우리는 사람들의 뜻을 모으고 손잡게 하는 방법을 종교로부터 배울 수 있다고 생각합니다. 우리에게는 좋은 일을 하는 훌륭한 비종교 기구가 많죠. 국제사면 위원회, 옥스팸, 국경 없는 의사회, 미국 시민 자유 연맹 등 말이죠. 무엇보다도 그들은 종교 조직들처럼 전도하거나 다른 사람을 개종하려고 하지 않습니다. 이런 조직들의 성장은 종교의 확장 시도만큼 격렬하지도 않습니다. 하지만 그들은 훌륭합니다. 우리는 종교의 대안이 될 만한 새로운 비종교 단체들을 창설하기 위해 노력해야 합니다. 또 할 수 있다면 종교가 부적절한 요소들을 버리고 의식(儀式)을 제외한 모든 점에서 세속화되도록 해야 할 것입니다.

최재천: 새로운 비종교 기구에 대해 말씀하셨는데, 그것도 또 다른 형태의 종교가 아닐까요?

데닛: 글쎄요, 어떤 사람들에게는 프로 미식 축구 팀인 댈러스 카우보이스가 종교입니다. 프로 야구의 보스턴 레드삭스도 종교죠. 그걸 비교하는 것은 바보 같은 일이 아닙니다. 그들은 아주 비슷하죠. 국제 사면 위원회에도 레드삭스 팬들만큼 즐겁고 광신적인 팬덤이 있고, 레드삭스 팬들이 게임을 보기 위해서라면 지구 반대편까지도 날아갈 준비가 되어 있는 것처럼 그들도 국제 사면 위원회를 돕기 위해서라면 지구 반대쪽까지도 날아가려고 한다면 좋을 겁니다. 설사 그렇게 된다고 해도 부적절한 종교가 되지는 않을 겁니다. 종교와 비슷한 부분은 있겠죠. 우리가 주의 깊게 연구해야 할 부분은 종교가

가진 사회적 전략입니다. 그중에는 사회적으로 용납될 수 없는 것들도 있습니다. 특히 무조건적인 찬양 또는 숭배가 그렇습니다. 믿음의 대가로 무언가를 가져가는 것을 숭배하고 찬양하게 만드는 것이나 이해하려는 노력 없이 찬양하기만 하라고 요구하는 것은 종교의 부적절한 특징이라고 생각합니다. 그러나 아주 강력한 특징이기도 합니다. 게다가 그런 것들을 빼 버린다면 더 이상 무엇이 남겠습니까? 하지만 그런 불합리한 믿음과 찬양 체계를 빼고도 종교 조직은 살아남을 수 있습니다. 그런 사례들을 우리나라에서도 찾을 수 있는데, 만인 구원론자도 그렇고 성공회도 어느 정도는 그렇죠. 이들은 전통적인 의식과 음악과 상징을 유지하고 있는 매우 합리적이고 이성적인 종교입니다. 그들의 교리에는 근본적으로 비합리적인 게 전혀 남아 있지 않습니다. 물론 그들은 아주 작은 소수파이기도 하죠. 그들은 열정을 강요하지 않습니다. 항상 그런 건 아니긴 하죠. (웃음) 이런 교회를 다니고 지지하는 사람들은 그 교회들을 사랑하고 소중히 여기기 때문에 그렇게 합니다. 하지만 21세기에는 그들이 다른 인기 있는 종교나 종파 들과 경쟁하기 어려워 보입니다. 그렇다면 교회들이 서로 경쟁하는 동안 빠르게 성장하는 유일한 집단은 비종교 기구가 될 겁니다.

최재천: 에드워드 윌슨의 책 『통섭(*Consilience*)』을 번역하면서 consilience에 해당하는 한국어 단어를 새로 만들었습니다. '통섭(統攝)'이라고요. 그게 한국 사회에 제법 큰 여파를 몰고 왔죠. 에드는 그의 책에서 사람들이 'conversion(융합)'이나 'integration(통합)'과 같은 일상적인 용어들과 관련시키는 특정 관념이 이미 있어서 일상적

인 단어를 쓸 수는 없었다고 명확히 설명했습니다. 그래서 그는 윌리엄 휴얼까지 거슬러 올라갔고 consilience라는 친숙하지 않은 단어를 발굴해 냈습니다. 저 또한 정확히 같은 문제를 겪었죠. 한국어에도 무수한 용어들이 있지만, 그들 또한 어떤 편견의 대상들입니다. 그래서 저는 새로운 단어를 만들어 내야 했고, 많은 사람이 이제 제가 제안한 단어를 쓰고 있습니다. 한국어 사전에서도 새롭게 조명되었습니다.

그러자 아주 재미있는 일이 일어났습니다. 한국에서 종교를 공부하는 사람 중에 공과 대학을 졸업하고 나서 신학 대학에 진학한 사람이 있습니다. 그는 과학 기술과 종교를 연결하려 정말 열심히 노력하고 있습니다. 그는 템플턴 재단에서 지원을 받고 있긴 하지만, 정말 좋은 일을 하고 있습니다. 제가 1994년에 한국으로 돌아왔을 때 그는 저를 찾아온 첫 무리 중 한 사람이었죠. 그래서 우리는 함께 과학과 종교의 틈을 줄이는 일을 해 왔습니다. 『통섭』이 한국에서 출판되기 전까지는 모든 게 순조로웠습니다. 그전까지 그는 에드워드 윌슨을 무척 좋아했으나 그 후에 완전히 돌아섰습니다. 그는 말했죠. "윌슨은 과학 아래로 모든 것을 종속시키려 하고 있고, 그건 학문적 제국주의다."라고 말입니다. 그리고 그는 "더 역겨운 일은 한국의 윌슨주의자들이 더 나쁜 용어를 만들어 내고 모든 것을 그 우산 속으로 밀어 넣으려 한다는 것이다."라고 했습니다. 그러고는 아주 흥미로운 언급을 했습니다. "당신네 과학자들은 왜 우리 신학자들이 그렇게 오랫동안 지켜 온 자리를 빼앗으려고 하는가? 맨 윗자리에 있어야 할 사람들은 바로 우리다. 왜 우리를 끌어내리려는 건가?"

데닛: 미국인으로 그렇게 말할 사람은 없을 것 같네요. 매우 흥미롭군요.

최재천: 매우 흥미롭고 대담하기까지 합니다. 그런데도 저는 제가 하는 모든 토론에 그를 초대했고, 그는 "저는 당신에 대해서 아주 부정적인 말들을 했습니다. 왜 저를 초대하시는 거죠?"라고 물었습니다. 저는 "그게 우리가 서로 대화를 하는 방식입니다. 이게 통섭의 정신이죠."라고 답했습니다.

데닛: 예, 그것이 이성적인 사회 모임의 모습입니다. 제게는 그런 일이 일어난 적이 한 번도 없지만, 그 심정은 확실히 이해할 수 있을 것 같습니다. 사실 저는 계속 그가 굴드와 그의 양비론(NOMA)을 언급할 거라 생각했습니다. 그렇지만 저는 굴드의 주장과 관련해서 항상 아무도 양비론을 좋아하지 않을 거라고 말했죠. 과학자들은 종교인들에게 이 모든 것을 넘겨줘야 한다고 생각하지 않습니다. 그리고 종교인들도 그렇죠. 제 생각엔 굴드의 의도는 좋았지만 가망 없는 시도였던 것 같습니다.

탄소 원자와 포도당 분자가 시(詩)가 되는 법

최재천: 그 얘기는 이쯤까지 하기로 하죠. 리처드가 귀띔을 해 줬는데, 요새 문화적 진화에 대한 연구를 하신다고 들었습니다.

데닛: 1976년에 리처드 도킨스가 '선전자(meme)'라는 용어를 도입했죠. 처음에는 그렇게 크게 인정받지 못했습니다. 사실 맹렬한

비난이 더 많았죠. 하지만 저를 포함한 몇 사람이, 아마 제가 목소리가 큰 사람들 편에 속했겠지요, 이 아이디어가 좋다고 생각했고, 많은 책에 그걸 도입했고, 더 많은 이야기를 했습니다. 저는 이제는 확립된 용어인 선전자에 2차, 3차로 관심의 불을 지폈고, 우리는 이제 격동의 시기를 넘어 좀 더 차분한 시기로 들어가고 있습니다. 저는 문화 복제자 연구에서 훌륭한 업적이 이뤄지리라 확신합니다. 훌륭한 일들 몇 가지는 이미 진행되고 있습니다. 그리고 인간의 마음과 의식을 설명하기 위한 모든 연구가 발달할 필요가 있기 때문에 이것이 정말 중요하다고 생각합니다. 그리고 문화적 진화 연구는 거기에 크게 공헌할 것입니다.

여러 곳에서 진행한 강의에서 저는 사람들에게 진화의 역사를 소개하고 진핵세포의 진화 이야기를 하죠. 보통 "원생생물 두 개가 있을 때 B가 A를 빨아들였는데 A를 분해해서 소화하지는 않고 모종의 협력 관계를 유지한다고 해 보자." 하는 이야기로 강의를 시작합니다. 이것을 보는 하나의 방법은 이 신기한 일이 지난 10억 년 동안 우리에게 일어난 일이었다고 보는 것입니다. 이런 일들이 쌓이고 쌓여 놀라운 기술 문명을 손에 넣은 생명체까지 등장했습니다. 문화에서도 이와 똑같은 일이 일어나고 있습니다. 우리는 학교에서 머릿속에 욱여넣을 수 있는 모든 기술을 전수받습니다. 그 전에는 그냥 배웠죠. 이것은 우리 뇌의 기능적인 구조를 형성하는 데 아주 큰 역할을 합니다. 그리고 이것이 어떻게 가능한지 설명하기 위해 문화적 진화의 자연주의적 이론이 정말 필요하다고 생각합니다. 문화의 정점에는 인간의 창의성, 시각 예술, 셰익스피어, 모차르트 등이 있는데,

그것들은 대체로 선전자와 관련이 없습니다. 어떤 면에서는 관련이 있기도 하지만요. 하지만 문화의 작은 부분들을 보면, 예를 들어 단어들이나 딱히 규정하기 어렵지만 널리 퍼져나가는 사회적 관습들도 충분히 문화의 한 부분으로서 중요한 역할을 실제로 하고 있고, 인간이 더 큰 문화를 구성해 가는 데 사용하는 알파벳 역할을 합니다.

최재천: 이걸 책으로 쓰실 건가요?

데닛: 언젠가는 그러겠지만, 먼저 끝내야 할 책들이 여럿 있어서요.

최재천: 이 질문을 언제 할지 망설였는데 지금이 적당한 때인 것 같군요. 철학계에서 당신은 좀 괴이하고 기묘한 부류의 철학자일 겁니다. 때로 "생물학자들과 보내는 시간이 너무 많다. 생물학자들이 하는 말을 너무 많이 철학에 끌어온다."라는 비난이나 비평을 들으시지는 않나요?

데닛: 가끔 받기는 하는데 생각하시는 만큼은 아닙니다. 그건 제가 벌써 수년간 맞서 온 것들이죠. 이걸 참을 수 없어 하는 철학자들이 있죠. 그들은 구태의연한 방법으로 철학을 하고 싶어 합니다. 그게 맞는다고 확신하죠. 그들에게 저는 단지 저널리스트 비슷한 사람일 뿐입니다. 하지만 문제는 제가 그들이 혹은 그들의 제자들이 심각하게 받아들여야 하는 문제를 제기한다는 것이죠. 그 문제를 진지하게 다룬 학생들은 잘 성장해서 철학 분야에서 자리를 잡았습니다. 벌써 현대 철학계에는 마음, 심리학, 생물학을 자연주의적 관점으로 탐구하는 두 세대의 철학자들이 있습니다. 그리고 그들은 이것이 철학이라는 것을 감사히 여기고 있습니다. 제가 그동안 고수하고 있던

입장은, 저를 철학자라고 부르고 싶지 않다면, 그리하라는 겁니다. 저는 거기에 크게 신경 쓰지 않습니다.

저는 저 자신을 철학자라고 합니다. 사실 19세기까지 철학자는 과학자와 거의 구분되지 않았습니다. 그들은 과학자들과 어울렸고 과학적인 문제를 해결했고 그들 중 몇은 스스로가 뛰어난 과학자였죠. 데카르트, 라이프니츠, 스피노자, 흄과 로크는 실제로 과학자는 아니었지만 과학에 대해 많은 것을 알고 있었죠. 19세기에 와서야 과학에서 철학이 분리되죠. 누구보다도 칸트는 당대 과학에 아주 몰두했습니다. 그런 측면에서 저와 다른 많은 이들이 하는 일을 철학의 고귀한 근본으로 돌아가는 작업으로 볼 수 있습니다. 상아탑을 떠나 현실 세계에 좀 더 깊이 발을 담그는 일이죠. 제가 철학을 하는 방식은 철학이 아직 질문이 무엇인지를 정확하게 파악하지 못했을 때 질문하는 것입니다. 이것은 인지 과학에서는 정말로 중요한 일이죠. 올바른 질문이 무엇인지 명확하지가 않을 때 질문을 던지는 것, 바로 그것이 철학자들이 공헌할 수 있어야 하는 부분입니다. 그리고 잘하는 일이어야 하고요. 그렇지 못하다면 부끄러운 일이죠.

최재천: 교훈으로 받아들이겠습니다. 당신이 계속 질문을 생산해 내고 두 번째, 세 번째 세대가 따르면 되겠군요. 훨씬 덜 하긴 하지만 저도 한국에서 비슷한 상황을 겪고 있습니다. 별로 유쾌하지 않은 공격을 많이 받죠.

데닛: 물론, 저는 양쪽 모두에서 오는 반발을 알고 있습니다. 하버드 의대에 있었을 때가 생각나는군요. 신경 과학 석박사 통합 과정이 있었는데 몇 년 전에 매년 열리는 봄 야유회에서 제가 발표를 했

터프츠 대학교 캠퍼스에서 대니얼 데닛과 필자.

습니다. 어느 실험실 책임자가 일어나서 말했습니다. "우리 실험실에는 이런 말이 있습니다. 뉴런 하나를 연구하면 그건 신경 과학이다. 뉴런 두 개를 연구하면 그것은 심리학이다." 그는 이 말을 깔보는 의미로 한 것이죠. 상당히 많은 신경 과학자들이 인지 신경 과학을 터무니없는 철학으로 봅니다. "철학자들은 마음이나 의식에 대해 말할 수 있다고 생각해. 자기들이 도대체 뭐라고 생각하는 거야?"

최재천: 마지막 질문입니다. 잘 아시다시피 올해 우리가 다윈 탄생 200주년을 축하하고 있는데요, 그래서 마지막으로 무척 뻔한 질문을 하자면, 왜 다윈이 그렇게도 중요한가요? 다윈의 아이디어가 지금까지 그 누가 갖고 있었던 것 중 가장 뛰어난 아이디어라고 말씀하셨던 것 같은데요.

데닛: 왜냐하면 그것은 우리가 아는 모든 것을 통합하는 단 하나의 과학적인 아이디어이기 때문입니다. 물리학과 화학을 마음과 목적과 생명과 시와 윤리학과 합쳐 주죠. 인간의 모든 문화, 인간의 모든 예술, 인간의 모든 소망을 포함해서 생명의 나무에 있는 모든 열매를 아우르죠. 이건 기적이 아니지요, 어쩌면 화학이죠. 모든 게 어떤 식으로든 물질로 구성되어야 하니까요. 다윈은 탄소 원자와 포도당 분자가 어떻게 시가 될 수 있는지를 보여 준 사람이었습니다.

식물학자 다윈, 그리고 그의 식물학 동료들

여섯째 사도

피터 크레인

06

피터 로버트 크레인(Sir Peter Robert Crane)

1954년 영국 케터링에서 출생.

1981년 리딩 대학교에서 박사 학위 취득(원예학).

1995년 시카고 필드 자연사 박물관 관장 취임.

1999년 런던 큐 왕립 식물원 원장 취임.

2004년 영국 왕실로부터 기사 작위 서훈.

2006년 시카고 대학교 교수 부임.

2009년 예일 대학교 산림 과학 대학원 학장 취임.

2014년 일본의 국제 생물학상 수상.

2016년 오크 스프링 정원 재단 대표 취임.

학자의 삶은 대체로 공평하다. 예컨대 어떤 사람은 연구 능력이 탁월한 데 비해 행정적 수완은 부족하고, 다른 사람은 그 반대의 경우다. 모든 면에서 탁월한 사람은 극히 드물다. 피터 크레인은 그 드문 예에 속하는 사람이다. 그는 세계적으로 이름난 화석 식물학자이자 식물 진화 분야를 선도하는 과학자다. 또한 그는 세계적인 기관 두 곳에서 장(長)으로 일했다. 시카고 필드 자연사 박물관(Field Museum of Natural History)과 런던 큐 왕립 식물원(Royal Botanic Gardens in Kew, 큐 가든)의 수장을 역임했다. 연구와 행정 업무에 대한 기여로 그는 2004년 6월 12일에 영국 왕실로부터 기사 작위를 받았다. 2009년 9월부터는 미국 뉴 헤이븐에 있는 예일 대학교 산림 과학 대학원의 학장으로 재직하다가 지금은 오크 스프링 정원 재단(Oak Spring Garden Foundation)의 대표로 일하고 있다. 한 사람에게 이렇게 다방면의 재주가 주어졌다니 불공평하다고 생각되지 않는가? 그 생각을 가중시킬 면모가 그에게 또 있으니 아직 놀라기에는 이를지 모른다. 나는 그를 두 번 인터뷰해야 하는 상황을 맞았다. 내가 기계 장비를 다루는 데 능숙하지 못해서 거의 세 시간에 가까운 첫 번째 인터뷰는 전혀 녹음이 되지 않았다. 하지만 그의 따뜻한 천성 덕에 우리는 며칠 후 다시 만나 그것이 마치 우리의 첫 만남이자 유일한 인터뷰인 듯 행동했다. 그는 진정 완벽한 신사다! 세상은 결코 공평하지 않다.

다윈 식물학의 후예

최재천: 인터뷰를 두 번이나 하게 만든 것에 대해 사과의 말씀을 드립니다.

크레인: 괜찮습니다.

최재천: 당신 이야기로 인터뷰를 시작해 보겠습니다. 당신은 비교적 젊은 나이에 기사 작위를 받은 것으로 알고 있습니다. 2004년이었나요?

크레인: 맞습니다.

최재천: 어떤 업적으로 작위를 받은 건가요?

크레인: 글쎄요, 아마 여러 가지가 있겠지만 의심할 여지 없이 큐 가든에서 했던 일들이 중요하다고 인정받았기 때문일 겁니다. 공식적으로는 "원예학과 보전에 대한 기여" 때문에 받은 거로 되어 있습니다.

최재천: 원예학이요?

크레인: 제가 큐 가든에서 했던 일들은 부분적으로는 원예학이지만 크게는 식물 다양성과 관련되며 그것을 일반 대중에게 알리는

작업이었어요. '밀레니엄 종자 은행 프로젝트'와 같은 식물 다양성의 미래와 보전에 초점을 맞춘 프로그램을 많이 만들었죠. 아마도 많은 일이 복합적으로 영향을 끼쳤겠지만, 그중에서도 큐 가든에서 한 작업이 가장 중요하게 작용했을 겁니다.

최재천: 그렇군요. 영국 왕실이 미국 시카고에 있는 필드 자연사 박물관에 대한 당신의 기여를 인정했으리라고 생각하지는 않습니다만, 여러 해 동안 그곳도 관리하셨죠?

크레인: 저는 1982년 필드 자연사 박물관에 젊은 과학자로 부임해 17년 동안 그곳에서 일했습니다. 마지막 6~7년 동안은 식물학뿐 아니라 동물학과 인류학, 지질학까지 박물관의 전체 과학 프로그램을 책임졌습니다. 필드 박물관에서 보낸 시간은 제 삶에서 정말 멋진 시간이었습니다. 무엇보다도 연구 경력의 기초를 다질 훌륭한 기회였죠. 그리고 궁극적으로는 다양한 그룹의 과학자들을 관리하고 또 어떻게 하면 그들의 연구를 대중과 연결할 수 있을지를 궁리하고 기획하는 경험을 할 수 있었습니다. 매년 줄잡아 130만 명의 관람객이 박물관을 찾았습니다. 그렇다면 흥미로운 질문은 이런 곳의 전시 배후에는 도대체 어떤 일들이 벌어지는가 하는 것이었습니다. 수장(收藏) 표본과 그에 관한 연구가 대중에게는 어떻게 전달되어야 할까요? 결코 쉽지 않은 일입니다. 어떠한 영역에서는 잘했고, 또 어떠한 영역에서는 아쉽기도 했습니다.

또한 우리가 했던 일 중의 하나는 전시를 준비하는 과정에서 벌어지는 일들을 '통역'하고 그 일들에 중요성을 더할 수 있게 하는 두 개의 센터를 만드는 것이었습니다. 그중 하나는 인류학 부서에서 하고 있던 비교 연구에 기반을 두어 만든 '문화의 이해와 변화 연구 센터'였습니다. 다른 하나는 식물학과 동물학에서 이루어진 작업에 기반을 두어 그것들을 보전적 관심에 접목한 '환경과 보전 프로그램을 위한 센터'였습니다. 우리는 시카고에 있는 일군의 단체들을 한데 모아 기구를 조직했습니다. '시카고 야생 계획(Chicago Wilderness Initiative)'이라는 기구인데 이제는 회원 수가 200명을 넘어섰습니다. 대도시인 시카고에서 생물 다양성 보전의 중요성을 알리는 게 목적이었습니다. 환경과 보전 프로그램을 위한 센터에서 추진한 다른 중요한 일로는 신대륙 열대 지방을 중심으로 이뤄지는 보전 활동을 박물관의 동물학자와 식물학자 들의 전문 지식을 이용해 현지에서 돕는 일이 있었습니다. 이를테면, 새로운 국립 공원 부지 발굴 계획 같은 일 말입니다.

최재천: 당신과 저의 개인적인 관계는 제가 대한민국 환경부 산하 국립 생태원을 준비하는 과정에서 당신에게 조언을 구하고자 연락드렸던 것을 계기로 시작됐습니다. 훌륭한 아이디어와 조언을 듬뿍 주셔서 대단히 고맙습니다. 실제로 현재 문화부에서는 한국 최초의 국립 자연사 박물관을 설립하는 일에 꽤 심혈을 기울이고 있습니다. 논의가 15년 넘게 진행되고 있는데, 올해는 이전보다 더욱 진지해져 아이디어를 구체화하는 데 제가 참여하게 되었습니다. 박물관과 식물원에서의 경험을 바탕으로 이제 막 시작하면서 정말 잘해 보고 싶어 하는 나라에 해 주실 조언이 있는지요? 늦었지만 앞서간 다른 이들로부터 배움을 얻을 수 있다는 건 후발 주자가 누릴 수 있는 장점이니까요.

크레인: 한국에 국립 자연사 박물관이 만들어진다면 굉장한 일이 될 겁니다. 서양에서 이미 자리를 잡은 박물관들을 살펴보고 그것들을 되풀이하려 하는 게 올바른 방법이 아니라는 당신 말씀이 맞습니다. 당신은 새로운 박물관을 개발할 새로운 모델과 기회를 가지고 있습니다. 그리고 그것을 어떻게 진행할지에 대해 제게 아이디어가 좀 있는데, 지금이 생물학의 시대라는 것을 인식하는 게 중요합니다. 다양한 영역에서 이렇게 많은 발전이 한꺼번에 이루어지고 있으니 말입니다. 세포나 분자 수준 연구에서만 아니라 환경 정책과 관련한 생태학에서도 그렇죠. 그것은 우리의 생명관이나 우리 자손들의 삶에 지대한 영향을 미치게 될 겁니다. 따라서 새 자연사 박물관이 이런 기회를 잡지 못하게 된다면 무척 아쉬울 것입니다. 현대 과학은 앞으로 일반 대중에게 매우 중요해질 것이고 모든 방면에서 그들의 일상적 삶에 영향을 주게 될 것이기 때문입니다. 더 폭넓은 대중에게 중요한 생물학적 주제들을 가지고 다가설 수 있는 장소를 갖는 것은 굉장한 일이 될 것입니다. 대한민국 정부가 자연사 박물관 건립 계획을 추진하기로 결정하기를 진심으로 바랍니다.*

최재천: 그렇다면 자연사 박물관이 단순히 표본의 창고가 아니라 거대한 생물학 연구의 중심이라는 말씀으로 이해해도 괜찮습니까?

크레인: 예, 아마 몇 가지 정도의 핵심적인 전시품들이 있어야 하긴 하겠지만, 정말 중요한 기본 개념들을 바탕으로 박물관을 꾸리

* 2023년 현재 대한민국은 국립 자연사 박물관을 갖고 있지 않다.

는 게 현명할 것 같습니다. 그리고 말씀드렸듯이 이런 생각들은 세포 생물학이나 분자 생물학부터 지구 수준의 생태학에 이르기까지 현대 생물학의 모든 범위를 아울러야 합니다. 제가 자연사 박물관을 건립한다면 이런 데 초점을 맞출 겁니다. 그리고 자연 상태에서 순환하는 화학 물질과 인간이 새로 만들어 지구에 뿜어내는 화학 물질뿐 아니라 생물 다양성 보전에서부터 기후 변화, 그리고 이런 것들이 우리 모두가 의지하고 사는 생물 지구 화학 시스템에 어떻게 영향을 미치는지와 같은 더 큰 쟁점들도 모두 포함해야 한다고 생각합니다. 실제로 지구에 존재하는 화학 물질들은 지구 생물의 진화 역사와 떼어놓고 생각할 수 없습니다.

최재천: 정말 좋은 말씀입니다. 그게 바로 제가 우리나라에서 사람들에게 알리려고 노력해 온 것이거든요. 그것이 쉽게 받아들여지지는 않았습니다. 자연사 박물관에 대해 이미 알고 있는 대부분의 사람은 자연사 박물관이 어때야 한다는 고정 관념을 갖고 있기 때문이죠. 그래서 그런 사람들에게 현대에는 자연사 박물관도 달라져야 한다고 설득하는 것이 어려운 일이었습니다. 그것이 생명 과학의 거대 연구 복합 단지 같아야 한다고 설득하는 것 말입니다. 어쨌든, 이쯤에서 다윈에 대한 논의로 이어 가는 게 좋을 것 같군요. 자연사 박물관에 대해 얘기하자면 생각나는 사람이 바로 찰스 다윈이 아니겠습니까? 그동안 제가 많은 다윈주의자들을 인터뷰해 왔습니다만, 식물학자는 당신이 유일한 것 같습니다. 그래서 의심할 여지 없이 찰스 다윈의 가장 가까운 친구이자 아마도 다윈과 그의 사상에 가장 큰 영향력을 행사했던 조셉 후커의 이야기로 시작하고 싶습니다. 그들의

평생 우정은 어떻게 시작되었습니까?

다윈의 살인 자백?

크레인: 맞습니다. 후커는 다윈의 가까운 친구이자 아이디어와 영감의 원천으로서 아주 중요한 인물이었습니다. 다윈이 후커보다 여덟 살 많았고 많은 친구를 공유했죠. 그들은 둘 다 지식인이었지만, 후커는 약간 다른 사회 계층 출신이었습니다. 그는 다윈만큼 경제적으로 부유하지는 못했습니다.

최재천: 그의 아버지가 큐 가든의 원장 아니었나요?

크레인: 예, 그런데 당시에는 널리 알려지거나 보수를 충분히 받는 직위가 아니었습니다.

최재천: 아, 그랬군요.

크레인: 그의 아버지는 원래 양조업을 했는데 그리 잘하지 못했습니다. (웃음) 후커는 일찍부터 다윈에 대해 잘 알았고, 다윈이 비글 호 항해를 마치고 돌아왔을 때쯤 처음 만났죠. 그 무렵 다윈은 그가 보냈던 편지들 덕에 이미 유명 인사였고, 이후의 논문들 덕분에 그의 주가는 더욱 높아졌죠. 그런데 당시는 대탐험 시대였고 비글 호만이 원정을 나섰던 것은 아니었습니다. 왕립 협회는 해군과 함께 남쪽 대양에 다른 원정대를 보내 남반구 대륙들을 탐험할 계획을 갖고 있었습니다. 후커는 제임스 클라크 로스(James Clark Ross) 선장이 이끄는 탐사 항해에 의사 자격으로 참여했습니다. 그 항해에는 에레보

피터 크레인.

스 호(HMS Erebus)와 테러 호(HMS Terror), 두 척의 배가 참여했는데, 그 원정대는 그때까지 아무도 가 보지 못한 최남단까지 가서 남극의 로스 빙붕을 발견했습니다. 그 원정을 준비할 때 다윈은 왕립 협회에 그 원정의 과학적 가치를 극대화하려면 어떤 준비를 해야 하는지 조언해 주었습니다. 후커와 다윈은 그때 처음 만나게 되었습니다. 그리고 후커가 비글 호 항해만큼이나 길었던 몇 해 동안의 항해를 하는 동안 다윈과 연락을 했을 겁니다. 그 원정이 끝난 뒤에는 더 잦은 왕래가 이뤄졌죠. 후커가 항해로부터 얻은 결과들에 대해 글을 쓸 때 다윈은 자신이 모아두었던 자료를 보내 주기도 했습니다. 그리고 다윈과 후커 사이의 관계에서 결정적인 순간은 1858년 다윈의 책상에 월리스의 원고가 당도했을 때였습니다.

다윈은 후커와 라이엘에게 당시의 어렵고 예민한 상황을 어떻게 해결할지 도와 달라고 요청합니다. 다윈은 후커에게 보낸 편지에서 일찍이 종의 돌연변이와 같은 것에 대한 그의 생각들을 설명하는 식으로 '살인'을 고백했던 바 있죠.* 그러니 후커는 다윈의 작업에 대해 잘 알고 있었던 셈이고, 린네 학회에서 다윈과 월리스의 공동 논문을 발표하게 함으로써 다윈이 난감한 문제를 극복할 수 있도록 도왔습니다. 그 논문은 후커가 대독했습니다. 그리고 다윈과 그는 평생 멋진 서신들을 수없이 주고받았습니다. 다윈이 후커를 꾸짖기도

* 다윈은 1844년 1월 11일 후커에게 보낸 편지에서 생물의 종이 변하지 않는다는 생각이 틀렸다는 결론에 도달했다는 얘기를 하며 그 기분을 "마치 살인을 고백하는 것과 같다."라고 표현한 적이 있다.

하고, 후커가 다윈에게 질문하기도 하면서 말이죠. 후커는 다윈에게 큐 가든에서 얻은 자료들을 보내 주기도 했습니다. 식물도 연구했던 다윈은 자료를 제공받는 것에 매우 관심이 많았고, 후커는 그 제공자가 되기에 완벽한 위치에 있었습니다. 후커는 또한 다윈 사후 그가 웨스트민스터 사원에 묻히도록 로비를 했던 사람 중의 하나였습니다. 후커는 다윈이 죽은 뒤에도 오래 살았는데, 심지어 멘델의 유전법칙이 재발견되어 유전학이 태동하는 것도 보며 1911년에야 세상을 떴습니다. 그러니까 그는 생물학의 역사에서 어마어마하게 중요한 시기를 살다 갔던 것입니다.

최재천: 당신은 후커와 다윈이 비슷한 또래였다고 말씀하셨는데, 여덟 살 차이라면 요즘에는 그걸 또래라고 하지는 않는데 말입니다. 어쨌든 받아들이도록 하죠. (웃음) 그런데 라이엘은 또한 다윈보다 여덟 살 더 많았습니다. 그러니까 다윈이 정확하게 중간이군요. 라이엘은 여덟 살 더 많고, 후커는 여덟 살 더 적고요. 그런데 이 세 사람은 한 팀이었죠? 다윈이 후커에게 보낸 편지와 라이엘에게 보낸 편지는 느낌이 아주 다르더군요. 다윈은 라이엘을 친구 이상의 무엇으로 여기는 것 같았습니다. 그들은 서로를 친구라고 불렀는데, 다윈이 후커에게 "친구"라고 할 때는 그냥 말 그대로 '친구'라는 느낌이었지만, 라이엘에게 "친구"라고 할 때는 친구라기보다 거의 '선생님' 같은 느낌이었습니다. 저는 다윈이 라이엘에게 쓴 편지들을 읽으면서 그들 사이에 어떤 거리가 존재한다는 것을 느낄 수 있었습니다. 그런데 다윈이 후커에게 쓴 편지를 보면 그들이 친구, 진정한 친구였음을 느낄 수 있었습니다.

크레인: 예, 라이엘의 명성이 다윈보다 먼저 확립되었다는 것과 다윈이 라이엘의 연구에 영향을 받았을 거란 사실에는 의심의 여지가 없습니다. 그는 비글 호의 탐험을 떠날 때도 라이엘의 『지질학 원리(*Principles of Geology*)』를 가지고 갔습니다. 다윈과 라이엘은 어떤 면에서는 서로 입장이 달랐던 것 같습니다. 예를 들어, 에이드리언 데스먼드(Adrian Desmond)와 제임스 무어(James Moore)의 『다윈의 신성한 대의(*Darwin's Sacred Cause*)』(2009년)를 보면 그들이 신대륙의 노예제 문제를 가지고 서로 견해를 달리했음이 분명합니다. 예, 제가 봐도 어떤 면에서 라이엘은 다윈의 선배였고 또 어떤 면에서 후커는 그의 후배였겠죠. 그런데 다윈과 후커는 견해가 상당히 같은 편이었고, 또 서로를 많이 격려해 주는 사이였습니다. 후커는 다윈의 생각에 훨씬 더 동조했던 반면, 라이엘은 그들의 생각을 받아들이기 힘들어 했을 거라고 봅니다.

최재천: 아까 다윈이 후커에게 쓴 편지에서 '살인'이라는 표현이 있었다고 하셨는데요. 몇 달 전에 저를 왕립 협회로 초대해 주셨을 때, 협회 대합실에서 존 밴 와이 교수가 쓴 「간격에 유의하라」라는 논문을 읽었습니다. 한국에서는 왕립 협회의 《노츠 앤드 레코즈(*Notes and Records*)》라는 학술지를 받아 볼 수 없습니다. 그래서 바로 거기에서 논문을 읽기 시작해 그날 밤 호텔에서 마쳤습니다. 그 논문은 다윈이 『종의 기원』의 출판을 정말 의도적으로 피했던 것인지 아니면 두려워했던 것인지 논하고 있었습니다. 그리고 밴 와이 교수의 결론은 "그런 건 절대 아니다."였죠. 그는 다윈의 "살인을 고백하는 기분이었다."라는 표현 때문에 우리가 이런 덫에 빠지곤 한다고 했

습니다. 심리학자나 역사학자가 이 우연에 이런저런 살을 붙였고 우리는 수년간 같은 논쟁을 되풀이하게 되었다는 거죠. 저는 밴 와이 교수의 해석에 마음이 끌립니다. 이런 의견에 대해 어떻게 생각하십니까?

크레인: 제 생각에 "마치 살인을 고백하는 것 같았다."라는 표현은 두 친구 사이의 농담 같은 것이면서도 동시에 그들 생각의 이단적인 성격을 암시하는 게 아니었을까 싶습니다. 그런데 다윈은 상당히 체계적인 사람이었던 것 같습니다. 예를 들어, 식충 식물에 관한 그의 책 첫 페이지를 보면 그는 1860년 난초들을 처음 본 이후로 이 주제에 관심을 갖게 되었다고 쓰고 있습니다. 그것은『종의 기원』이 나오고 여섯 달 만의 일입니다. 그러나 그는 여러 해가 지나도록 식충 식물에 관한 책을 출판하지 못합니다. 제 기억에, 정확한 날짜는 모르겠지만, 20년쯤 후에 책을 펴냈던 것 같습니다.* 그가 서로 다른 사실들을 한데 모으고 실험을 하는 데까지는 꽤 시간이 걸렸습니다. 그만큼 그는 체계적인 연구자였던 것입니다. 상당히 다양한 자료들로부터 정보를 모았죠.『종의 기원』의 경우에도 그는 참으로 다양한 정보를 모았습니다. 그는 결코 게으른 사람이 아니었습니다. 하지만 완벽주의자도 아니었습니다. 게으르거나 완벽주의자였다면 그처럼 생산적일 수는 없었겠죠.

최재천: 예, 그는 대학 총장에게 매년 몇 편의 논문을 발표했다고 보고할 필요가 없는 사람이었으니까요.

* 다윈의『곤충을 잡아먹는 식물들(*Insectivorous Plants*)』은 1875년에 출간되었다.

크레인: (웃음) 그렇죠. 그는 동기 부여가 확실한 사람이었습니다. 그만의 동기가 있었죠. 그렇지만 그는 일을 제대로 하고 싶어 했고, 필요한 것들을 모을 충분한 시간을 원했던 것 같아요. 그런 면에서, 그는 오늘날의 학자들과는 다르게, 완벽히 준비되기 전에 출판할 압박을 느끼지는 않았던 겁니다. 물론, 월리스 사건은 다윈으로 하여금 온 정신을 집중해서 빠르게 대응을 하게 만들었던 예외적인 사건이었습니다.

최재천: 식충 식물의 경우를 보더라도 그는 스스로 완성됐다고 생각할 만한 것을 발표하기까지 항상 충분한 시간을 들였어요. 타가 수정의 경우도 그러했고 지렁이의 경우도 그랬습니다. 그렇지만 밴 와이 교수가 지적한 것처럼 그는 결코 자신이 찾아낸 사실을 숨기려고 하지도 않았습니다. 역사가들은 그가 두려워했다고 생각하도록 우리를 길들였습니다. 그는 독실한 기독교인이었던 그의 아내를 힘들게 하고 싶지 않았고, 대중의 부정적인 인식에 대해서도 우려했죠. 하지만 분명한 것은, 예를 들어, 후커에게는 자신이 찾아낸 사실들을 항상 이야기해 줬다는 것입니다. 그렇죠?

크레인: 예, 저도 그렇게 생각합니다. 그는 적어도 친한 친구들 사이에서는 아주 솔직한 사람이었던 것 같아요. 그는 걱정이 많은 사람이었지만 지나치진 않았습니다. 그는 늘 자신의 정보를 공유할 준비가 되어 있었습니다. 예를 들어, 다시 식충 식물로 돌아가자면, 후커와 다윈 사이에는 끊임없는 서신 왕래가 있었습니다. 다윈은 후커를 돕고 있었습니다. 사실 후커는 다윈이 했던 것과 비슷한 실험들을 했는데, 약간 다른 식물 분류군인 동남아시아 열대 낭상엽 식물을

대상으로 했습니다. 그는 다윈과 마찬가지로, 식충 식물이 단백질을 소화할 수 있는 능력을 갖췄음을 발견했습니다. 다윈이 매우 방어적인 사람이었다면 그런 정보나 자신의 실험 내용을 공유하지 않았을 거예요. 그런데 사실 그는 굉장히 열린 사람이었죠. 후커는 사실 다윈보다 훨씬 전에 식충 식물에 관해 중요한 논문들을 발표했고, 다윈은 자신의 책에서 그 논문들을 높이 평가합니다. 그래서 저는 그가 자기 생각을 공유하는 것을 지나치게 염려하지 않았다고 생각합니다. 적어도 그의 생각에 동감하는 사람들에게는 말입니다. 물론 그는 굳이 문제를 일으키려고 하지도 않았죠.

최재천: 예, 영국에서 돌아온 뒤 저는 파워포인트 슬라이드도 새로 만드는 등 다윈에 대한 강연을 의욕적으로 하고 있습니다. 다윈이 컴퓨터 스크린을 들여다보고 있는 합성 사진도 만드느라 최선을 다했죠. 다윈을 요즘 흔히 보는 인터넷 중독자처럼 그려 보았습니다. 온종일 이메일을 보내고 트위터를 하며 어쩌면 블로그도 열심히 하는 그런 사람으로요. 다윈은 비글 호 항해에서 돌아와 런던에서 5년을 보냈어요, 그렇죠? 다윈이 전문가들에게 물어볼 게 많았기 때문일 겁니다. 그 무렵 런던은 살기에 그다지 평화로운 곳은 아니었죠. 그래서 다윈은 런던을 떠나고 싶어 했을지도 모릅니다. 그렇다고 해서 그가 모든 활동을 접고 싶어 했다는 뜻은 아닙니다. 건강이나 다른 어떤 이유 때문이었을 수는 있겠지만, 그는 대신 편지로 세상과 교신하기로 했습니다. 그는 엄청난 양의 편지를 썼습니다. 우리도 요즘 엄청난 양의 이메일을 보내고 채팅을 하고 핸드폰으로 대화를 하며 살지 않습니까? 다윈은 은둔자는 아니었습니다, 그렇지 않습

니까?

크레인: 맞습니다. 다윈이 은둔자라니, 전혀 아닙니다. 그가 살던 곳은 런던 중심가로의 접근성이 퍽 좋은 곳이었습니다. 열차를 타는 것은 당시 그에게 어려운 일이 아니었습니다. 역에 가서 짐을 싣기만 하면 열차가 그를 런던으로 데려다주었을 겁니다. 그러니 그는 양쪽 세계의 장점을 모두 누린 겁니다. 그런 걸 원치 않는 사람이 누가 있겠어요? 런던에 얼마든지 갈 수 있으면서 시골에서 사는 삶 말입니다. 최상의 조건이죠.

최재천: 아까 윌리스의 편지와 함께 다윈에게 위기가 닥쳤던 사건을 얘기하면서 후커와 라이엘에 대해 말씀하셨습니다. 후커가 다윈과 그레이의 서신 교류 자료를 포함할 것을 제안했던 당사자라는 얘기를 어디서 읽었던 것 같은데, 그 교류에서 다윈은 자연 선택에 관한 자기 생각을 잘 요약했다는 거죠? 후커는 그것이 훌륭한 증거가 되리라 생각했죠. 이제 대화의 초점을 에이사 그레이로 옮겨 보겠습니다. 그는 당시 영국이 아니라 미국 하버드 대학교 교수였죠? 진화론에 대한 논의와 논쟁은 영국과 미국 양쪽 모두에서 퍽 활발하게 진행되고 있었습니다. 그리고 그레이와 후커는 모두 식물학자였습니다. 반면 하버드에는 다윈의 자연 선택 개념을 그다지 좋아하지 않았던 동물학자 장 루이 루돌프 애거시즈(Jean Louis Rodolphe Agassiz) 교수가 있었습니다. 그렇다면 후커와 그레이는 어떤 관계였고, 또 그레이와 다윈의 관계는 또 어떠했나요?

크레인: 후커와 그레이는 분명 아주 가까운 사이였습니다. 아마 다윈과 그레이를 처음 소개한 사람도 후커였고, 그레이가 다윈의 생

각에 공감하고 있었다는 것도 분명했습니다. 그래서 그들은 자연스럽게 생각을 함께 발전시켜 나갔고, 서신을 주고받으며 그런 생각을 공유하는 사이가 된 거죠. 전혀 다른 견해를 가졌던 애거시즈와 대비되는 일이죠. 런던에서는 리처드 오언이 전혀 다른 견해를 갖고 있었습니다. 저는 다윈, 후커, 그레이가 서로 잘 소통할 수 있었던 것은 그들의 성격이나 배경과도 무관하지 않았을 것이라고 생각합니다. 오늘날의 그러한 관계들에서 그렇듯이 말입니다. 그런데 이유야 어떻건, 그레이와 다윈과 후커는 함께 성장하며 많은 생각을 폭넓게 주고받았습니다.

다윈이 사랑했던 식물들, 다윈을 사랑했던 식물학자들

최재천: 그렇군요. 이렇게 난처한 질문을 드려도 될지 모르겠습니다만, 저는 종종 왜 식물학자들은 다윈의 생각에 공감했고, 또 어떤 동물학자들은 다윈의 생각을 받아들이기 힘들어했는지 의아합니다. 당신은 어떻게 생각하시는지요? (웃음)

크레인: 첫 번째 이유로 저는 모든 식물학자가 아주 좋은 사람들이라는 걸 들고 싶습니다. 우리는 서로 잘 지내죠.

최재천: (웃음)

크레인: 그렇다고 까다로운 사람이 없는 건 아니지만, 제 경험에 따르면 식물학자들은 대체로 상당히 온화하죠. 진지하게 말하자면, 식물 다양성을 연구하는 사람들은 굉장히 많은 종을 다룹니다. 그것

은 그들이 일을 함에 있어서 훨씬 큰 '진화적 공간'을 다룬다는 뜻입니다. 조류나 포유류를 연구하는 사람들은 더 제한된 영역 안에서 일합니다. 또 식물학자들은 인간의 진화라는 질문으로부터 더 멀리 떨어져 있습니다. 인류의 기원이라는 뜨거운 논쟁거리에 대한 이 약간의 거리는 식물학자들에게 데이터를 독립적으로 해석할 수 있는 여유를 줍니다. 세상 사람들의 세계관이나 특정한 시각에 얽매이지 않고 말입니다. 동물처럼 움직이지 않는 생명체를 연구한다는 것도 분명 차별성을 줄 겁니다. 이런 것들이 자연에 접근하는 방식에 약간의 차이를 만들 수 있다고 생각합니다. 식물학자들이 들여다보는 생명체들은 진화사적으로 다양한 단계에 있습니다. 어떤 식물들은 급격히 진화하는 단계에 있다면, 어떤 식물들은 다분히 정체돼 있습니다. 다윈은 스스로 방대한 식물을 대상으로 연구를 했고, 그들을 아주 적당한 실험 대상으로 여겼던 것 같습니다. 그들은 한자리에 고정되어 있고 수정(受精)하기도 쉬웠기 때문이죠. 식물은 조작도 쉽고 척추동물로는 하기 힘든 실험을 수행하기도 쉬웠습니다. 그런 의미에서 식물은 아주 매력적인 실험 대상입니다.

최재천: 다윈의 글을 읽어 보면, 동물에 대한 그의 글 대부분은 묘사적이지만, 식물 연구는 많은 실험을 바탕으로 하고 있습니다.

크레인: 예.

최재천: 말씀하셨다시피, 그가 동물보다 식물을 다루면서 더 편안했던 것 같습니다.

크레인: 예, 그랬을지도 모릅니다. 사실 식물이 훨씬 더 다루기 쉬운 편인 건 사실이죠. 예를 들어, 교배를 더 쉽게 할 수 있습니다.

멘델도 그러한 작업을 하기에 식물이 더 쉽다는 걸 알았죠. 비둘기로도 할 수 있지만 더 오래 걸리고 더 성가시고 더 어렵습니다. 식물은 상당히 적절한 실험 대상입니다. 다윈은 분명히 식물 실험을 즐겼던 것 같습니다. 동물에 관한 정보는 주로 동물 사육자들과의 대화를 통해 얻었습니다.

최재천: 그는 식충 식물과 난초 등 다양한 종류의 식물을 연구했습니다. 저는 박사 학위 연구를 이형 식물(distylus plants)에 대한 연구로 할 뻔했습니다. 사실 학부 때 동물학을 전공했고 식물에 관한 수업은 들어본 적이 없었습니다. 그런데 펜실베이니아 주립 대학교에서 석사를 할 때 앤드루 스티븐슨(Andrew G. Stephenson)이라는 미시간 대학교에서 학위를 받고 갓 부임한 조교수가 하는 '식물 생식 생물학' 강의를 들었는데, 그때 저는 식물이 자신의 생식 체계를 변화시키는 다양한 방식에 매료되고 말았습니다. 식물은 움직이지 못하기 때문에 매개자를 불러들이기 위한 기발한 방법들을 고안해 내야 하고, 또한 이종 교배를 해야 하죠. 그들이 쓰는 일종의 속임수는 상상을 초월합니다. 그 수업에서 저는 기말 프로젝트로 연구 계획안을 써내야 했습니다. 그때 이형 식물에 대한 연구 계획안을 제출했죠. 한 종의 식물이 어떻게 두 가지 형태를 갖게 되었는지를 매개자의 입장에서 분석하는 연구를 기획했습니다. 앤드루 스티븐슨 교수가 저를 불러 "이걸 자네의 박사 학위 주제로 해 보세."라고 제안한 겁니다. 그때 저는 식물학 쪽으로 거의 넘어갈 뻔했다가 가까스로 동물학 쪽으로 돌아와 제 연구 여정을 계속할 수 있었습니다. 다윈 또한 이형 식물에 대해 엄청나게 많은 생각을 했다는 걸 그때 알았죠.

크레인: 그랬습니다. 다양한 형태의 꽃을 다룬 그의 책은 실제로 이 분야를 정립시켰고, 식물학 분야에서 여전히 아주 중요한 책으로 남아 있습니다. 그는 메커니즘이 무엇인지, 다양한 종류의 구조적인 체계의 이점이 무엇인지에 관심을 갖고 있었고, 난초에 대한 연구에서도 마찬가지였습니다. 그는 “그 다양한 장치들”이라고 그것을 표현하고 있죠. 그는 구조적 다양성은 무엇에 기반하는지, 이것들이 어떻게 자연 선택을 통해 유지되는지, 어떻게 생겨났는지에 대해 알고 싶어 했습니다. 당연히 모든 의문을 해결하지는 못했으나, 그가 엄청난 통찰을 가졌던 것은 분명합니다. 그는 식물이 어떻게 기능하는지를 처음으로 들여다본 사람이었습니다. 식물의 성에 대해서는 이미 오래전부터 알려져 있었고 매개자에 대한 중요한 관찰들도 여럿 있었으나, 다윈은 흩어져 있던 관찰 기록들을 한데 모아 의미를 만들어 낸 사람입니다. 그는 이 모든 것을 진화론적 맥락에 비춰 식물 구조의 많은 특징이 이종 교배를 촉진하기 위한 메커니즘임을 밝혀냅니다.

최재천: 다윈은 실로 많은 분야를 새로 창시했고, 식물 생식 생물학은 그중에서 분명히 큰 주제였을 것입니다.

크레인: 예, 다윈의 막대한 기여도는 진화론의 편만(遍滿)함을 반영합니다. 생물학의 어떤 분야든 진화론을 적용하기만 하면 바로 의미를 지니게 됩니다. 그가 진화에 대한 핵심적인 생각들을 정리하자마자 서로 다른 많은 분야에 곧바로 적용할 수 있었고, 그것들로부터 의미를 끌어내 그 분야들의 지적 기반을 쌓을 수 있었습니다. 다윈의 영향력은 그의 지적 역량뿐 아니라 그가 가진 핵심적인 생각의

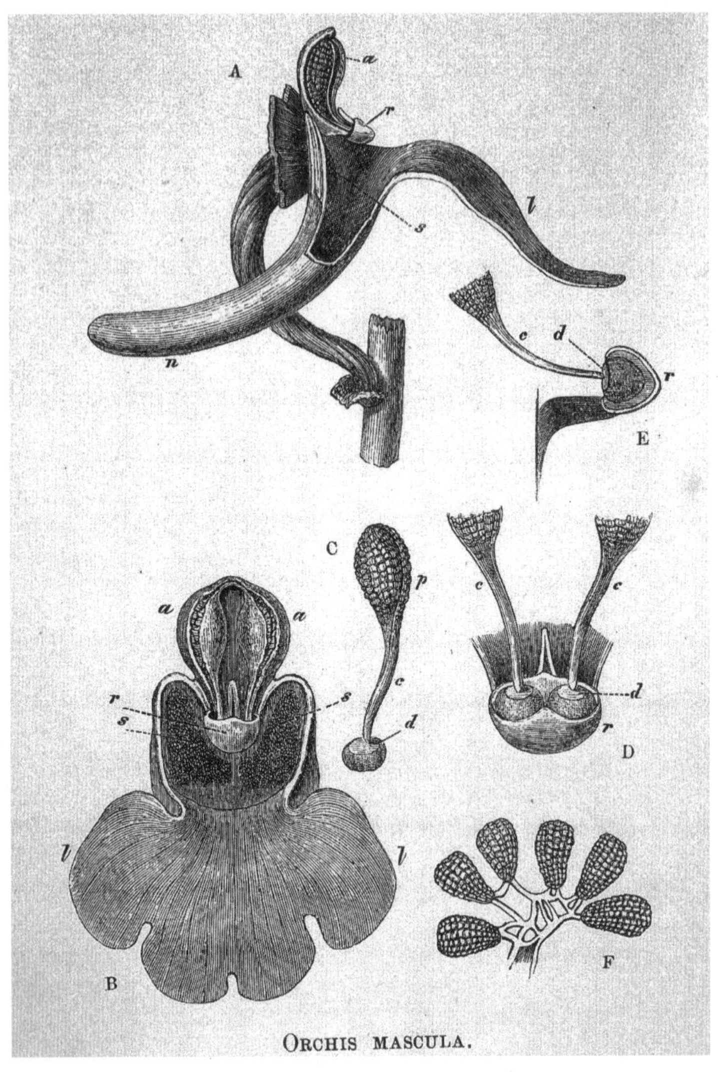

다윈의 『난초의 수정(*Fertilisation of Orchids*)』의 삽화.

힘을 보여 줍니다. 이것은 도브잔스키의 유명한 말로 거슬러 올라가는데, 진화는 정말 많은 것으로부터 의미를 창출해 냅니다. 이는 식충 식물이나 난초, 인간의 감정까지 적용 가능하죠. 그것은 새로운 계시이자, 세상을 바라보는 새로운 시각입니다.

새로운 계시이자 새로운 시각으로서

최재천: 당신은 속씨식물과 꽃의 진화를 연구하는데 다윈이 당신의 일에서는 얼마나 중요한가요?

크레인: 제가 하는 모든 연구의 토대가 됩니다. 그런데 다윈 이후로 중요성을 지니게 된 다른 요소가 하나 더 있죠. 그는 자연 선택이 변형과 함께 계승되어 왔음과 공통 조상으로부터 분화되어 왔음을 정확히 이해하고 있었습니다. 그렇지만 분화의 패턴이 어떠했는지, 이런 모든 다양성이 진화의 진로에서 어떻게 서로 조화를 이루는지는 이해하지 못했습니다.

최재천: 그는 노력했습니다.

크레인: 그는 분명히 이 점을 매우 중요하게 봤습니다. 1837년의 작은 거미줄 그림 같은 스케치는 그러한 생각의 표현이죠. 그러나 분화의 패턴을 알아내는 것은 당시의 그에게는 그리 흥미로운 일이 아니었던 모양입니다. 그러나 그 후 여러 학자가 퍽 빨리 그것에 주의를 기울이게 되었습니다. 특히, 에른스트 헤켈(Ernst Haeckel)은 19세기 말에 멋지고 정교한 계통수들을 그려 냈죠. 그러나 결국 그 분야

는 빠르게 인기를 잃었고 개체 생물학과 다윈이 매료되었던 다양성은 다윈 이후 꽤 오랜 기간 진화론적 생각의 주류에서 빠지게 되었습니다. 처음 관심을 모은 대상은 놀라울 것도 없이 바로 메커니즘이었습니다. 가장 인기 있는 주제는 먼저 멘델의 유전학이었고, 그다음은 개체군 유전학이었습니다. 개체 생물학은 훗날 조지 레드야드 스테빈스(George Ledyard Stebbins), 마이어, 심프슨에 의해 큰 그림에 새로이 포함되었습니다. 그렇더라도 그것은 우리가 어떤 특정 생명체 그룹에서 분화의 경로가 어떤지에 대한 질문을 던질 수 있게 되기 전까지는 완벽하지 못했습니다. 저는 이러한 이유로 우리가 살아온 지난 30여 년은 굉장히 흥미로운 기간이었다고 생각합니다.

어떤 이들은 분화 패턴을 알아내는 게 진화의 기본 메커니즘을 알아내는 일의 하위에 있다고 할지 모릅니다. 그런데 저는 그러한 일들이 다윈이 관심을 두고 있던, 생명의 다양성을 이해할 수 있게 해 주는 것의 핵심이라고 반박하고 싶습니다. 저는 계통 분류학이 30년 전만 해도 생각조차 할 수 없던 것들을 가능하게 해 주고 있다고 생각합니다. 그런 진보는 일단 1960년대, 1970년대와 1980년대 초에 철학적, 방법론적 발전이 이루어져 서로 다른 그룹들이 어떻게 상호작용을 하는지를 고찰하는 방법이 명확해진 후에 가능해졌습니다. 또 결정적이었던 것은 다른 선택지에 대해 시험해 보고 여러 선택지 중에서 선택할 수 있게 해 주는 컴퓨터의 능력을 연구에 도입한 일입니다. 그것은 1980년대 말에 가능하게 되었죠. 그리고 최근 20년 동안 형태학적으로 서로 너무나 다른 생명체들을 동등한 조건에서 비교할 수 있게 해 주는 연구 기반이 만들어지면서 이 분야가 굉장한 발전을 이뤄냅니다. 이것은 분자 생물학이 발전하면서 형태학적으로 서로 다른 식물군이나 동물군의 DNA 염기 서열을 비교하는 게 가능해지면서 이룩된 것들입니다.

실제로 지난 20년간 계통수에 대한 인식이 널리 퍼졌습니다. 그리고 《네이처》나 《사이언스》를 펼치면, 에이즈 바이러스의 진화에 관해서건, 넓은 범위의 새의 진화 패턴에 관해서건, 아니면 식물계의 모든 속과 과의 관계에 관해서건, 계통수를 보지 않을 수 없게 되었습니다. 이러한 계통수들이 우리의 사고에 구체성을 부여하는 진화적 분화 패턴의 모형에 불과하다 할지라도, 우리가 새롭게 배운 것들이 진화 메커니즘에 대한 기존 생각에 도전장을 던지기 시작했습니다. 이것은 다윈이 시작한 일의 완결이 아니라 논리적으로 자연스러운 다음 단계라고 생각합니다. 우리는 이제 진화 메커니즘에 대한 정보에다 우리가 분자와 개체군 수준에서 일어나는 진화에 대해 이해하는 바와 생물 다양성을 접목할 수 있게 되었습니다. 저는 지난 30년 넘게 이 분야에 몸담을 수 있었던 것이 행운이라고 생각합니다. 제가 연구해 온 순수 식물학의 입장에서 보면 이 모든 논쟁과 토론은 식물의 진화를 이해하는 데 있어 이런 화석들이 어떤 역할을 하는지 명확하게 해 줬다고 생각합니다. 이런 일을 한다는 것 자체가 굉장한 일입니다. 지난 30여 년간 우리가 이뤄 낸 진보에 다윈도 감명을 받지 않을까 싶습니다.

최재천: 솔직히 말하자면 다윈은 『종의 기원』에서 '기원'에 대해서는 그다지 많이 언급하지 않았습니다. 그것에 대해 이야기하고 싶지 않았다기보다는 당시에는 그것에 대해 할 이야기가 많지 않았기

때문이겠죠. 그리고 지금 당신의 역사적 관점을 듣고 보니, 다윈이 지금 살아 있다면 정말 '종의 기원'에 대해서 쓸 수 있겠구나 하는 생각이 듭니다.

크레인: 예, 그리고 종뿐만이 아닙니다. 새가 어디서 왔을까 같은 커다란 질문에도 답을 얻을 수 있을 겁니다. 그는 그런 문제들에 접근할 새로운 기반을 갖게 될 테고, 우리가 지금 아는 멋지고 새로운 정보들을 배울 테니 말입니다. 게다가 우리는 이제 시조새 말고도 진화의 중간 단계를 보여 주는 일련의 화석들을 다양하게 갖고 있습니다. 그런 중간 단계의 화석들은 지금 우리가 주위에서 볼 수 있는 새들이 가진 특징들이 어떤 순서로 축적되었는지를 보여 주는 기록이라는 의미에서 중요하죠. 그리고 우리는, 예를 들어, 치아의 퇴화나 날개의 발달과 같은 것들에 대해 진화적으로, 동시에 발생학적으로 이해하기 시작했습니다. 그래서 지금이 진화학자에게는 멋진 시기인 셈이죠. 더 좋은 시기가 있겠습니까?

최재천: 예, 동의합니다. 당신은 식물 화석을 들여다보시는데, 최근 연구 동향은 어떤가요? 앞으로 10년 혹은 20년의 연구 계획은 어떻게 되나요?

크레인: 제 연구 주제는 현생 식물과 식물 화석으로부터 얻은 정보를 합쳐 식물 진화의 큰 패턴을 이해하는 것입니다. 이러한 통합이 제 경력의 큰 특징이 될 것 같습니다. 전통적으로 식물 화석을 연구하는 사람들은 대개 아주 오래전의 식물들을 연구했습니다. 예를 들어, 만약 석탄기의 식물을 연구한다면, 비교할 수 있는 현생 종이 많지 않죠. 물론 몇 가지가 있긴 하겠지만, 통합이 핵심적인 주제가 되

기는 어려울 겁니다. 하지만 30만~35만, 혹은 40만에 이르는 현생 종이 존재하는 현화식물을 연구하면, 식물 화석에서 배우는 것과 현생 종에서 얻은 정보를 어떻게 통합할 수 있는가 하는 문제로 바로 들어갈 수 있습니다. 많은 사람이 지난 20~30년간 기여를 해 왔습니다만, 저는 속씨식물의 다양성에 대한 고생물학적 기록을 20년 전에는 상상할 수 없었던 방식으로 밝혔다고 생각합니다. 엘사 마리 프리스(Else Marie Friis), 카이 페더슨(Kaj Pedersen), 그리고 제가 한 작업이 이 진보에 중요한 역할을 했던 것 같습니다. 예를 들어, 꽃 화석의 경우, 아무도 꽃이 이렇게 정교하고 세밀하게 보존되리라고는, 그것도 백악기 암석에서 그렇게 흔히 발견될 거라고는 생각하지 못했을 겁니다. 그 발견들은 새의 예에서처럼 현화식물의 진화, 즉 식물 진화에서 중요한 사건이 일어난 정확한 시점뿐만 아니라 어떤 지질학적 분포나 특정 형질을 습득하게 한 연속적 사건들에 관한 우리의 이해에 새로운 시각을 제공했습니다.

이제 남은 핵심적인 문제는 현화식물의 유래에 관한 것입니다. 이 질문의 답을 앞으로 몇 년 안에 얻을 수 있다면 멋진 일이 될 것입니다. 그리고 우리는 그런 답을 얻을 수도 있는 흥미로운 시점에 와 있습니다. 많은 분야에서, 특히 속씨식물 분야에서 우리가 가진 고생물학적 증거와 분자 생물학적 증거가 서로 일치하고 있으니까요. 그것들은 우리에게 결과를 확신시켜 주는 비슷한 그림들을 제공하고 있습니다. 그러나 현화식물의 경우는 이야기가 다릅니다. 여기서는 분자 생물학 데이터와 고생물학 데이터가 거의 반대 방향을 가리키고 있고, 왜 그럴까 하는 재미있는 질문이 생겨납니다. 그 두 데이터가 양립할 수 있을까? 서로 다른 두 가지 신호의 배후에는 뭐가 있을까? 이중에서 어떤 설명들이 기각되어야 하는 걸까? 불행히도 저는 지금 제 연구 경력의 초기 단계에 있지 않습니다. 오히려 경력을 마무리해야 할 단계에 더 가깝죠. 그렇지만 이런 질문들이 조금이라도 더 나아가는 것을 지켜볼 수 있을 만큼 충분히 오래 살고 싶습니다. 우리는 우리 자신이 뭘 하는지조차 알지 못했던 단계에서 시작해 답을 얻었다고 생각했던 단계를 지나, 다시 서로 다른 답이 두 개 있다는 것을 알게 된 단계까지 왔습니다. 그 두 가지가 양립할 수 있을지 지켜보는 것은 아주 흥미로운 일입니다. 저는 개인적으로 그들이 양립할 수 있다고 생각하지만, 그러기 위해서는 각각의 답을 지지하는 과학자들 양쪽 모두에게 약간의 겸허함과 더 비판적인 사고가 요구되겠죠. 하지만 결국은 그 둘이 양립하게 될 것이고, 궁극적으로는 두 신호 모두에서 중요한 의미를 보게 될 것입니다. 다만 아직은 '소음'에서 '신호'를 어떻게 분리할지 알아내지 못하고 있죠.

최재천: 이 모든 일이 진행되는 와중에 당신은 우리가 '세계적 수준의 연구 중심 대학 프로그램'이라고 부르는 기획에 참여하기 위해 한국에 오셨습니다. 그래서 당신과 저는 앞으로 몇 년간 함께 일을 하게 되었죠. 이 프로그램과 관련해 어떤 계획을 갖고 계십니까?

크레인: 음, 제가 대한민국 개체 생물학의 위상을 조금이라도 끌어올릴 수 있다면, 그게 좋은 목표가 될 수 있을 것 같습니다. 제게 이런 기회가 주어져서 감사하게 생각합니다. 당신이나 당신 동료들이 제가 도울 수 있을 만한 일에 저를 최대한으로 활용해 주시면 감사하겠습니다. 그래서 한국의 생물 다양성에 관심을 가지는 보다 막강한

연구 그룹이 탄생한다면 저에게도 좋은 일일 것이고, 또한 자연히 우리 환경의 미래와도 직결되는 좋은 일이 될 것입니다. 제가 그 분야의 발전에 기여할 수 있다면 정말 멋질 것 같습니다. 물론 이곳에서 화석 식물 연구가 진행될 수 있게 하고, 나아가서 이곳의 이미 훌륭한 식물 다양성 전문가들에게도 도움이 될 수 있다면 매우 기쁠 것입니다. 저는 커다란 마스터플랜 같은 건 없지만, 이곳에 머무르는 동안 제가 도움이 되었으면 합니다.

최재천: 좋습니다. 한국은 공룡의 발자국이 많이 발견되는 나라 중의 하나라서 그런 일을 시작하기에 적합한 적소(適所)일 것입니다.

크레인: 예, 한국에는 적절한 시기의 훌륭한 암석들이 많이 있습니다. 순수하게 식물학적인 시각에서는 그 유지 상태가 이상적이지는 않습니다. 그래도 어떻게 상당한 공룡 집단이 유지가 되었을지, 그들이 어떠한 생태계에 서식했을지 생각해 보는 것은 매력적인 질문이 될 것입니다.

최재천: 분명히 굉장한 식물 군락이 있었겠군요. 그렇지 않습니까?

크레인: 여러 가지 면에서 놀랄 만한 식물 군락이었을 것입니다. 그렇지만 저는 여전히 이 군락들에 이해하기 힘든 점들이 존재한다고 생각합니다. 그중 일부는 그리 울창하게 자라지 않았던 것 같은데, 그러면 어떻게 그 거대한 공룡 집단을 유지할 수 있었을까 하는 의문이 생기죠. 그래서 저는 아직도 발견되기를 기다리는 중인 놀라운 사실들이 있다고 생각하고 한국의 백악기 흔적들은 틀림없이 공룡을 연구하기에 적합한 장소라고 생각합니다. 그에 더해 식물 차원

피터 크레인과 필자. 필자 연구실에서.

의 연구가 이뤄지면 더욱 재미있는 일이 될 겁니다.

생물 다양성은 오직 진화의 불빛 아래에서만 이해할 수 있다!

최재천: 맞습니다. 좋습니다. 이제 제가 인터뷰했던 모든 사람에게 했던 질문을 하겠습니다. 다윈은 왜 중요합니까?

크레인: 그가 생각해 낸 아이디어의 중요성은 생물학의 모든 곳에서 찾아볼 수 있고, 어떤 사람들은 심지어 생물학이 아닌 다른 분야에서도 찾을 수 있다고 말합니다. 진화론적 사고는 어떠한 수준의 생물학에도 적용될 수 있는 것입니다. 그래서 "진화론을 벗어나서는 생물학의 어떤 내용도 의미를 지닐 수 없다."라는 도브잔스키의 유명한 말은 정말 맞는 말입니다. 그 말은 모든 것을 요약해 줍니다. 또한 그 이면에는 더 보편적인 의미가 있습니다. 그 문구가 정말로 무엇을 의미할까요? 제가 생각하기에 무언가를 이해하고 싶다면 그 역사를 이해하지 않으면 안 됩니다. 어떤 것이건 왜 그렇게 생겼는지 이해하고 싶다면, 어떤 생명체든 왜 특정 형태가 존재하는지, 왜 그런 방식으로 행동하고 살아가는지 이해하고 싶다면, 그것이 어디에서 왔는지 이해해야 합니다. 현재 살고 있는 환경에 대한 반응, 그중 자연 선택을 통해 형성된 것들은 어떤 것들인지, 어떤 것들이 그 역사를 통해 조절되는지, 그 발달을 저해하는지, 어떻게 다양한 환경에서 살 수 있는지 등등. 그래서 제게 역사는 굉장히 중요합니다. 진화에 대한 저의 관심은 단순히 메커니즘에 대한 것이 아닙니다. 역사

의 중요성을 포함하는 것이죠. 바로 그래서 분화 순서와 계통도가 생물학의 미래에서 중요한 역할을 하는 것입니다. 사람들은 "다 자란 채로 태어나는 것은 없다."라는 말을 하는데, 진화론적인 의미에서 처음부터 생겨나는 것은 없습니다. 모두 과거로부터 오는 겁니다. 모든 생물은 영겁의 시간을 거쳐 습득된 형질들을 아우르는 생명의 나무, 즉 계통수를 통해 연결되어 있습니다.

최재천: 그런 의미에서, 당신과 저 같은 진화 생물학자들은 정말로 역사 과학자들인 겁니다. 그렇지 않습니까?

크레인: 예, 정말 그렇습니다. 우리는 생물 다양성을 연구하는 과학자들입니다. 그리고 그 다양성은 오직 그 역사의 불빛 아래, 즉 진화의 불빛 아래에서만 이해될 수 있습니다.

최재천: 예. 대단히 감사합니다. 이것으로 인터뷰를 마치겠습니다.

크레인: 좋습니다, 모두 녹음되었기를 바랍니다. 바로 확인하시는 게 좋을 듯하네요.

최재천: (웃음) 제가 직접 하지 않는 게 좋겠습니다. 이 기술과 기계에 능숙한 젊은 친구들한테 부탁하렵니다. 다시 한번 감사드립니다.

마음을 들여다보다

일곱째 사도

마쓰자와 데쓰로

07

마쓰자와 데쓰로(松沢哲郎)

1950년 일본 에히메 현에서 출생.

1974년 교토 대학교 철학과 졸업.

1976년 교토 대학교 영장류 연구소 조수 부임.

1989년 교토 대학교에서 박사 학위 취득(침팬지 시지각 계층 연구).

1992년 교토 대학교 영장류 연구소 교수 부임.

2001년 제인 구달 상 수상.

2006년 교토 대학교 영장류 연구소 소장 취임.

2011년 과학 저널리스트 상 및 마이니치 출판 문화상 수상.

2013년 일본 문화 공로자 선정.

2014년 일본 몽키 센터 소장 취임.

2014년 일본 심리학회 국제상 특별상 수상.

『종의 기원』 맨 끝에서 세 번째 단락에서 다윈은 다음과 같이 썼다.

> 먼 미래에 훨씬 더 중요한 연구를 위한 분야들이 열릴 것이라고 생각한다. 심리학은 점진적으로 늘어나는 지적 능력과 용량을 담아내기 위해 새로운 토대 위에 놓일 것이다. 인간의 기원과 그 역사가 새롭게 이해될 것이다.

『종의 기원』에서 다윈은 내내 심리학에 대해 언급조차 하지 않다가 책의 마지막에 가서야 홀연 이런 진술을 했다. 거의 한 세기 반이 지나 제임스 왓슨은 DNA의 이중 나선 구조 발견 50주년을 기념하는 연설에서 다음과 같이 말했다.

> 다음 세기에는 생물학과 심리학이 만날 것이다. 우리는 우리의 본성으로부터 우리를 구해 줄 과학을 필요로 하게 될지 모른다.

다윈은 그 옛날 이미 뇌과학의 시대가 도래할 것을 예상했을까? 우리의 뇌를 탐구하는 것이 과학의 최전선이라는 것을 누가 반박할 수 있겠는가? 다윈과 왓슨이 얘기하는 심리학은 뇌과학이나 인지 과학을 말하는 것이다. 학문적 분야로서 영장류학은 우리가 인간의 뇌를 들여다보기 시작하며 다시 한번 각광을 받게 되었다. 마쓰자와 데쓰로는 우리의 가장 가까운 사촌, 침팬지를 연구하는 대표적인 과학자이다.

일본 영장류학의 독특한 기원

최재천: 영장류 연구 일반에 관한 질문을 던지는 것으로 제 인터뷰를 시작하겠습니다. 많은 사람이 영장류 연구라고 하면 곧바로 제인 구달(Jane Goodall) 박사님을 떠올립니다. 영장류 연구의 역사에 대해 간략히 설명해 주시겠습니까? 일본은 영장류학계에서 독특한 지위를 차지하고 있지 않습니까?

마쓰자와: 그렇습니다. 무엇보다도 일본은 영장류학에서 특별한 나라입니다. 아시다시피 현대 학문은 거의 다 서구, 즉 유럽과 북아메리카 대륙에 있는 나라들에서 들어왔습니다. 물리학, 화학, 생물학, 그리고 다른 어떤 자연 과학이든 모두 서구에서 왔습니다. 영장류학 또한 그렇습니다. 학문 자체는 서구에서 기원한 것입니다. 그런데 조금 독특한 점이 있습니다. 인간 이외의 영장류는 몇 종이나 있을까요? 총 220종이 알려져 있었지만 최근에는 좀 더 정교하게 분

류하기를 원해 350종까지 늘었습니다. 포유류 전체는 5,000종 혹은 그보다 많을 겁니다. 알려진 인간 외의 영장류는 모두 아프리카와 동남아시아, 그리고 중앙아메리카와 남아메리카 대륙에 서식하고 있습니다. 유럽과 북아메리카 대륙에는 원숭이도 유인원도 살지 않습니다. 그래서 인간이 아닌 영장류를 연구하려는 사람들은 동물원에서 연구했습니다. 동물원 우리에 원숭이나 유인원을 가둬 놓고 그들의 행동을 연구했습니다. 이것이 바로 초기 서구 영장류학의 한계였습니다.

일본은 특별한 나라라고 했죠, 왜일까요? 일본은 선진국이면서 일본원숭이(日本猿, Japanese macaque) 혹은 눈원숭이(snow monkey)라 부르는 고유한 종을 지닌 나라이기 때문입니다. (학명은 *Macaca fuscata* 이죠.) G8 국가 중에서 원숭이를 가진 유일한 나라입니다. 일본에서 영장류학은 1948년 12월 3일 이마니시 긴지(今西錦司)가 고지마(幸島) 섬에 야생 원숭이를 관찰하러 가면서 시작됩니다. 그는 두 명의 젊은 대학생 이타니 준이치로(伊谷純一郎)와 가와무라 슌조(川村俊蔵)의 도움을 받았습니다. 나중에 이 둘은 모두 교토 대학교의 교수가 되었죠. 그때 이마니시는 대학교에서 보수도 없이 강사로 일하고 있었습니다. 1902년생이니 46세의 나이에 무보수 강사를 하고 있었던 거죠. 당시에도 동물학을 전공한 교수와 부교수가 있었지만 학생들은 이 무보수 강사를 따랐습니다. 왜 그랬을까요? 왜냐하면 그가 던지는 질문들이 너무나 흥미로웠기 때문입니다. 인간 사회의 진화적 기원은 어디에 있는가? 그것은 어디에서 왔는가? 젊은 시절 이마니시는 몽골에서 야생마들을 관찰하며 지냈습니다. 그는 이 경험에 기반을 두고 제2차 세계 대전 직후 일본의 남부인 규슈 미야자키 현의 도이(都井) 곶에 말을 관찰하러 갔습니다. 그리고 어느 날 저녁 이마니시와 학생들은 숲에서 원숭이들이 이동하는 것을 보게 됩니다. 그리고 거의 동시에 그들은 깨닫습니다. "오, 말이 아니야. 인간 사회의 진화적 기원에 대해 더 많이 알기 위해서는 원숭이를 연구해야 해." 그래서 그들은 도이 곶에서 고지마 섬으로 옮겨 가게 됩니다. 그 두 지역은 같은 미야자키 현에 속하고 20킬로미터 정도 떨어져 있습니다. 좋은 길도, 기차도, 차도 없던 시절이라 무거운 짐을 들고 산을 가로질러 고지마 섬에 도착했습니다.

최재천: 그러고는 배로 건넜나요?

마쓰자와: 예, 배로 이동했습니다. 고지마 섬은 일본 본토에서 그리 멀지 않아요. 그저 몇백 미터 정도 떨어져 있죠. 그리고 지역민들의 노력으로 고지마 섬은 잘 보호되고 있었습니다. 국가 유산으로도 벌써 지정이 되었죠. 그곳에 원숭이가 있는 것을 사람들은 알고 있었죠. 이마니시와 학생들이 처음 고지마 섬에 간 날이 일본에서 영장류학이 탄생한 날입니다. 그날 이후, 기록에 따르면 이마니시와 동료들은 숲에서 1,500일을 보냈습니다. 1948년부터 1955년까지 첫 7년을 열아홉 곳에서 지냈습니다. 팀은 열 명 정도의 사람들로 이뤄져 있었고 이마니시가 총책임자였으며 그 아래 많은 대학생이 있었습니다. 그들은 제가끔 나뉘어 시모키타(下北) 반도, 교토의 아라시야마(嵐山), 규슈의 다카사키야마(高崎山), 심지어는 이제 세계 자연 유산으로 지정된 남부의 야쿠시마(屋久島) 섬까지 갔습니다. 아시겠지만 일본은 남북으로 매우 긴 섬나라입니다. 따라서 눈이 많이 오는

마쓰자와 데쓰로.

시모키타 반도는 사실상 일본원숭이와 인간이 아닌 유인원의 북방 한계선입니다. 중부인 나가노 현 시가(志賀) 고원은 눈원숭이들이 온천을 즐기는 곳으로 매우 유명하죠. 그리고 아열대 지역인 야쿠시마까지, 그들은 매우 다양한 지역으로 찾아갔습니다.

60년 전으로 돌아가 보죠. 거의 모든 일본인이 원숭이를 보았습니다. 원숭이나 사슴, 멧돼지, 곰 등은 상대적으로 큰 포유류이기 때문입니다. 따라서 사람들이 원숭이를 볼 기회가 잦았습니다. 어미 원숭이가 새끼를 안고 있는 것도 매우 쉽게 관찰되었죠. 그러나 일반인들이 원숭이를 볼 기회는 많았지만 어떠한 연구도 없었습니다. 아무도 원숭이에 대해, 그들의 삶에 대해 알지 못했습니다. 이제 우리는 어느 정도 알고 있습니다. 심지어 비전문가들도 원숭이에 대해 약간은 알죠. 하지만 당시에는 아무도 원숭이에 대해 몰랐습니다. 어미와 새끼는 쉽게 관측이 되지만, 가족은 어디에 있을까? 사회 집단은 어디에 있을까?

원숭이들의 집단을 볼 수 있더라도 그들의 사회를 이해하기 위해서는 아주 신중한 관찰이 필요합니다. 그래서 이마니시와 그의 학생들은 세 가지 방법을 개발했습니다. 첫 번째는 원숭이들을 식별하기 위해 개체에게 이름, 즉 별명을 지어 주는 것이었습니다. 두 번째는 밀이나 감자를 주며 원숭이들을 유혹한 다음 가까운 거리에서 관찰하는 겁니다. 멀리서는 관찰하기가 어려웠기 때문입니다. 이를 익숙화와 먹이 공급이라 부릅니다. 세 번째는 장기 관찰입니다. 개체 식별, 익숙화와 먹이 공급, 장기 연속 관찰, 이것들은 실제로 이마니시와 그의 연구진에 의해서 개발된 것입니다. 그 후로 60년 동안 혹은 그 이상이 흐른 지금까지 어디서건 이 방법들을 사용합니다. 관찰 대상이 무엇이건, 코끼리건 사자건, 이 연구 방법을 발명한 이가 누구인지는 인식하지 못한 채 사람들이 이 방법을 따르고 있습니다.

최재천: 그러니까 동양과 서양 모두 야외에서 동물 행동을 연구할 때는 이마니시 박사가 설계한 방법을 쓴다는 말씀이죠?

마쓰자와: 그렇습니다.

최재천: 개체에게 이름을 붙이는 것도 그러한가요? 우리는 제인 구달 박사의 유명한 이야기를 알지 않습니까? 그녀는 침팬지들에게 이름을 지어 주었고 그 일로 곤란을 겪었죠.

마쓰자와: 글쎄요, 우리는 노벨상 위원회가 아닙니다. 누가 먼저인지를 따질 필요는 없을 것 같네요. 제인 구달과 아주 친하기 때문에 그의 이야기는 잘 알고 있습니다. 제인은 독자적으로 그만의 연구 방법을 개발한 것이겠죠.

최재천: 이마니시에 대해 전혀 모른 채로요?

마쓰자와: 예, 제인은 일본인들의 시도에 대해 모른 채 곰비 침팬지들에게 이름을 지어 주었습니다. 이름을 지어 주는 것은 어릴 때 개들과 살면서 늘 하던 일이라고요. 제인은 침팬지들에게 별명을 지어 주고 먹이 공급을 했고 장기적인 연구를 했죠. 우리 인간은 서로 다르지만 동등하기 때문에 연구하는 지역이 다르다고 해도 연구 대상과 방법에 대해 깊이 고민한다면 같은 결론을 얻는 것이 충분히 가능합니다. 하지만 누가 먼저인지를 꼭 말해야 한다면 확실히 제인은 아닙니다. 이마니시가 이 방법을 개발한 것이 1948년이고, 제인 구달이 곰비에 간 것이 1960년 7월 14일이기 때문입니다. 따라서 누

가 먼저 했는지는 명백합니다. 그렇지만 저는 제인의 선구적인 업적을 부정하지 않습니다. 그리고 비록 이마니시와 그의 팀이 이미 영어로 논문을 출간하긴 했어도 이마니시가 제인에게 어떤 영향도 끼치지 않았음을 우리는 알고 있습니다. 영장류학 학술지 중 가장 오래된 학술지 중 하나인《프라이메이츠(*Primates*)》가 1957년에 나왔기 때문에 서양의 일부 학자들은 이미 이마니시의 방법을 알고 있었습니다. 제인은 당시 어떤 연구가 진행됐는지 알지 못했습니다. 아니면 지도 교수였던 루이스 리키(Louis Leakey)나 그 후의 로버트 하인드(Robert Hinde) 등도 극동 섬나라에서 이뤄진 독특한 공헌에 그다지 관심을 기울이지 않았던 건지도 모릅니다. 이메일이나 인터넷이 없던 시대였으니까요.

제가 말하고자 하는 요점은 이마니시와 그의 그룹, 일본 영장류학자들이 인간 본성의 진화적 기원을 알기 위한 새로운 학문, 영장류학을 창시하는 데 있어서 정말 독특한 자신들의 방법을 고안해 냈다는 것입니다. 일본에는 원숭이에 관한 수많은 어린이 책이 있고, 원숭이는 일본인들에게 매우 친숙합니다. 우리는 일상에서 원숭이를 보았고 전통 문화를 통해 원숭이에 대한 많은 것을 배웠습니다. 그래서 일본 사람들은 원숭이에 많은 관심을 보입니다. 이것이 일본 영장류학 탄생의 배경이었는지도 모릅니다.

하지만 반대로 생각해 봅시다. 이마니시는 외국어로 된 많은 책을 읽었습니다. 메이지 시대(1868~1912년)인 1902년에 태어났으며 제2차 세계 대전보다 훨씬 전인 제1차 세계 대전 직후 다이쇼 시대(1912~1926년)에 젊은 시절을 보냈습니다. 두 세계 대전 사이는 비교적 정적이고 조용한 시대였고, 이 시기에 일본의 자유주의와 민주주의가 태동하게 됩니다. 이마니시는 다이쇼 시대의 매우 자유로운 분위기에서 공부했습니다. 국민 모두가 투표하는 보통 선거로 의회 의원들을 선출하기 시작했습니다. 일본에서는 1925년에 처음으로 만 25세 이상의 남성에게 선거권이 부여되었죠. 사람들은 자유롭게 서구에서 온 온갖 지식을 흡수했고 국가는 외국 교수들을 초빙하려 노력했습니다. 곤충학의 경우에는 독일에서 온 외국인 교수가 독일어로 멋진 강의를 진행했습니다. 특히 의학 분야와 생물학에서 일본은 독일과 강하게 연결되어 있었죠. 이마니시는 메모를 독일어, 영어 모두로 남겼습니다. 물론 그는 한국과 중국에서 전래된 지극히 동양적인 사고와 문화의 영향을 오랫동안 받기도 했습니다. 따라서 이미 다윈은 그의 독서 목록에 들어 있었습니다.

이마니시는 전적으로 다윈의 진화론에 동의했습니다. 하지만 한 가지 그의 이해에 들어맞지 않는 것이 있었는데, 바로 자연 선택, 특히 선택이라는 단어였습니다. 그의 자연은 결코 선택하지 않습니다. 그것이 그의 핵심이었습니다. 그래서 이마니시는 다윈의 진화론에 기반해 세계를 이해하는 자신만의 방식을 확립했는데, 선택만큼은 받아들이지 않았습니다. 이마니시는 다른 체계가 있어야 한다고 생각했고 스피시아(specia), 즉 종사회(種社会)라는 단어를 만들었습니다. 스피시아는 추상적인 개념이 아니라 종처럼 세계에 존재하는 것이죠.

최재천: 실재하는 독립체군요.

마쓰자와: 실재하는 독립체. 종은 우리가 고안한 추상적 개념인

지도 모릅니다. 하지만 스피시아는 하나의 곤충 개체처럼 실재합니다. 1930년대 초반에 그는 하루살이를 연구했습니다. 현대적 분류 기준에 따르면 서너 종이 있었는데, 한 종은 강 중심부의 물살이 매우 빠른 곳에서, 한 종은 강변에, 한 종은 매우 느린 물살에, 그리고 다른 하나는 그냥 중심부에 있었습니다. 서로 다른 종으로 볼 수가 있죠.

최재천: 생태학에서는 이를 대개 '니치 분할(niche differentiation)'이라고 하죠.

마쓰자와: 예, 니치 분할입니다. 각각의 종은 자신만의 고유한 생태적 지위를 찾아 평화롭게 공존합니다. 그것은 선택의 문제가 아니라 평화로운 공존의 문제이며 이마니시가 말한 '홀로스피시아(holospecia)', 즉 '생물 전체 사회(生物全体社会)'를 만드는 일차적인 원동력일지도 모릅니다. 우리도 각자의 생각은 분명하게 다르지만 하나의 사회를 이뤄 삽니다. 이제 한 단계 더 올려 보도록 하죠. 각각의 사회는 유일무이합니다. 이 경우에는 스피시아이지만 모든 종의 사회는 홀로스피시아를 만들어야만 합니다. 이는 가이아(Gaia) 이론과 유사합니다. 홀로스피시아는 세상의 모든 개체가 스피시아로 이루어져 있다는 걸 의미합니다. 홀로스피시아는 스피시아로 이루어져 있고, 각각의 스피시아는 개체들로 이루어져 있죠. 각각의 개체는 다르면서 동등합니다. 각각의 스피시아는 다르고 유일무이하지만 동등하고 홀로스피시아를 만듭니다. 이것이 이마니시가 곤충학 연구에 기초해 만든 그만의 아이디어입니다.

그는 매우 신중하고 체계적이었습니다. 그는 매우 꼼꼼하게 곤

충을 그렸습니다. 죽은 곤충으로 연구했던 것이죠. 그는 다윈의 책을 포함해 많은 책으로 공부했습니다. 그러고 나서 그는 죽은 곤충으로 연구를 하는 게 그리 좋지 않다는 것을 깨달았습니다. "곤충은 살아 있으니 우리가 나가자." 하며 현장 연구를 시작했던 겁니다. 그리고 하루살이 유충의 니치 분할, 즉 종 분화를 발견했습니다. 그 후 말을 연구했고 그다음에는 원숭이로 옮겨 갔죠. 따라서 원숭이를 연구하기 전에 이미 자신만의 진화 이론을 가지고 있었습니다. 그것은 그의 대표 저서인 『생물의 세계(生物の世界)』에 담겨 있고, 이 책은 최근 영어와 스페인 어로 번역됐습니다.

저는 이마니시와는 거의 50년 차이가 나고 대학에서는 철학을 전공했습니다. 그러니 제가 가진 핵심적인 질문도 인간 본성이 무엇인가, 그것이 어디에서 왔는가입니다. 우리는 어디에서 왔나요? 우리는 무엇인가요? 우리는 어디로 가나요? 하지만 18세의 나이에 대학에 갔을 때 갑자기 저는 소크라테스, 플라톤, 아리스토텔레스, 데카르트, 칸트 얘기를 하는 철학 교과서들을 보며 제가 행복하지 않다는 걸 깨달았습니다. 무슨 얘기를 하든 흰 종이 위 검은 패턴에 불과했습니다. 저는 바로 제 앞에 있는 세상인 자연에 관심이 있었습니다. 책에 대한 관심은 사라졌습니다. 그래서 저는 산을 오르기 시작했습니다. 이것은 또 다른 이마니시의 전통입니다. 이마니시는 열정적인 산악인이었습니다. 그는 유럽으로부터 온갖 등산 장비와 기술을 도입했습니다. 히말라야 원정대를 조직하기도 했습니다. 영장류학 전통과 히말라야 등반 모두에서 저는 그의 영적 후계자입니다.

이마니시는 그의 현장 연구를 통한 직접적인 경험을 바탕으로 자신의 연구를 시작했습니다. 하지만 서양에서 확립된 지식에 기반해 있었습니다. 그는 다윈은 물론, 야생에서 긴팔원숭이와 붉은털원숭이를 연구한 미국의 선구자 클래런스 레이 카펜터(Clarence Ray Carpenter)에 대해 알고 있었습니다. 서양의 영장류학자들은 이미 포획 상태의 동물원 영장류를 연구했고, 제2차 세계 대전 이전인 1930년대에 야외 연구도 시작했습니다. 그러한 것들이 이미 이마니시의 머릿속에는 입력이 되어 있었죠. 카펜터는 태국에서 아주 훌륭한 긴팔원숭이 연구를 했습니다. 그는 야생 긴팔원숭이의 성비와 가족 구조를 연구했습니다. 놀랍게도 그는 1930년대에 이미 의사 소통과 영역 행동을 연구하기 위해 녹음기를 사용했습니다. 결국 그는 야생 긴팔원숭이에 대한 훌륭한 논문을 출간했습니다. 하지만 몇 달간의 연구가 끝난 후 카펜터는 그들의 위 속에 무엇이 있는지를 보고자 모든 긴팔원숭이를 쏘아 죽였고, 그 표본을 해부학적 연구와 다른 연구를 위해 본국으로 가지고 갔습니다. 이는 이마니시의 접근법과 매우 다른 점입니다.

1948년부터 순전히 개체 식별, 익숙화, 그리고 장기 연속 관찰을 통한 연구로 이마니시는 일본원숭이가 모계 사회임을 발견했습니다. 독거 개체는 항상 수컷이었습니다. 수컷은 나갔다 들어왔다 하지만, 할머니, 엄마, 딸은 항상 머뭅니다. 그리고 이마니시 등은 번식기를 발견했습니다. 원숭이들은 늦가을부터 겨울까지 교미를 하고 봄부터 여름까지 번식을 했습니다. 그들은 또한 발성을 연구했습니다. 결국에는 고구마를 씻는 문화적 전통을 발견하고 그것이 어떻게 출현했는지, 어떻게 세대를 거쳐 전달되는지, 전달 과정에서 어떻게 변형되는지를 발견했습니다. 그래서 발생, 전달, 변형이라는 야생 일본원숭이 문화의 세 가지 중요한 측면이 드러나게 되었습니다.

이 모든 게 제가 대학에 가기 전에 일어난 일입니다. 제가 18세의 나이에 대학생이 되었던 1969년에 이마니시의 업적은 모두 다 매우 유명했습니다. 철학 전공이었던 저도 그의 책들을 읽었죠. 따라서 영장류학에 입문했을 때 저는 이마니시처럼 생각했습니다. 다윈이나 서구적 사고에서 직접적인 영향을 받은 게 아니었죠. 일단 50년 전의 제 영적 선조가 서구의 사고를 소화하고 흡수했고, 그것이 제 연구의 밑바탕이 되었습니다. 그가 제게 가르쳐 준 것은 두 가지입니다. 첫째, 야외 연구가 중요하다, 반드시 자연 서식지에서 연구해야 한다. 둘째, 유일무이해야 한다, 다른 누군가를 따라 하지 말고 자신만의 세계를 창조해야 하며, 자신만의 방식으로 이 세계를 이해하려 노력해야 한다는 것이었습니다. 인간의 본성에 대해 알아 가는 것이 제게 동기를 부여했음도 불구하고, 저는 마음에 대해 알아 가기 위해 실험 심리학부터 시작했습니다. 모든 것은 학문적 배경과 더불어 제 나라의 문화적 배경으로부터 시작되었습니다.

나는 서구와 일본, 과학과 철학의 혼혈

최재천: 스스로 이마니시의 후계자라고 밝히셨는데요, 명백한 차이점이 있는 것 같습니다. 당신은 자연 선택의 개념을 수용했습니다. 어디서부터 이마니시와 다른 길을 가게 되셨나요? 이렇게 생각해 보

마쓰자와 데쓰로.

겠습니다. 당신만이 아닙니다. 일본에는 이마니시 이후로 수많은 영장류학자가 있었습니다. 그중 많은 이들이 이마니시를 따랐고, 심지어 스피시아라는 개념도 그대로 받아들였습니다. 하지만 제가 이해하기로는 당신은 매우 드물게도 그 길에서 분리되어 나온 사람 중 하나입니다. 당신은 다윈의 자연 선택 개념을 완전하게 받아들였습니다. 그렇지 않습니까?

마쓰자와: 글쎄요, 일본의 현재 상황을 봅시다. 영장류학자를 포함해서 모든 생물학자가 다윈의 진화론을 받아들이고 있습니다. 의심의 여지가 없죠. 이마니시의 '진화 이론'은 정식 이론은 아닙니다. 그는, 예를 들어, 메커니즘에 대해서는 이야기하지 않았습니다. 1960년대에는 해밀턴과 같이 혈연 선택이라는 우아한 설명 체계를 만들어 낸 사람이 있었습니다. 다윈이 생각한 적합도는 개체의 적합도가 아니라 집단의 적합도입니다. 1960년 전체 말고 일본 영장류학 역사의 후반 절반을 봅시다. 침팬지 마음에 관한 제 연구는 1978년에 시작되었으므로 후반기 일본 영장류학사를 일구었다고 볼 수 있습니다. 제가 침팬지 연구를 시작했을 때만 해도 아무도 인간과 침팬지, 고릴라, 오랑우탄의 관계에 대해 몰랐습니다. 기억하시겠지만 1970년대까지만 해도 인간과 가장 가까운 영장류에 대해서는 논란이 많았습니다. 침팬지일 수도 있었고, 직립 자세만 보면 오랑우탄일지도 몰랐죠. 과학자들은 침팬지, 고릴라, 오랑우탄이 대형 유인원이라는 하나의 그룹을 이루고, 인간과의 공통 조상에서 분기된 공통 조상을 가졌을 것이라고 믿었습니다. 당시의 계통수는 인간과 대형 유인원이 공통 조상을 공유하고 있음을 암시해 주었습니다. 대형

유인원의 공통 조상은 침팬지, 고릴라, 그리고 오랑우탄으로 분화되었죠. 하지만 21세기가 된 지금 우리는 이것이 완전히 틀렸음을 알게 되었습니다. 모든 호미니드(hominid)는 이후 아시아 호미니드와 아프리카 호미니드로 나뉘게 된 공통 조상을 갖고 있었습니다. 아시아 호미니드는 결국 오랑우탄으로 밝혀졌습니다. 아프리카 호미니드는 인간, 침팬지, 고릴라의 공통 조상입니다. 고릴라가 먼저 분기됐습니다. 그리고 인간과 침팬지가 대략 500만~600만 년 전에 나뉘었습니다. 이것은 화석 증거와 유전체 연구에서 나온 최근의 이야기입니다. 그리고 이제 인지 과학을 기반으로 해서 우리는 인간이 어떻게 침팬지와 이토록 가까운지, 그리고 원숭이들과는 완전히 다른지를 알게 되었습니다. 호미니드가 한 그룹을 이루고 원숭이들은 다르죠. 우리는 꼬리가 전혀 없는 유인원입니다. 그리고 인간과 침팬지는 생물학적, 그리고 심리학적으로도 가장 가깝습니다. 전 세계에 퍼져 있는 제 동료들이 지난 30년간 일군 노력 덕분에 최근에 와서야 정립된 개념입니다.

최재천: 객관적으로 보면, 최근 서양 영장류학이 매우 빠르게 엄청나게 성장했음을 부인할 수 없습니다. 학계의 공통 언어가 영어라는 언어의 덕을 본 탓이라고 할 수도 있겠지만, 하여간 일본 영장류학이 얼마간 답보 상태에 있었던 것도 사실입니다. 어쩌면 일본 영장류학자들이 영장류 연구를 하면서 다윈주의적 아이디어들을 충분히 수용하지 못했기 때문일지도 모릅니다. 이러한 평가에 대해 어떻게 생각하시는지요?

마쓰자와: 글쎄요, 그렇기도 하고 아니기도 합니다. 역사적으로

일본은 단 한 번도 영장류학계에서 최고였던 적이 없습니다. 말씀드렸다시피 영장류학은 유럽에서 시작된 학문이기 때문입니다. 이마니시와 동료들은 실내에서 개코원숭이를 연구한 엘케 치머만(Elke Zimmermann), 20세기 초반 침팬지 마음 연구의 개척자였던 볼프강 쾰러(Wolfgang Köhler), 클래런스 카펜터 등으로부터 많은 것을 배웠습니다. 이런 의미에서 영장류학은 서구식 사고에 완전히 지배받게 되었죠. 이마니시는 조용한 연못에 조그마한 돌을 하나 던진 것뿐입니다. 매우 작은 돌에서 시작된 파문이 연못 전체로 퍼져나갔습니다. 사람들은 야외에서, 그리고 실험실에서 무언가를 하는 일본 영장류학자들이 있었다는 걸 알게 됐습니다. 저 역시 그들 중 하나로서 야외와 실험실 모두에서 매우 독특한 침팬지 마음 연구를 하고 있습니다. 컴퓨터를 이용해 인간과 침팬지를 직접적으로 비교하는 비교 인지 과학이라는 새로운 학문을 만들었죠. 같은 기기를 사용하고 같은 절차에 따라 인간과 침팬지를 연구하죠. 서양에는 야생에서 연구하는 크리스토프 보슈(Christophe Boesch), 리처드 랭엄(Richard Wrangham), 제인 구달, 그리고 실험실에서 일하는 데이비드 프리맥(David Premack)과 프란스 드 월(Frans de Waal) 등 뛰어난 학자들이 많이 있었죠.

에드워드 윌슨의 『사회 생물학』은 일본 영장류학 근대화의 표석이었습니다. 그때가 1975년이었습니다. 제가 그걸 확실히 기억하는 이유는 제가 1976년에 26세의 나이로 첫 직장을 얻었기 때문입니다. 저는 당시에 원숭이들의 학명도 잘 몰랐습니다. 당시 일본에는 사회 생물학자가 없었고, 『사회 생물학』의 일본어판을 번역 출간할 때 마지막 두 장이 제게 할당되어 제가 번역을 맡게 되었죠. 학문들을 나눠 놓은 그 유명한 도표를 보고 정말 큰 충격을 받았습니다. 사회 생물학이 커 가는 반면, 비교 심리학은 줄어들고 있었죠. 이 거대한 책에서 학습은 오직 한 단락, 그것도 아주 적은 분량을 차지하고 있었습니다. 저는 개별 행동을 연구하는 심리학자로서 사회 생물학의 영역에서 심리학이 얼마나 작은지를 보고 충격을 받았습니다. 그러고 나서 확신하게 되었습니다. 여기가 바로 내 '니치'구나. 이마니시의 영적 후계자로서 저는 히말라야 등반을 통해 독립적이고 독특해야 하며 주류와 달라야 한다는 점을 배웠습니다. 다윈 이론으로부터 많은 것을 배웠다고 하더라도, 자신만의 작은 세계를 갖춰야 한다는 걸 말이죠. 그래서 저는 개체에 초점을 맞추고 싶었습니다. 저는 학습에 초점을 맞춰 개체의 탄생에서부터 죽음에 이르기까지 전체 인생에 대해 더 많이 알고 싶었습니다.

침팬지 아이 프로젝트

최재천: 당신의 침팬지 마음 연구에 대해 간략히 설명해 주실 수 있습니까?

마쓰자와: 제 프로젝트는 '아이 프로젝트'라고 하는데, 주된 연구 대상인 암컷 침팬지 '아이(Ai)'의 이름을 딴 것이죠. 아이는 한 살 때 일본으로 왔고, 우리 연구는 1978년에 시작되었죠. 저는 단 한 마리의 침팬지에 집중했고, 질문은 이 침팬지는 이 세계를 어떻게 지

각하는가였습니다. 인간 지각과 인지, 기억에 관해서는 많은 연구가 있습니다. 하지만 인간 외의 다른 동물, 특히 침팬지에 대해서는 거의 없었죠. 연구 성과가 쌓여 갔습니다. 그리하여 '유인원 언어의 시대'가 왔고 저는 유인원 언어 해독가인 양 살았습니다. 하지만 사실 언어 자체에는 별 관심이 없었습니다. 저는 지각에 흥미가 있었죠. 언어는 그저 그들의 마음에 접근하기 위한 매개체일 따름이었습니다. 그래서 저는 아이에게 한자와 일본어 가나 문자, 알파벳, 아라비아 숫자, 그리고 시각적 기호, 즉 그림 문자 등을 가르쳤습니다. 유인원 언어 프로젝트의 일부였죠. 하지만 저만의 독특한 목적은 이러한 언어를 매개체로 사용해 침팬지가 이토록 다양한 세계를 어떻게 지각하는가를 알아보는 것이었습니다. 침팬지는 이제 문자로써 색깔을 분류하는 것을 배웠습니다. 저는 아이의 시각적 예민함을 시험했습니다. 시력이 1.5로 아주 좋다는 걸 알았습니다. 알파벳을 사용해 시험한 거죠. 우리가 심리 물리학(心理物理學, psychophysics)이라 부르는 분야에서 사용하는 것과 동일한 방법, 동일한 시험 과정입니다. 심리적 현상을 물리적 척도로 측정하는 거죠. 그런 다음 숫자 능력으로 옮겨 갔습니다.

제 생각에 숫자는 언어 능력의 작은 부분이지만 매우 명확하게 규정되어 있습니다. 0에서 9까지 오직 10개의 구성 요소가 있지만 그것들을 결합해서 10과 같은 새로운 수를 만들 수도 있죠. 따라서 숫자 사용 능력에는 요소들을 결합해 새로운 의미를 만들어 내는 통사론적 구조가 있다고 볼 수 있습니다. 심지어 1, 2, 3과 같은 기호들도 두 개의 서로 다른 의미를 가지고 있습니다. 일, 이, 삼은 기수(記數)

이고 첫째, 둘째, 셋째는 서수(序數)입니다. 기수와 서수는 언어 능력의 작은 부분이기도 해서 저는 숫자에 집중하기로 했습니다. 제 첫 논문이 1985년에《네이처》에 실리게 되었죠. 그리고 이제 침팬지가 숫자를 기억하는 데 탁월한 능력이 있음을 발견하는 데까지 왔습니다.

1986년 제 연구 인생에서 새로운 순간이 찾아왔습니다. 그때 저는 안식년을 맞아 펜실베이니아 대학교에 갔었고 그곳에서는 저의 스승 데이비드 프리맥이 사라(Sarah)를 비롯해 여러 침팬지들에게 수화(手話)를 가르치고 있었습니다. 그와의 대화를 통해 저는 본능적으로 제 연구의 니치를 발견하게 되었습니다. 그때까지 데이비드는 그의 연구를 위해 한 번도 아프리카에 가지 않았고 제인 구달은 한 번도 실험실에서 연구하지 않았습니다. 그래서 저는 그 둘 다를 직접 하기로 했습니다. 저는 이미 실험실 연구를 하고 있었고 히말라야 등정 경험으로 야외 연구도 능숙하게 할 수 있으리라는 자신이 있었습니다. 저는 펜실베이니아에서 비행기를 타고 서아프리카 라이베리아의 수도 몬로비아로 날아갔고, 거기서 북쪽으로 기니까지 갔습니다. 이러한 여행과 야외 연구는 히말라야 등반과 비교하면 너무너무 쉬운 일이었죠. 저는 아프리카에서 몇 달을 보냈고, 그 후로 매년, 그래서 벌써 30년 가까이 야생 침팬지를 관찰하기 위해 아프리카를 찾고 있습니다.

기니 남동부 보수(Bossou) 지역에 서식하는 침팬지는 도구를 폭넓게 사용하는 매우 특별한 침팬지들입니다. 특히 돌 도구를 많이 쓰죠. 견과를 깨부술 때는 손에 들 수 있는 돌 두 개를 사용합니다. 저는 침팬지 지능의 또 다른 측면인 도구 사용에 초점을 맞췄습니다. 아침부터 밤까지 그들의 하루를 세심하게 관찰하면 침팬지 마음의 다양한 측면들, 이를테면 모자 간, 혹은 동료 간 협동, 이타적 행동, 상호관계 등을 발견할 수 있습니다. 이러한 것들은 제 마음에 하나의 세트로 들어왔습니다.

1986년 11월에 저는 처음으로 제인 구달을 만났습니다. 그때 제인 구달의 획기적인 연구가 하버드 대학교 출판부에서 『곰비의 침팬지(*The Chimpanzees of Gombe*)』라는 제목의 책으로 출간되었죠. 그래서 시카고 과학학회는 최초로 모든 침팬지 연구자들이 한데 모이는 자리를 마련했습니다. 제인으로서는 우리에 갇힌 침팬지들의 비참한 상태와 아프리카의 극도로 열악한 환경을 알게 된 중요한 순간이었습니다. 그래서 그녀는 과학자의 길을 그만두고 보전 운동가로 전향했죠. 저에게도 중요한 순간이었습니다. 첫째로는 제인 구달을 만난 것, 둘째로는 침팬지 과학 연구와 더불어 침팬지 보전과 복지 문제에 참여하게 된 것이었습니다.

다윈이 침팬지들을 만난다면

최재천: 말씀하셨듯이 당신은 이제 학문의 세계에서 당신만의 영역을 창조하셨습니다. 인터뷰를 시작하며 말씀드렸지만, 이 인터뷰는 올해가 다윈의 해이기 때문에 기획이 되었습니다. 당신의 연구에서 다윈은 얼마나 중요한가요? 특히 다윈의 책 『인간과 동물의 감정 표현』과 관련해서 당신 연구에 이 책이 미친 영향에 대해 말씀해 주세요.

마쓰자와 데쓰로와 필자.

마쓰자와: 제게 『인간과 동물의 감정 표현』은 행태학에 관한 책입니다. 두 가지를 지적하고 싶군요. 『인간과 동물의 감정 표현』은 분명히 제인 구달에게도 매우 중요한 책일 겁니다. 아까도 말씀드렸다시피 저는 이마니시의 영적 후계자입니다. 육체적인 세계는 모든 개체에게 같은 것입니다. 하지만 그 세계가 어떻게 인식되는가는 개체마다 다르겠죠. 저는 이 방에 앉아 있습니다. 그리고 파리가 방안을 날아다니고 있군요. 제가 인식하는 세상과 파리가 인식하는 세상은 아마 다르겠죠. 이것이 제가 대학생이었을 때 접한 이마니시의 첫 번째 질문입니다. 그러니 다윈이 직접적으로 제게 영향을 미친 것은 아닙니다. 다윈의 사고는 소리 없이 제 마음속으로 침투해 들어왔는데, 그것은 다윈의 이론에 꽤 잘 들어맞는 저의 동양 문화적 배경, 특히 불교적 믿음에 기반해서 그렇게 된 것입니다. 확실히 서양을 지배하는 기독교적 믿음과는 대조되죠. 불교적 신앙은 제가 다음 생에는 개나 곤충이 될지도 모른다고 이야기해 줍니다. 다음 생에는 다시 인간이 될지도 모르죠. 인간은 심지어 쌀과도 유전자의 40퍼센트를 공유하고 있습니다. 우리는 쌀을 먹고 쌀에 의존해 살아가지만, 우리와 쌀은 많은 것을 공유하고 있는 살아 있는 유기체이며 공통 조상을 갖고 있죠. 제가 진화 이론을 받아들이는 데 있어서 제 문화적, 영적, 그리고 종교적 배경은 매우 중요하다고 생각합니다.

최재천: 다윈이 살아 돌아와 당신을 만나러 왔다고 가정해 봅시다.

마쓰자와: 오!

최재천: 그와 어떤 일을 하고 싶으십니까?

마쓰자와: 완벽한 존경심을 가지고 저는 찰스 다윈을 제 인생에

환영할 겁니다. 제 침팬지들과 그들의 능력을 보여 주고 싶군요. 부스로 모시고 가서 우리가 배운 침팬지 소리를 이용해 어떻게 침팬지들과 소통하는지 보여 주는 겁니다. 찰스는 제가 그들의 표현을 잘 모방하는 걸 보고 매우 기뻐할 겁니다. 마지막으로 그에게 저와 함께 아프리카로 가자고 제안할 겁니다. 자연 서식지에 사는 침팬지들을 그에게 소개하고 싶군요.

최재천: 이 질문은 제가 인터뷰한 모두에게 던진 질문인데요. 당신께도 같은 질문을 드리겠습니다. 우리에게는 왜 다윈이 이토록 중요할까요?

마쓰자와: 글쎄요, 아마도 제가 예외의 경우에 속할 수 있겠네요. 저는 생물 과학과 인문학의, 말하자면 혼혈입니다. 저는 대학 때 철학을 전공했고 과거의 위대한 철학자들을 모두 존경했습니다. 예, 다윈은 중요합니다. 그에게서 진화에 대한 많은 것을 배웠습니다. 저는 다윈을 전적으로 존경하지만, 그는 제게 일부일 뿐이고 저의 전부일 수는 없습니다.

최재천: 예, 정말 뜻밖이군요. 당신 말씀을 듣다 보니, 일본 영장류학에 여전히 다윈에 대한 상당한 반감이 있음을 느낄 수 있었습니다. 아시다시피 저도 동양인이지만 고급 학위 수준의 교육은 전적으로 서양에서 받았습니다. 당신의 큰 도움으로 저는 최근에 한국에서도 영장류 연구를 시작하게 되었습니다. 저 또한 혼혈의 경우에 속하지만, 약간 다른 경우로서 한국의 영장류학이 어떤 방향으로 나아가게 될지 지켜보는 것은 매우 흥미로운 일이 될 것 같습니다. 정말 유익하고 유일무이한 인터뷰에 감사드립니다.

블루칼라 다윈학자

여덟째 사도

스티브 존스

08

존 스티븐 존스(John Stephen Jones)

1944년 영국 애버리스트위스(Aberystwyth)에서 출생.

1972년 에딘버러 대학교에서 박사 학위 취득(유전학).

1991년 BBC 리스 강연, "유전자 언어(The Language of the Genes)".

1995년 유니버시티 칼리지 런던 유전, 진화 및 환경 학과 학과장 부임.

1996년 BBC 다큐멘터리 「인 더 블러드(In the Blood)」 방영.

1996년 마이클 패러데이 상 수상.

2006년 전국 세속주의자 협회(National Secular Society)로부터
'올해의 세속주의자'로 선정.

2011년 영국 과학 교육 협회(The Association for Science Education) 대표 취임.

내가 스티브 존스와 인터뷰를 한 며칠 후 그는 영국 왕립 외과 전문의 대학(Royal College of Surgeons of England, RCS England)에서 열린 다윈 200주년 기념 심포지엄에서 연설을 하게 되어 있었다. 그의 강연 실력이 어느 정도인지 궁금해 나는 그의 대중 연설에 참가했다. 그는 다양한 학교와 기관에서 수많은 강연을 한다. 확실히 그는 멋지고 매혹적인 강연자였다. 특히 그의 '자기 비하' 서두가 신선했다. 그는 연설을 "여러분이 도킨스를 데려올 능력이 없어 저를 불렀다는 걸 저는 잘 압니다."라며 시작했다. 스티브 존스는 말하자면 블루칼라 다윈주의자다. 그는 자의적으로, 그리고 즐겁게 다양한 직책을 맡는다. 런던 대학에서 그는 '유전자와 개체'에 관한 모든 강의를 직접 기획하고 진행한다. 그는 '기초 인간 유전학'이라는 강의에서도 몇 개의 강좌를 열고 다른 주제로도 많이 강의한다. 대학 밖에서 그는 학교 학생들과 일반 대중을 상대로 1년에 셀 수 없을 만큼 많은 강연을 한다. 그의 홈페이지를 보면 그는 그동안 20만 명이 넘는 학생들과 직접 대화를 했다고 한다. 이에 덧붙여 그는 신문 칼럼을 쓰고 라디오나 텔레비전에서 강연을 한다. 또한 유명한 과학책을 쓰고, 글쓰기에 능하다. 나와 인터뷰를 하면서 그는 다윈을 직접 만나 보고 싶다고 말했다. 만약에 정말 그렇게 된다면, 나는 다윈이 그가 다윈의 말을 퍼뜨리기 위해 했던 크고 작은 노력들에 대해 진심으로 고맙다고 말할 거라는 생각이 든다.

다윈이 남긴 구조를 찬미하라

최재천: 당신의 책이 여러 권 한국에 번역되어 있습니다. 『자연의 유일한 실수 남자(*Y: The Descent of Men*)』가 2003년에 번역되어 많은 논쟁을 불러일으켰죠. 저도 비슷한 시기에 『여성 시대에는 남자도 화장을 한다』라는 제목의 책을 썼습니다. 성 선택에 관한 책인데 남성을 대상으로 썼지만 주로 여성들이 읽었죠. 『유전자 언어(*The Language of the Genes*)』와 당신의 유전학 기본서 또한 번역 출간되었습니다. 하지만 제게는 『다윈의 유령(*Darwin's Ghost*)』이 가장 흥미로운 책이었습니다. 한국에서는 『진화하는 진화론』이라는 제목으로 나왔습니다. 흥미로운 제목으로 바꾼 것 같은데 괜찮으신가요?

존스: 진화론은 다른 모든 이론이 그렇듯이 진화하니까 나쁘지 않군요. 실제로 진화합니다. 'Evolution'이라는 단어는 다윈의 『종의 기원』 1판에서는 쓰이지 않았습니다. 매우 오래된 단어인데 애초에는 펼침을 뜻했습니다. 두루마리를 편다는 뜻의 라틴 어 'evolutio'에서 왔죠. 과학은 그처럼 발전하고 있으니 과학책에는 좋은 제목입니

다. 펼치다, 열다, 비밀을 밝히다, 좋은 제목이라고 생각합니다.

최재천: 저는 그 책이 굉장히 영리한 계획을 갖고 있음을 알아챘습니다.

존스: 예, 저는 『종의 기원』을 수정 개편하려 했습니다. 실제로 거기에는 기나긴 역사가 있습니다. 20년 혹은 그 전에는 진화에 관한 훌륭한 교과서가 없었습니다. 몇몇 오래된 책들이 있었지만 오래된 내용을 담고 있었습니다. 그리고 저자의 관점에 따라 편향되어 있었고요. 그래서 저와 여기 몇몇 동료들이 『종의 기원』의 구조를 참고 삼아 현대적인 교과서를 써야겠다고 생각했습니다. 일단 시작하고 나자 책이 100만 단어 정도의 긴 내용을 담게 될 것이라는 게 명백해졌습니다. 만일 다윈의 폭넓은 주제들을 기술적 측면에서 모두 다루고자 했다면, 그것은 책이 아니라 도서관이 될 터였습니다. 그래서 그 아이디어는 실행되지 못했습니다. 하지만 몇 년 후 저는 대중적인 책을 써야겠다는 생각을 하게 되었습니다. 그래서 저는 『종의 기원』을 표절하기로 했죠. 역설적으로 우리는 학생들에게 표절은 안 된다고 경고합니다. 다윈의 『종의 기원』은 일종의 선전(propaganda)이었습니다. 다윈은 "하나의 기나긴 논쟁"이라고 불렀죠. 그것은 아주 교묘하게 씌어진 책입니다. 인간과 그 기원을 둘러싼 비밀을 풀기 위해 명백하고도 친근한 비둘기, 양, 소로 시작해서 당시 사람들은 생각조차 해 보지 못한 것들로 끝마치죠.

제 책이 이 구조를 얼마나 잘 따랐는지는 모르겠지만, 『진화하는 진화론』을 쓰면서 저는 다윈의 스토리텔링 구조가 여전히 현대 생물학에도 얼마나 유효한 틀인가 하는 것을 발견하고 정말로 놀랐습니다. 이건 건축과 같습니다. 1960년대에 영국과 한국에는 흉측한 건물이 많이 세워졌습니다. 제가 시도한 것은 콘크리트와 허섭스레기는 다 없애 버리고 강철 골조만 남겨두는 것이었어요. 그리고 거기에다 멋진 현대적인 유리를 끼워 넣어 훨씬 더 좋아 보이게 만든 거죠. 기본적으로는 저와 다윈의 공동 작업입니다. 철골 구조는 모두 다윈의 것이고 장식만 저의 것이죠. 그것은 논쟁으로서 성공했다고 생각합니다. 저는 원전을 읽는 게 즐거웠고 책을 쓰는 일이 즐거웠습니다. 끝에 가서 저는 다윈 찬미자가 되었는데, 생물학의 미래를 꿰뚫어 보는 그의 묘한 능력과 그가 풀지 못했던, 오늘날에도 생물학자들이 여전히 풀지 못하는 질문들을 보게 된 후 몇백 배나 더 그를 찬미하게 되었습니다.

최재천: 옳습니다. 『종의 기원』 마지막에 다윈이 갑자기 심리학에 대해 얘기한 것을 기억하시나요? "먼 미래에 훨씬 더 중요한 연구를 위한 분야들이 열릴 것이라고 생각한다. 심리학은 점진적으로 늘어나는 지적 능력과 용량을 담아내기 위해 새로운 토대 위에 놓일 것이다." 다윈은 그 책에서 심리학에 대해 아무 말도 하지 않다가 밑도 끝도 없이 갑자기 새로운 생물학으로서 심리학을 언급한 것입니다. 흥미롭게도 2004년 DNA의 이중 나선 구조 발견 50주년 기념 행사에서 제임스 왓슨은 "다음 세기에는 생물학과 심리학이 만날 것이다. 우리는 우리의 본성으로부터 우리를 구해 줄 과학을 필요로 할지 모른다."라고 말합니다. 제 생각에 다윈은 한 세기 반 후에 또 다른 생물학자가 나타나 심리학의 재탄생을 다시 한번 강조하리라는 것을 알고 있었던 것 같습니다. 저는 이 우연이 대단히 흥미롭습니다.

스티브 존스.

그런데 이 두 분이 얘기하는 심리학은 사실 뇌과학이죠.

존스: 그럼요. 새롭게 씌어진 『자연의 유일한 실수 남자』는 달랐습니다. 1871년에 출간된 다윈의 『인간의 유래와 성 선택』에는 기이하게도 '인간의 유래'에 관한 부분이 약했는데, 이는 다윈이 그 주제에 대해 잘 알지 못했기 때문입니다. 당시에는 초기 인류의 화석도 없었고 과학자들은 그들이 남긴 어떤 흔적도 찾지 못했습니다. 영장류의 역사에 대해서도 아는 게 없었습니다. 다윈이 런던 동물원에 가서 오랑우탄 우리를 들여다보기는 했지만, 영장류에 대해서는 전혀 몰랐습니다. 사실 저는 아마 한국에서는 번역되지 않은 『산호(*Coral*)』라는 제목의 책도 썼습니다. 다윈의 첫 과학책도 산호초에 관한 것이었죠.* 그 책은 굉장합니다. 다윈은 그 책을 20대 후반과 30대 초반 사이에 썼을 겁니다. 그리고 그는 산호초를 둘러싼 문제를 풀어냈습니다. 그 일만으로라도 그는 유명해졌을 겁니다. 하지만 그는 더 나아가서 『종의 기원』을 저술했습니다.

최재천: 『인간의 유래와 성 선택』에는 인간 진화에 관한 부분이 없다고 하셨습니다. 『종의 기원』에도 기원에 관한 논의는 거의 없습니다.

존스: 예, 맞습니다. 『종의 기원』은 '종의 기원'에 관한 책이 아닙니다. 여러 면에서 볼 때 정말 그렇습니다. 생존을 위한 투쟁이나 경쟁, 화석 증거, 비교 해부학에 관한 책입니다. 다윈은 기원 자체나 종의 본성을 미스터리 중의 미스터리라고 말했습니다. 물론 여전히 그

* 『산호초의 구조와 분포(*Structure and Distribution of Coral Reefs*)』(1842년)를 말한다.

렇고요. 생물학에서 가장 불모의 논쟁거리는 종이란 무엇인가, 즉 종의 정의입니다. 많은 정의가 있지만 그중 어느 것도 보편적이지 않습니다. 그들 모두 각각 일부 종에 대해서는 의미를 지니지만, 보편적으로 유효한 것은 없다는 뜻입니다. 우리는 어떻게 균질의 유전자군이 서로 정보를 교환할 수 없는 집단들로 쪼개지는지 이해하지 못합니다. 시카고 대학교의 제리 코인이 종 분화에 대한 훌륭한 책을 썼습니다. 하지만 연구하기 수월한 초파리에 관한 내용이죠. 초파리는 상호 작용하는 소수의 유전자를 가진 아주 좋은 연구 대상입니다. 하지만 그 성과를 세균은 말할 나위도 없거니와 식물이나 아마 인간에게도 적용할 수는 없을 것 같습니다. 그래서 그것들 모두 문제의 소지가 있습니다. 호모 사피엔스가 언제 호모 사피엔스가 되었을까요? 언제 우리가 호모 에렉투스(*Homo erectus*)이기를 그만둔 것일까요? 답은 '우리는 모른다.'입니다. 그리고 우리는 이 질문이 의미가 있는 것인지조차 모르고 있습니다.

제 첫 책의 제목은 『유전자 언어』였습니다. 진화와 언어 사이의 병렬 관계를 처음 제기한 사람이 바로 다윈이었습니다. 그리고 18세기에 윌리엄 존스(William Jones, 1746~1794년)라는 학자가 있었습니다. 성서의 바벨탑 이야기 아시죠? 그 이야기에는 신이 온갖 언어를 창조한 것으로 나와 있죠. 한 가지 말만 쓰는 사람들의 말을 뒤섞어 놓아 서로 알아듣지 못하게 만들었죠. 종들도 같은 방식으로 창조되었다는 겁니다. 윌리엄 존스는 영어와 다수의 유럽 언어, 즉 라틴 어, 그리스 어, 히브리 어를 구사할 줄 아는 탁월한 언어학자였습니다. 그는 훗날 인도로 가서 인도의 여러 언어, 특히 산스크리트 어가 유럽의 언어들과 공통점이 많다는 놀라운 사실을 발견했습니다. 이 언어들은 서로 친족 관계에 있는 언어들이었죠. 그들이 공통 조상에서 유래했다는 뜻입니다. 진화한 것이죠. 예를 들면, 영어와 프랑스 어는 아마 2,000~3,000년 전에 갈라지기 시작했을 겁니다. 그리고 영어는 이곳 런던에서 진화했죠. 저 역시 영어가 진화하는 것을 지켜보았습니다. 지금 제 학생들이 쓰는 영어는 30년 전 제 학생들이 쓰던 영어와 다릅니다. 요즘 학생들은 일명 '강어귀 영어(estuary english)'라고 불리는 영국 남동부 사투리를 구사하는데 아주 밋밋합니다. 옛날 노동자층 영어와 유사하죠. 모두가 이런 영어를 구사하고 심지어 부유하고 잘 교육받은 집안의 학생들도 예전 방식의 영어를 쓰지 않습니다. 물론 이것은 진화입니다. 진화는 오래된 개념이지만 우리는 왜 언어가 진화하는지 모릅니다. 우리는 왜, 어떻게 언어가 생겨나는지 모릅니다. 그리고 우리는 종이 어떻게 생겨나는지도 모르죠.

우리보다 몰랐으나 우리보다 탁월했다

최재천: 다윈을 표절하고 나서 보시기에 우리가 다윈보다 진화에 대해 더 훌륭한 아이디어를 갖고 있다고 생각하시나요?

존스: 예, 우리가 진화에 대해 훨씬 더 좋은 아이디어를 갖고 있다고 생각합니다. 우리는 다윈이 알던 것보다 훨씬 더 많이 알고 있습니다. 다윈의 놀라운 능력은 그가 가진 생물계에 대한 단편적인 지식만 가지고 기본적으로 정확한 하나의 이야기를 종합해 냈다는 것

이죠. 물론 유전학, 대륙 이동설, 그리고 많은 것에서 그는 조금씩 틀렸습니다. 우리는 지금 그보다 더 많이, 엄청나게 많이 알고 있습니다. 더 깊이 이해하고 있다고 생각지는 않지만, 더 많이 아는 것은 확실합니다. 이 둘은 아주 다른 겁니다.

최재천: 이 질문은 준비한 건 아닌데, 방금 하신 말씀이 저의 호기심을 자극했습니다. 예를 들어 다윈은 유전학에 대해 잘 몰랐는데도 웬일인지 그것이 그의 주요 이론에 그다지 영향을 미치지 않았습니다.

존스: 맞습니다. 많은 사람이 멘델의 연구가 19세기에는 왜 그렇게 무시되었는지에 대해 추론합니다. 실제로 멘델의 논문을 원문으로 읽어 보시면, 그가 무슨 말을 하는지 상당히 이해하기 어렵다는 걸 알게 됩니다. 아주 불분명하죠. 그가 별로 알려지지 않은 수도사로서 아무도 모르는 곳에서 작업을 했기 때문은 아닙니다. 당시에는 수도원이 연구의 중심이었습니다. 그는 잘 알려진 생물학자였죠. 그는 자신의 논문을 당대 가장 유명한 생물학자들에게 보냈고, 어떤 사람들은 다윈에게도 보냈다고 하죠. 멘델이 『종의 기원』을 읽은 건 분명하고, 여백에 메모를 많이 남긴 그의 책이 지금까지 전해지고 있습니다. 그가 주목받지 못한 이유가 도대체 무엇일까요? 저는 사람들이 유전에 관한 질문은 지루하다고 생각했던 게 이유라고 생각합니다.

19세기에도 누구나 개는 강아지를 낳고 고양이는 새끼 고양이를 낳는다는 것을 알고 있었습니다. 개가 새끼 고양이를 낳거나 고양이가 강아지를 낳지는 않죠. 그러니까 명백합니다. 자손은 자신의 부모를 닮는다. 그다지 흥미로운 질문이 아니죠. 훨씬 흥미로운 것은 개, 고양이, 사람, 물고기의 난자가 모두 똑같이 생겼다는 것이었습니다. 이 똑같은 난자가 어떻게 개나 고양이나 사람이나 물고기가 되는 것일까? 이것은 더 흥미롭지만 훨씬 어려운 문제였죠. 이것이 19세기 과학자들이 오랫동안 고민한 문제입니다. 물론 아직도 풀리지 않았습니다. 그래서 돌이켜 볼 때, 신기하게도 유전학의 부재는 크게 문제가 되지 않았던 것 같습니다.

하지만 다윈의 흥미로운 점은 그가 정직한 과학자였다는 것입니다. 정직한 과학자는 매우 적습니다. 과학자들이 결과를 지어낸다는 얘기는 아닙니다. 보통 그런 일은 하지 않으니까요. 대신 그들은 이렇게 말하곤 하죠. "오, 이게 세계가 돌아가는 방식이야. 그러므로 나는 이 관찰 결과를 내 이론에 끼워 맞춰야지." 저는 진정 에른스트 마이어에게 무례를 저지르려는 것은 아닙니다. 그는 훌륭한 진화 생물학자였습니다. 그렇지만 종에 관한 그의 책들을 읽어 보면, 그저 종에 대한 그의 생각 일색이었고, 동원할 수 있는 모든 것이 그의 이론에 맞게 변형되어 있었습니다. 모든 사람이 이렇게 하지만 다윈은 아니었습니다.

『종의 기원』 1판은 정말 읽기 쉽습니다. 모두 합쳐 여섯 판이 있었는데 마지막 판은 해독하기 거의 불가능한 수준입니다. 그 이유는 바로 1판의 출간이 과학계에 던져진 폭탄이었기 때문입니다. 생물학 전체를 날려 버리고 새로운 방식으로 재조직하게 만들었죠. 많은 사람이 그를 비판하는 글을 썼고 다윈은 그것들을 심각하게 받아들였습니다. 『종의 기원』의 출간 이후 여기 런던 대학의 첫 공학 교수가 되었던 플리밍 젠킨(Fleeming Jenkin)이라는 스코틀랜드 남자가 있었습니다. 그는 다윈에게 유전을 주제로 편지를 썼습니다. 다윈의 유전 이론이 실제로 무엇이었는지 알아보기가 어려운 것은 그가 아주 모호하게 썼기 때문입니다. 하지만 피가 섞이는 것과 관련이 있다고 여겼죠. 부모의 피가 섞인다는 말입니다. 젠킨의 논지는 이렇습니다. 빨간색 페인트와 노란색 페인트가 있다고 칩시다. 두 가지를 섞습니다. 어떻게 될까요? 주황색 페인트를 얻게 됩니다. 다윈의 진화 이론에 따르면 만약 빨간색이 노란색보다 유리하다면 빨간색 페인트 유전자가 더 많아져야겠죠. 하지만 두 페인트를 섞으면 그저 주황색이 나올 뿐입니다. 다시는 빨간색으로 돌아가지 않습니다. 다윈의 얼굴이 일그러지는 게 보일 겁니다. 치명적인 비판이었습니다. 다윈의 이론을 꺾어 버리는 비판이었습니다.

판이 거듭될수록 "어쩌면 이럴 수도, 아니면 저럴 수도" 같은 표현이 점점 더 많아졌습니다. 물리학자인 캘빈 경, 즉 윌리엄 톰슨은 다윈에게 광산에서 아래로 내려가 보면 온도가 올라가듯이 지구의 중심핵이 아주 뜨겁다는 사실을 들며 지구는 그가 추정하는 것보다 훨씬 젊을 것이라는 편지를 썼습니다. 다윈은 이에 대해 광적으로 고민했습니다. 우리는 이제 켈빈 경의 추론이 잘못됐음을 알지만, 다윈은 마음을 바꿨습니다. 이것이야말로 그가 논객이 아닌 진정한 과학자임을 증명합니다. 진정한 과학자는 많지 않지만, 그는 그중 한 명입니다.

달팽이의 소우주, 유전자의 대우주

최재천: 유전학 얘기가 나온 김에 드리는 말씀인데, 유전적 다양성은 왜 이렇게 큰 겁니까? 당신은 다른 어느 주제보다 이 주제에 대해 훨씬 많은 글을 쓰셨죠. 당신은 달팽이 연구로 학문을 시작하셨죠?

존스: 저는 아직도 제가 에든버러 대학교에 다닐 때 썼던 달팽이 유전자 다양성에 대한 에세이를 다듬고 있어요. 사람들은 저를 정신 나간 사람으로 취급합니다. 왜 달팽이를 연구했냐고요? 사실 1960년대에는 유전자 다양성을 공부하는 것 자체가 어려웠습니다. 들여다볼 수 있는 거라곤 시각적인 차이점들이었는데, 사람의 신체적인 차이점들은 대체로 사소한 것들이었죠. 하지만 달팽이는 특별한 생물이었습니다. 하나의 개체군이라고 해도 20~30마리의 개체를 들여다보면 각각 서로 다르다는 것을 발견할 수 있습니다. 색깔, 줄무늬, 줄무늬 수가 다 다르죠. 즉 다윈이 관심을 가졌던 '소우주' 같은 것이었습니다.

『종의 기원』의 첫 두 단원은 제목에 "변이"라는 단어가 들어 있습니다. 피셔와 홀데인은 달팽이를 가지고 이렇게 말했을 겁니다. "자, 밖에 나가서 수많은 달팽이를 찾아보자. 그들은 모두 서로 다르게 생겼지. 틀림없이 완전히 무작위적일 거야." 중립적 변이라고 할 수 있겠죠. 분홍색인지 갈색인지, 줄무늬가 한 개인지 다섯 개인지 아니면 없는지가 달팽이 자신에게 어떤 차이를 만들까요? 달팽이들은 장소에 따라 다르고, 그에 따른 유전자 빈도도 다릅니다. 이것은 무작위적이고 우연적이고 중립적인 변화일 겁니다. 이에 대해 강한 반론이 있었습니다. 저도 거기에 가담했죠. 우리는 곧 이것이 완전히 어리석다는 것을 알게 되었습니다. 장소에 따라서 크게 차이가 있는 것은 새에 의한 포식이나 기후와 더불어 다양한 종류의 요인들과 연관이 있었습니다. 완전히 명확한 것은 아니었지만 자연 선택의 영향을 받는다는 게 확실했습니다.

하지만 재미있는, 그러나 제가 그다지 성공적으로 대답하지 못한 하나의 의문은 왜 스코틀랜드에서는 90퍼센트가 어두운 색 유전자인데 스페인에서는 20퍼센트뿐인가 하는 거였습니다. 개체군들이 어떻게 다양한 변이를 유지하는지가 흥미로운 질문입니다. 만약 추운 기후에서는 어두운 색이 유리하고 더운 기후에서는 밝은 색이 유리하다면, 왜 두 곳 모두에서 여전히 다양성이 유지되는 걸까요? 이는 훨씬 더 흥미롭고 훨씬 더 어려운 질문입니다. 저는 태양에 노출되면 측정 가능한 비율로 색깔이 바래는 페인트를 개발했습니다. 우리는 달팽이 개체에 페인트로 점을 찍고 야생으로 돌려보낸 다음 한 달 뒤에 돌아가서 찾아보았습니다. 그러면 각 달팽이 개체가 몇 시간이나 햇볕을 쬐었는지 측정할 수 있었습니다. 그러자 어두운 색의 달팽이들이 하얀색의 달팽이들보다 햇볕을 쬐는 시간이 적었고 이렇게 해서 서식처가 나뉘는 것이 밝혀졌습니다. 이것이 왜 변이가 존재하는가에 대한 대답의 일부가 되겠죠.

하지만 일반적인 질문은 아직 남아 있습니다. 유전학자들은 지금까지 지구에 살았던 모든 남자와 모든 여자, 그리고 앞으로 살 모든 사람이 일란성 쌍둥이를 제외하고는 모두 유전적으로 제각각 다르다고 말해 왔습니다. 그리고 이는 DNA 변이를 볼 때 명백하게 진실입니다. 존 크레이그 벤터(John Craig Venter)는 자기 자신의 DNA를 들여다보기 시작했고, 수천 개의 유전체 프로젝트들이 진행되고 있습니다. 이것을 더 충격적이고, 아마도 사실일 진술로 바꾸어 말할 수 있습니다. "지금까지 살았던 모든 남자와 모든 여자에게서 만들어진 모든 정자와 모든 난자는 제각각 모두 다르다."라고 말입니다. 경탄할 만한 양의 변이죠. 잠재적인 차이까지도 포함한다면 천문학적인 규모의 변이입니다. 짧게 대답하면 우리는 아직 왜 그런지 전혀 모릅니다. 이 모든 유전적 다양성이 무작위적인 잡음일까요? 그냥 우연일까요? 그냥 멈춰 있는 걸까요? 아니면 하나하나의 DNA 변화가 모두 하나의 염기가 교체된 것일까요? 그것이 차이를 만드나요? 우리는 답을 모릅니다. 이렇게 말해야 한다는 것이 당혹스럽지만 사실 그렇습니다. 하지만 이것은 사실 달팽이 문제의 '대우주'입니다.

만약 한국인의 개체군과 제가 한동안 머물렀던 남아프리카 보츠와나 사람들의 개체군을 비교해 보면 한국인 개체군이 보츠와나 사람들보다 훨씬 유전적으로 다양하지 않다는 것을 알 수 있습니다. 인간은 그동안 수많은 병목 현상을 거쳐 왔는데, 진화의 역사상 한국에 도착한 것은 꽤 늦은 때였고, 유럽에 도착한 것은 더욱 늦었죠. 하지만 우리는 모릅니다. 한국인이 아프리카 인과 다르게 생긴 이유와 관련해서 우리가 아는 것도 있습니다. 피부색에 대해서는 아주 잘 알죠. 하지만 다른 신체적 차이점에 대해서는 모릅니다. 수많은 질문이 풀리기를 기다리고 있습니다.

인간의 진화는 끝났는가?

최재천: 약간의 이의를 제기하고 싶은데요. 지금 인간 개체군이 모두 다르다고 말씀하시고 계십니다. 그러면서 인간의 진화가 거의 끝났다고 하는 것은 이해하기 어렵습니다. 변이가 그렇게 많다면, 어떻게 진화가 멈출 수 있습니까?

존스: 저는 이런 얘기를 할 때면 손가락을 겹칩니다. 제가 정말로 그렇게 생각하지는 않는다는 뜻입니다. 명백하게도 생물학자가 볼 때 인간의 진화는 끝이 날 수 없습니다. 그 일은 필연적으로 일어나야만 한다는 뜻입니다. 그걸 멈출 수는 없습니다. 길을 지나가는 보통 사람에게 진화가 무슨 뜻인지 물어보면, 사람들은 두 가지를 말할 겁니다. 첫 번째는 시간에 걸친 물리적인 변화, 그리고 두 번째는 공간적 분화 또는 지리적 변화입니다. 역사적으로 아프리카 인들과 유럽 인들의 신체적 외양이 크게 다른 것은 지리적 차이의 명백한 예입니다. 왜 그런지는 대충 아시겠죠.

저는 "인간의 진화는 끝났는가?"를 주제로 강연을 하고 있습니다. 인기가 많은 강의죠. 거기에는 세 가지 이유가 포함되어 있어요. 다윈의 논점은 무엇입니까? 다윈은 인간의 진화를 세 단어로 정의합니다. "변화를 동반한 계승." 오늘날에는 이를 더욱 명료하게 표현할 수 있죠. "진화는 유전학에 시간을 더한 것이다." 유전이 있고 시간이 있다면, 진화는 필연적으로 일어나죠. 진화는 실수를 저지르는 복사기입니다. 그리고 복제하는 능력에 차이가 있기 때문에 성공적인 실수는 널리 퍼지게 되는데, 이것이 바로 자연 선택입니다. 그러

스티브 존스.

니까 세 가지 조각이 있는 것이죠. 돌연변이, 자연 선택, 그리고 생물학자들이 유전적 부동이라고 부르는, 작은 개체군 내의 무작위적인 변화입니다.

사람들이 진화의 개념을 처음으로, 그러나 빠르게 받아들였던 다윈의 시대와 그 바로 직후로 돌아가 봅시다. 21세기에 창조론이 새로 유행하고 있기는 하지만, 19세기에는 다윈을 매우매우 빠르게 받아들였습니다. 『종의 기원』이 출간되자마자 거의 즉시 사람들은 인간의 진화와 그 미래에 대해서 고찰하기 시작했습니다. 다윈의 사촌인 프랜시스 골턴(Francis Galton)은 인간의 진화가 자신이 원하지 않는 방향으로 촉진될 것이라고 확신했습니다. 저는 제대로 본 적이 없습니다만, 「스타 트렉」을 슬쩍 보기만 해도 이 SF 영화가 사람들의 신체적 외양이 바뀐 진화를 다루고 있음을 알 수 있습니다. 대부분의 SF 작품이 그렇습니다. 다윈 진화의 세 조각인 돌연변이, 선택, 부동에서 우리가 볼 수 있는 것은 그것들이 그 힘을 잃었다는 것입니다.

첫째, '돌연변이'에 대해 이야기해 봅시다. 가장 강력한 돌연변이 유발 요인 중 하나는 암컷이 아닌 수컷, 여자가 아닌 남자입니다. 그 명백한 이유는 한 여자를 만들어 내는 난자와 후대에 전해지는 난자 사이의 세포 분열 횟수의 차이가 아주 작기 때문입니다. 약 24회, 혹은 20~30회 사이의 횟수입니다. 여자는 태어나기 전에 모든 난자를 만들어 놓고 그 후에 간격을 두고 배란합니다. 남자는 그렇지 않죠. 그들은 쉬지 않습니다. 항상 정자를 만들죠. 25세의 남자가 만드는 정자와 그가 후대로 전달하는 정자 사이에는 약 700번의 세포 분열이 일어납니다. 게다가 아버지와 아이, 그리고 어머니와 아이를 비교하면 엄청난 돌연변이의 차이가 있죠. 그 파급 효과는 대단합니다. 또한 이 효과는 심지어 나이가 많은 남자에게서 더 강력하게 나타납니다. 나이가 많은 아빠, 즉 마흔이 넘은, 한 45세라고 합시다, 그런 아빠의 돌연변이 비율은 젊은 아빠들보다 훨씬 높습니다. 이 효과는 작은 것이 아닙니다. 큰 효과입니다. 그래서 만약 돌연변이 비율이 어떻게 되는지 알고 싶으면 공기 중의 방사능 물질이나 화학 물질에 대해서 너무 걱정할 필요가 없습니다. 오히려 나이가 많은 아버지가 얼마나 많은가 질문해야 합니다. 놀라운 사실은 예전보다 훨씬 적어졌다는 것입니다. 요즘 선진국들에서는 생식 활동을 늦게 시작하기 때문입니다. 사람들은 아이를 늦게 가집니다. 하지만 아주 적게 가집니다. 생식 활동을 아주 좁은 시간 범위 내에 해치웁니다. 28, 29세의 나이에 시작해서 35세에 끝냅니다. 옛날에는, 특히 남자들은 잠자리를 같이하도록 설득할 수 있는 여자가 있는 한 계속 생식 활동을 했을 것이고 부자라면 더 쉬운 일이었죠. 예를 들어 서아프리카의 카메룬에서는 아이가 있는 남성의 절반이 45세 이후에도 아이를 갖지만, 가장 선진국으로 인정받는 프랑스에서는 20명 중의 1명만이 45세 이후에도 아이를 갖죠. 돌연변이 비율이 떨어졌습니다.

최재천: 하지만 그건 선진국에서만 그렇지 않나요? 가난한 나라에서 훨씬 많은 아기들이 태어나고 있는데요.

존스: 저는 강의를 시작할 때 항상 개발된 국가에서 일어나는 진화에 대해 이야기하고 있다고 말합니다. 이제 개발이 되지 않은 나라들은 아프리카에나 있습니다. 인도, 한국, 일본, 중국은 중요한 인구 변환을 겪었습니다. 그래서 저는 아프리카를 따로 두는 것입니다.

둘째 파트는 자연 선택인데요, 번식 성공도의 유전적 차이 말입니다. 인간의 경우 자연 선택의 예는 많이 볼 수 있습니다. 자연 선택은 차이를 만들어 냅니다. 인간의 진화 역사에서 한 부모당 생존하는 자식의 평균 수는 그저 두 명 남짓이었음을 자꾸 간과합니다. 항상 그래 왔죠. 다윈은 부자였습니다. 그는 열 명의 자식을 두었습니다. 그중 둘은 죽었죠. 당시 아주 더러웠던 런던에서는 많은 사람이 찢어지게 가난하게 살아야 했습니다. 그들 역시 열 명의 자식을 낳았지만 그중 아홉 명은 죽었죠. 그리고 그들 중 많은 수가 유전적 이유로 죽었을 겁니다. 그들은 물속에 있는 콜레라균을 이겨 낼 수 없었을 겁니다. 그들의 피부가 어두웠던 점으로 봤을 때, 그들에게는 구루병이 있었던 것 같은데, 이 역시 자연 선택의 산물입니다. 요사이 영국에서는, 그리고 분명히 한국에서도 99퍼센트의 아기들이 21세까지 살아남습니다. 그러니까 이제 더 이상 자연 선택이 설 자리가 없어졌습니다. 따라서 이 파트 역시 끝났습니다.

그리고 마지막으로 소집단에서 일어나는 무작위적인 변화라는 문제를 다뤄 봅시다. 런던의 거리를 걸어 보는 것만으로도 그건 사실이 아님을 알 수 있습니다. 런던은 세계에서 가장 다양한 인종이 섞여 사는 도시는 아닙니다. 인간의 성에 대해서는 동물에게는 던질 수 없는 질문을 할 수 있습니다. 결혼한 두 사람에게 "누군가와 결혼을 할 때 둘 간의 가장 큰 유사점이 뭘까요?"라고 물어볼 수 있습니다. 몇 가지는 명백합니다. 언어가 그중 하나입니다. 분명 말이 통하지 않는 사람하고 결혼하고 싶지는 않겠죠. 종교도 그렇고, 재산도 중요하죠. 언어와 종교가 해결된 다음 가장 중요한 예측 변수는 교육 수준입니다. 이해가 되죠? 그리고 또 하나의 예측 변수는 신기하게도 목의 굵기입니다. 키와 몸무게를 묶어 주기 때문이죠. 그다음 중요한 예측 변수는 피부색입니다. 영국에서는 이 변수가 섹스에 영향을 거의 미치지 않습니다.

런던의 거리에서는 흑인 남자와 백인 여자 커플, 백인 남자와 흑인 여자 커플을 아주 흔하게 볼 수 있습니다. 대신 그 커플들은 교육 수준으로 나뉩니다. 교육 수준이 낮은 흑인 남자와 교육 수준이 낮은 백인 여자이거나 교육 수준이 높은 인도인 남자와 교육 수준이 높은 백인 여자 혹은 그 반대입니다. 이런 현상은 제 학생들에게서도 볼 수 있는데, 이것이 의미하는 바는 아프리카 인과 유럽 인의 차이가 서서히 사라지고 있다는 것입니다. 몇 세대 지나지 않아 런던은 갈색 개체군이 될 겁니다. 그것이 마음에 드는 사람도 있을 테고 마음에 들지 않는 사람도 있겠죠. 하지만 이것은 개체군 분화의 시대가 끝이 났고, 우리는 거대한 평균화 과정 속에 있다는 뜻입니다. 이것이 제가 말하는 "진화가 끝이 났다."라는 말의 의미입니다.

최재천: 그 과정에서 적어도 한동안은 유전적 다양성이 증가하죠. 전 지구적 다양성이 줄어드는 동안, 지역적 다양성은 높아지죠. 저는 이게 전 지구적 수준에서 벌어지는 엄청나게 흥미로운 유전 실험이라고 생각합니다.

존스: 물론입니다. 지금 런던에는 아마 40년 전에는 없었을 아프리카 유전자들이 많이 존재합니다. 어떤 면에서는 이게 진화죠. 진화가 맞다고 인정합니다. 영국인 개체군의 유전적 구조가 변했고, 그것이 바로 진화입니다. 하지만 시작할 때 말했듯이, 저는 대중적

인 의미의 진화, 즉 장소 간의 차이와 시간 간의 차이를 말하고 있는 것입니다. 인종 간의 이러한 차이는 사라지고 있습니다.

최재천: 한국에서는 이런 일이 놀라운 속도로 일어나고 있습니다. 한국인들은 우리가 순수한 혈통을 유지해 왔다고 믿고 싶어 합니다. 하지만 이제 제 가족에도 스웨덴과 핀란드에서 온 남자들이 있습니다. 제 친구도 얼마 전 프랑스 인 사위를 맞았습니다. 거의 한 집 건너 가정에 외국인들이 들어와 함께 살고 있죠. 시골에서는 절반 이상의 결혼이 국제 결혼입니다. 농촌에는 여성이 거의 없어 남자들은 베트남, 캄보디아, 인도네시아 등 동남아에서 신부를 데려옵니다.

존스: 이것이 이른바 '정욕의 치유 능력'입니다. 저는 종종 역사는 침대에서 만들어진다고 말하는데, 그건 사실입니다. 역사는 침대에서 만들어졌고 침대들은 서로 가까워지고 있죠. 미국에서도 지난 10년간 변화가 있었습니다. 제가 미국에 살던 1970년대에는 아프리카계 미국인과 유럽계 미국인 간의 섹스는 극히 드물었습니다. 여전히 영국보다 훨씬 적죠. 하지만 이것도 빠르게 바뀌고 있습니다. 사회적인 변화입니다. 진화적으로 우리 인간을 유례없이 독특한 존재로 만드는 것은 사회적, 지성적 사고의 엄청난 영향입니다.

최재천: 범지구적으로 유전자가 섞이고 있습니다. 앞으로 몇백 년 동안 이것이 가져올 효과에 대해 어떻게 생각하십니까?

존스: 정확히 예측하기는 어렵습니다. 저는 오랫동안 인간 유전학에 깊은 관심을 가져 왔습니다. 제가 유전학을 연구한 이유가 바로 인간 유전학을 하기 위해서였습니다. 저는 유전학의 정치적 함의에 흥미가 있었는데, 그건 실수였습니다. 그저 과학일 뿐인데. 하지

만 1960년대에는 이른바 인종 차이에 관심이 많았죠. 아프리카 인과 유럽 인 간의 차이에 대한 완전히 잘못된 진술들이 많이 나왔습니다. 모두 틀린 것들이었죠. 하지만 어리석은 것은 아니었습니다. 누가 봐도 아프리카 인은 유럽 인과 다르게 생겼죠. 다르긴 해도 사실 우리가 찾아낸 차이는 아주 작은 것이었습니다. 사람들은 혼혈이 불리할 것이라고 확신했습니다. 진화에 대한 위대한 저서를 펴낸 사람들을 돌아봐도, 심지어 도브잔스키조차도 이러한 암시를 했습니다. 심지어 피셔도 그것을 강하게 믿었죠.

이에 관해 프랑스에서 정말 어처구니없는 대화를 나눈 적이 있습니다. 전형적인 부르주아 프랑스 인의 집에 저녁 식사 초대를 받았습니다. 오바마가 선출된 직후라 우리는 그에 대한 이야기를 하고 있었습니다. 저는 "아, 천만다행입니다. 부시에게서 벗어나서 오바마를 얻게 되어 정말 다행입니다."라고 말했어요. 그는 만일 그가 영국인이었다면 제가 그냥 걸어나와 버렸을 말을 했습니다. 그는 "오, 오바마는 좋지 않아요. 그는 혼혈이고 우리는 혼혈이 좋지 않다는 걸 알고 있죠."라고 말했습니다. 저는 '맙소사!'라고 생각했습니다. 하지만 제가 큰 소동을 일으킬 만큼 프랑스 어가 유창하지 않았기 때문에 그냥 듣고만 있었습니다. 하지만 이것이 널리 퍼져 있는 통념입니다. 그리고 이건 재미있는 질문이죠.

아프리카 인과 유럽 인의 짝짓기는 어떤 효과를 낳을까요? 그들의 자식에게는 어떤 영향을 끼칠까요? 우리가 아는 한, 아무런 효과도 없습니다. 이를테면 가난한 집안의 아이는 부잣집 아이보다 성공하기 어려울 것이라는 식의 효과는 있을 수 있겠죠. 백인 아버지가 흑인 매춘부나 노예 시대였다면 흑인 노예를 품었다가 여자와 아이를 버리고 도망쳤다면, 그 아이는 살아가기 힘들었을 겁니다. 하지만 수입, 교육 등의 요인을 제거하면 거의 어떤 효과도 나타나지 않습니다. 어디까지나 주장일 뿐이지만, 사실은 혼혈이 긍정적인 영향을 준다는 주장도 있습니다. 지난 50년 동안 인간의 키가 놀랄 만큼 증가한 것은 이계 교배의 영향일지 모릅니다. 이제 더 이상 5킬로미터밖에 떨어지지 않은 곳에서 태어난, 당신과 똑같은 나쁜 유전자를 공유하는 사람과 결혼하지 않습니다. 대신 500킬로미터, 어쩌면 5,000킬로미터나 떨어진 아프리카에서 온 사람과 결혼하죠. 그들의 자손은 좋지 않은 유전자가 좋은 유전자에 가려진 채로 태어납니다. 그래서 아마도 첫 번째 세대에게는 이익이 될 것입니다. 하지만 증거가 너무 약합니다. 제가 아는 한 그룹 간 짝짓기로 생기는 혼혈의 불이익에 대해서는 분명한 증거가 없습니다. 솔직하게 말하면, 혼혈로 인한 이익에 대한 증거도 없죠.

과학과 정치를 섞지 마라!

최재천: 이 질문을 하기가 조금 망설여집니다만, 스티븐 제이 굴드가 인간의 진화에 대해서 어떻게 말했는지 기억하시나요? 당신의 얘기가 굴드의 유령처럼 들린다고 말하면, 기분 나빠 하실 건가요?

존스: 글쎄요, 저는 스티브를 잘 알죠. 하버드에 있을 때 그의 아파트를 빌려 썼습니다. 제게 그는 이상한 조합이었어요. 그의 초기

에세이들은 영어 글쓰기 측면에서도 과학 대중화의 측면에서도 보배였습니다. J. B. S. 홀데인의 유명한 에세이인 「적합한 크기에 대하여(On Being the Right Size)」와 같은 수준은 아니었지만, 제가 쓴 그 어떤 글보다 훌륭했다는 점에는 의심의 여지가 없습니다. 좋은 굴드와 나쁜 굴드가 있었습니다. 이후에 나쁜 굴드가 나오면서 늘어지고 게으르고 제멋대로의 산문에 증거도 없는 거친 추론을 담은 글을 썼고, 의미가 없는 새로운 용어들을 만들어 냈죠. 저는 그의 마지막 책인 『진화 이론의 구조(*The Structure of Evolutionary Theory*)』를 끝까지 읽은 사람이 있으리라고 생각하지 않습니다. 1930년대의 미국의 유머 작가인 도로시 파커(Dorothy Parker)가 한 훌륭한 말이 있습니다. 그녀는 자신이 좋아하지 않는 책을 이렇게 평한 적 있습니다. "이건 가뿐하게 밀쳐내야 하는 책이 아니다. 완전히 세게 집어던져야 하는 책이다." 그것이 제가 굴드 후기의 여러 글에 대해 생각하는 것입니다. 그것들은 묵살되어야 합니다.

최재천: 그의 인간 진화에 대한 진술도 포함해서 말입니까?

존스: 그의 진술이 뭐였는지 기억이 안 나는군요. 저를 비판했던 것 같은데, 아닌가요?

최재천: 그랬는지는 저도 모르겠습니다. 하지만 그가 우리 인간 종이 진화하기를 멈추었다고 여러 차례 말하는 바람에 많은 이들의 심기를 건드렸죠.

존스: 글쎄, 저도 어느 정도 그에게 동의합니다.

최재천: 하지만 제 생각에 당신이 아이디어를 설명하는 방식과 굴드가 자신의 아이디어를 설명하는 방식은 상당히 달랐던 것 같습

스티브 존스와 필자.

니다.

존스: 예, 다릅니다. 인간 진화에 있어서 깜짝 놀랄 만한 것은 그것이 아직 시작되지도 않았다는 점입니다. 초기 인간의 신체적 외관은 우리와 거의 분간할 수 없습니다. 제가 자주 하는 농담인데, 저는 상당히 부자 동네이지만 확실히 우범 지역에 속하는 런던의 캠든 타운(Camden Town)에 살고 있습니다. 이곳은 마약 거래의 중심지로 유명합니다. 또한 주취자 문제도 있습니다. 제가 자주 말하듯이 만약 제가 아침에 지하철에 탔는데 초기 인간인 크로마뇽인이 제 옆에 앉아 있더라도 저는 아마 눈치채지 못할 겁니다. 그는 진흙이 묻은 털옷을 입고 꿀꿀거리겠죠. 그런데 이것은 술취한 사람들이 캠든 타운에서 하는 행동입니다. 초기 인간의 관점에서 보면, 그들은 자신이 어느 행성에 와 있는지 완전히 어리둥절하겠죠. 사람들은 특별한 추진력도 없어 보이는데 지하에서 빠르게 이동하고 있고, 얼굴 앞에 큰 종잇장을 들고 있는 사람들도 있죠. 무슨 일이 일어난 걸까요? 그 대답은 초기 인간과 우리가 신체적으로 거의 동일하다는 것입니다. 하지만 정신적으로 우리는 다른 행성 정도가 아니라 다른 태양계에 사는 존재처럼 다릅니다. 넓은 의미에서 인간 진화의 상당 부분은 몸이 아닌 마음에서 일어났습니다. 그것은 물론 어떠한 의미로도 생물학적인 진화와는 같지 않습니다. 하지만 변화이긴 하죠. 저는 어느 정도는 이게 굴드가 말한 것이라고 생각합니다. 그는 인간의 신체적 변화가 우리를 지금의 모습으로 만들어 준 정신적인 진화만큼은 중요하지 않다는 말을 하고 있었던 거죠.

최재천: 제가 하버드 학생이었을 때가 생각납니다. 어느 해엔가

진화학 강의(Bio 17)의 교수가 없어졌죠. 토머스 기브니시(Thomas J. Givnish)가 정년 보장을 받지 못하자 사라져 버렸습니다.

존스: 그에게 무슨 일이 일어난 거죠?

최재천: 지금은 위스콘신 대학교에 있습니다. 잘 지내고 있죠. 하버드에서 정교수가 되지 못한 것에 그는 정말 실망했습니다. 그래서 우리는 누가 그 강의를 맡을지 정말 궁금해했죠. 그런데 놀랍게도 리처드 찰스 르원틴(Richard Charles Lewontin)과 스티븐 제이 굴드가 함께 강의하기로 됐습니다. 엄청나게 많은 학생이 몰려왔죠. 두 거장이 한 강의를 함께 가르치다니 상상도 못 할 일이었죠. 학생들은 그냥 듣기라도 하기 위해 강의실 바깥 복도에도 앉아 있었습니다. 그런데 몇 주도 되지 않아 뚜렷하게 나뉘기 시작했습니다. 르원틴은 강의실에 아무것도 가져오지 않았고, 늘 똑같은 파란 셔츠에 카키색 바지를 입고 한 시간 내내 웅얼거렸습니다. 하지만 주의를 기울여 들어 보면 정말 놀라운 가르침이 그에게서 나왔습니다. 그의 강의에는 깊은 철학이 있었어요. 하루는 르원틴이 들어오고 다른 하루는 굴드가 들어왔습니다. 굴드는 종종 라틴 어 책이 섞여 있는 커다란 책더미를 들고 들어왔습니다. 어떤 때는 라틴 어 책을 몇 분 동안 읽기도 했습니다. 우리 중에 라틴 어를 전혀 모르는 사람들은 '이게 뭐야?'라고 생각했죠. 학생들은 아주 빨리 그를 버렸습니다. 그가 강의를 할 때면 학생들이 사라졌고 르원틴이 돌아오면 학생들이 돌아왔습니다.

존스: 저도 정확히 같은 경험을 한 적이 있습니다. 한번은 제가 거의 그의 목을 조를 뻔했죠. 그는 이곳에서 강의를 많이 했습니다. 여기에서 큰 강의실들은 아주 바쁘게 돌아가지요. 10시에 하나, 11시

에 하나, 12시에 하나 이런 식이니 강의를 마치면 바로 나가야만 합니다. 그가 10시부터 11시까지 강의를 하기로 했는데, 끝내지를 않는 겁니다. 바깥에서 200명의 학생들이 웅성거리며 기다려도 나가지 않았습니다. 정말 끝낼 생각이 없어 보였어요. 의장이 "죄송합니다, 굴드 선생님. 그만하셔야 합니다."라고 하면, 그는 "아니요. 저는 여기에 강의를 하려고 왔습니다. 계속해야 합니다."라고 하는 것이었습니다. 마지막에는 그를 끌어내야만 했습니다. 정말 가관이었죠. 그게 그의 거만함인지 괴팍함인지 모르겠지만 몹시 화나는 일이었습니다.

최재천: 자, 이제 굴드 얘기는 그만합시다. 저는 베르트 횔도블러와 에드워드 윌슨의 연구실 출신입니다. 그들은 비교 동물학 박물관 연구실 건물의 4층을 나눠 썼습니다. 그리고 딕, 그러니까 리처드 르원틴은 3층을 썼고요. 우리는 항상 두 연구실 사이에서 불편했습니다. 에드에게 최근에 제가 딕의 월요일 런치 세미나가 정보도 많이 얻을 수 있고 생각할 거리도 많이 제공해서 거의 빠지지 않고 참석했다고 고백하긴 했지만요. 저는 개인적으로 딕을 열렬히 존경합니다. 왜 두 사람이 서로 맞지 않는지 이해할 수가 없습니다. 딕과 가까우시죠?

존스: 저도 솔직히 이해하지 못하겠습니다. 윌슨과 딕은 20세기 진화 생물학에서 가장 훌륭한 생물학자들에 속합니다. 두 사람도 온 마음으로 이 진술에 동의할 겁니다. 둘 사이가 안 좋은 이유 중 하나는 『사회 생물학』의 마지막 장 「인간: 사회 생물학에서 사회학까지」 때문이라고 합니다. 그 책이 나오고 40년 가까이 지난 지금 그 책을

다시 읽어 보면 그 장이 좀 순진하다는 걸 알 수 있습니다. 하지만 그건 충분히 이해할 수 있는 일이죠. 윌슨의 개미 연구는 최고의 생물학 연구 중 하나라고 생각합니다. 아마 아무도 이것을 부정할 수는 없을 겁니다. 다만 윌슨의 책들을 읽으면 기이한 부분이 적잖이 있었습니다. 그 이유는 아마도, 어떤 의미로는 딕의 책들도 그렇지만, 윌슨이 정치적으로 우파였다는 데 있을 겁니다. 딕은 정치적으로 분명히 좌파입니다. 윌슨은 딕만큼은 아니지만, 어느 정도까지는 그의 정치적인 의견이 그가 대중을 위해 쓰는 생물학 책에 스며드는 것을 허용했습니다. 저는 그게 실수라고 생각합니다. 예를 들어, 『통섭』은 좀 실망스러웠습니다. 그 책은 도대체 무엇에 관한 것이었나요? 그저 좋은 게 좋은 거야 하는 이론 아니었나요? 제게는 아무런 의미도 없었습니다. 딕은 항상 자신이 마르크스주의 생물학자라고 고집을 부렸습니다. 우리는 그가 우리를 어리석다고 간주할 것을 알면서도 그에게 물어보곤 했습니다. "마르크스주의 생물학자와 다른 생물학자들의 차이는 무엇인가요? 당신도 생물학을 하고 있잖아요! DNA 조각의 염기 서열을 분석하고 똑같은 DNA 염기 서열을 뽑아내고 있습니다."라고 말이죠. 우리는 늘 일축당하고 말았습니다. 제가 생각하기에 정답은 "생물학과 정치적 가치관을 분리하라."입니다. 물론 역사적으로 우파가 좌파보다 이 점에서 훨씬 덜 신중했다는 걸 지적하는 게 공평한 일이겠죠.

최재천: 예, 하지만 에드는 딕보다 훨씬 일찍 책을 쓰기 시작했죠. 저도 그가 거기에 약간의 정치적인 성향을 주입했다는 것을 인정합니다. 하지만 그에 비해 딕은 최근까지 책을 쓰지는 않았지만 그의

강의나 일상 대화에서 그가 강성 좌파라는 것을 확실히 했죠.

존스: 저도 좌파의 정치적 배경을 가지고 있습니다. 저보다 더 왼쪽에 있는 사람들도 많이 알고 있습니다. 다수의 공산주의자, 트로츠키주의자 말입니다. 흥미로운 점은 그들 대부분이 노동 계급이었다는 것입니다. 저는 딕을 진심으로 깊이 존경하고 굴드에 대해서도 상당한 존경심을 가지고 있습니다. 둘 다 노동자 계급 출신은 아니었습니다. 하지만 카를 하인리히 마르크스(Karl Heinrich Marx)도, 그의 후계자였던 프리드리히 엥겔스(Friedrich Engels)도 그랬죠. 그런 것은 상관없다고 말하는 사람도 있습니다. 제가 시카고에 있었을 때 저는 베트남 전쟁을 비롯한 여러 이슈와 관련해 딕을 100퍼센트 지지했습니다. 다른 사람들도 그랬습니다. 하지만 사람들이 과학과 정치를 한데 섞으면 여전히 화가 납니다. 훌륭한 프랑스 격언이 있는데, "수건과 접시 닦는 행주를 섞지 마라."라는 것이죠. 그 두 가지는 서로 다른 것입니다. 수건과 행주를 섞어 버리면 양쪽 모두가 더러워집니다.

인종 차별주의와 인종에 대한 생물학을 예로 들어봅시다. 딕의 초파리 연구와 더불어 여기 런던에서 1960년대에 전 세계의 단백질 다양성을 살펴보는 연구가 시작되었습니다. 그리고 유럽 인과 아프리카 인 사이의 차이가 상대적으로 적다는 것을 밝혀냈습니다. 많은 사람이 이것이 인종 차별주의에 맞서는 이야기라고 주장했죠. 심지어 그 시절에도 저는 순진하게도, "잠깐만요. 우리가 유럽 인과 아프리카 인 사이에서 더 큰 차이를 발견하기 시작하면 어찌하려고요?" 라고 말했습니다. 신기술이 발명된 지금, 유럽 인과 아프리카 인은 생각했던 것보다 더 다른 것으로 나타나고 있습니다. 이게 인종 차별주의를 다시금 정당화할까요? 당연히 절대로 아닙니다. 인종 차별은 잘못된 것입니다. 그걸로 끝입니다! 생물학이 어떻든 상관없습니다. 거기에 위험이 있습니다. 생물학에서 정치적 메시지를 읽는다면, 생물학이 바뀌었을 때는 어떻게 합니까?

과학 대중화는 과학의 일부

최재천: 솔직한 의견을 말씀해 주셔서 고맙습니다. 이제 일반 대중과의 소통을 위해 노력하신 것에 관해 이야기하고 싶은데요. 저는 당신이 학생들과 함께한 다큐멘터리 「가르치기 도전(Teaching Challenge)」을 정말 재미있게 봤습니다. 당신은 탁월했습니다.

존스: 저도 정말 즐거웠습니다. 이 「가르치기 도전」은 아주 좋은 기획이었습니다. 티처스 티브이(Teacher's TV)라는 회사가 만든 프로그램이죠. 어떤 분야든 그 분야의 유명 인사를 모셔와 학교에서 수업을 진행하게 하는 것입니다. 몇 사람은 끔찍했죠. 잘 알려진 정치부 기자가 있었는데 그는 고등학교 아이들에게 역사를 가르치려고 했죠. 최악이었습니다. 그는 아이들에게 마구 소리를 지르며 "이런 것도 모른단 말이야? 이 정도는 알아야지."라며 흥분했습니다. 하지만 저는 운 좋게도 가장 매력적인 나이의 아이들을 맡았죠. 아마 8세나 9세쯤 되었을 겁니다. 평범한 주립 학교였고 아이들은 사랑스러웠습니다. 달팽이를 한 움큼 교실에 가져가면 당연히 모두 "우와!!!!"

라고 하게 되어 있죠. 저는 그것이 정말 즐거웠습니다. 그리고 아이들도 즐거워한 것 같은데, 그들이 즐겁게 배우는 게 보였거든요. 저는 종종 과학적 방법론들을 실제로 보고 싶다면 아이들 놀이터에 가 보라고 합니다. 유아기나 영아기 아이들이 놀이터에서 노는 것을 보면, 그들이 과학을 하고 있음을 알 수 있습니다. 아이들은 시소를 타며 물리학을 하고 개똥을 주워서 먹으면서 생물학을 합니다. 조건 반사 작용으로 다시는 그러지 않죠.

아이들은 스스로 인식하지 못하지만 모두 과학자입니다. 하지만 끔찍한 사례도 많죠. 아이들의 과학 교육을 망쳐 버린. 특히 영국에서는 정책적으로 과학에 대한 흥미를 없애버렸습니다. 제가 고등학교에서 화학과 물리학을 배울 때가 생각납니다. 그때 그 수업을 들으면서 저의 흥미가 날아가 버렸죠. 그때부터 저는 이 과목들을 못하게 되었지만, 신문 칼럼에 글 쓸 때는 가끔 화학과 물리학에 대해서 쓰려고 하죠. 화학과 물리학은 본래는 아주 흥미로운데, 과학을 지루하게 만드는 전문가들이 제게서 흥미를 뺏어간 것이죠. 그래서 저는 1학년 대상 유전학 강의를 "저는 유전학자이고, 섹스를 지루하게 만드는 것이 제 일입니다!"라는 말로 시작합니다. 그리고 스물다섯 번의 강의가 지나면 학생들이 제 말에 동의하죠.

물론, 저는 보통 대중 앞에서 섹스의 보편적인 의미, 인종, 운명, 유전병, 선과 악에 대해 말하기 때문에 아주 운이 좋습니다. '특정 유전자가 사람을 폭력적이게 하는가?' 하는 주제들 말이죠. 본질적으로 흥미로운 주제들이죠. 저는 제가 염소의 화학에 대한 전문가가 아니라서 아주 기쁩니다. 그건 아주 흥미로운 주제이지만, 8세 아이들을 집중시키기는 매우 어려울 겁니다. 어떤 면에서 서는 제가 잘해서가 아니라 재미있는 주제를 다뤘기 때문에 성공할 수 있었습니다. 좀 덜 거만한, 어쩌면 더 거만할지도 모르는 이야기를 하겠습니다. 사실상 저는 아주 똑똑하지는 않기 때문에 성공한 것입니다. 진심입니다. 저는 제가 딕의 연구실에 가기 전까지는 제가 얼마나 멍청한지 몰랐습니다.

최재천: 딕 앞에서는 누구나 그렇게 느낍니다!

존스: 그의 앞에서 홀연 '내가 아무것도 모르는구나.' 하고 깨달았습니다. 몽고메리 슬래트킨(Montgomery Slatkin), 브라이언 찰스워스(Brian Charlesworth), 야마자키 쓰네유키(山崎常行)와 같이 훗날 유명한 진화 생물학자들이 된 사람들에 둘러싸여 있었죠. 저는 즉시 제가 이 사람들과 같은 급이 아니라고 생각했습니다. 하지만 그들이 하는 것들을 배우려고 노력했죠. 그리고 제가 그 일을 할 수 있는 유일한 길은 문제를 제 이해력 수준으로 단순화하는 것임을 알았습니다. 저는 제가 유전학을 꽤 잘 가르친다고 생각합니다. 학생들 수준에 맞춰 단순화하면 되는데, 제 수준에서 딱 한 단계만 내리면 되죠. (웃음) 이것이 제가 과학 대중화를 위해 하는 노력의 전부입니다. 제가 성공했다면 이것이 유일한 이유입니다.

최재천: 저도 당신이 하는 것과 같은 일을 한국에서 하고 있습니다. 이렇게 말하는 걸 용서하시기 바라는데, 한국에서는 당신을 리처드 도킨스나 에드워드 윌슨만큼 잘 알지는 못합니다. 저는 '한국의 에드워드 윌슨', 혹은 '한국의 리처드 도킨스'라고 불리곤 합니다. 저도 신문 칼럼을 많이 쓰고, 대중 강연도 많이 하고, 인기 있는 과학

책을 다수 출간하면서 석사, 박사 학생들이 스무 명가량 있는 한국에서 가장 큰 행동 생태학 연구실을 운영하고 있습니다. 그래서 저는 이 질문을 저 자신에게 하고 있기도 한데요, 언제부터 연구와 대중적인 활동을 병행하기 시작하셨는지, 그리고 왜 그렇게 하셨는지요?

존스: 사실은 정말 우연이었죠. 순전히 제가 BBC 본부에서 가장 가까운 곳에 있던 생물학자여서 시작된 일입니다. 제가 처음 섭외받은 게 벌써 30년 전이군요. BBC 본부의 직원 한 사람이 우리 대학으로 전화를 하고 "혹시 그곳에 달팽이에 관해서 이야기할 수 있는 사람이 있나요?"라고 물었죠.

최재천: 오! 바로 당신이었군요!

존스: 예, 저였습니다. 그래서 여성을 대상으로 하는 「여성의 시간(Woman's Hour)」이라는 라디오 프로그램에 불려갔고 근엄한 영국 숙녀가 "달팽이. 제 정원에 달팽이들이 있는데 어떻게 없애죠?"라고 물었습니다. 저는 "전혀 모르겠습니다. 저는 달팽이의 유전학을 연구하고, 그들을 없애는 것엔 관심이 없죠."라고 답했죠. 하지만 저와 그는 대화를 제법 잘 주고받았습니다. 그리고 그들은 저를 계속해서 불렀습니다. 저를 정기적으로 섭외하기에 이르렀고, 저는 지금까지도 라디오에 나가고 있죠. 1990년 초가 되자 그들은 제게 강연 시리즈를 하나 해 달라고 요청해 오더군요. "리스 강연(Reith Lecturer)"이라는 것이었는데, 존 리스(John Reith)는 BBC의 창립자였고 그의 이름을 딴 영예로운 라디오 강연 시리즈였습니다. 저는 1991년 리스 강연에서 유전학에 대해서 강연했습니다. 강연을 아주 잘했는지는 모르겠지만, 주제 선정은 매우 훌륭했던 모양입니다. 왜냐하면 1991년

은 기억하시겠지만 인간 유전학이 폭발적으로 발전하기 시작한 때였고, 일반인들은 그 문제와 관련해 아무것도 모를 때였습니다. 지금처럼 유전학이 대중적이지 않았죠. 바로 그 시점에 제가 다형(多形, polymorphism) 현상, 인종, 유전적 질병, 유전학, 그리고 노화라는 당시 한창 뜨는 주제들로 여섯 편의 특별 강연을 하는 행운을 얻었죠. 대중은 거의 모르던 주제였죠. 그 후 그들은 제게 그 주제로 책을 쓰자고 했고, 그렇게 나온 책이 『유전자 언어』입니다. 큰 성공을 거두었죠. 그러자 BBC는 그 주제로 텔레비전 시리즈를 만들자고 요청했고 「인 더 블러드: 신, 유전자, 그리고 운명(In the Blood: God, Genes and Destiny)」이라는 제목으로 방송되었죠. 앞의 책만큼 성공을 거두지는 못했지만, 나쁘지도 않았죠. 그리고 지금까지 이렇게 과학 대중화 활동을 해 오고 있죠.

최재천: 가끔 후회하실 때도 있나요?

존스: 가끔 후회합니다. 그런 활동으로 돈도 벌었고, 그래서 프랑스에 멋진 집도 있습니다. 하지만 진짜 과학은 아주 조금밖에 못했다는 게 유감스럽습니다. 지금 활동을 정말 즐기고 있기는 하지만, 좋은 연구진과 함께 일하던 때가 그립습니다. 저는 곧 2주일간 달팽이 채집을 나갑니다. 하지만 제 또래에 아직도 연구를 아주 활발하게 하고, 열 명 정도 되는 동료들과 함께 일하는 사람도 있습니다. 그리고 여든 살인 딕도 여전히 아주 활발하게 연구합니다. 저는 그것이 그립습니다. 그나마 몇 년 전까지만 해도 적어도 행정 업무를 하는 사람으로 변하진 않았다고 자위했지만, 이제는 그런 일까지 하게 되었네요.

최재천: 유감입니다. 저도 제 연구를 최대한 수준 높게 유지하기 위해 가능한 모든 노력을 기울이는 한편, 다양한 대중 활동도 하고 있죠. 정말 죽을 지경입니다.

존스: 예, 압니다. 불가능한 일이죠.

최재천: 이 모든 활동을 계속하는 개인적인 철학이 있으실 텐데, 왜 계속하시는 겁니까?

존스: 더 이상 벗어날 수 없는 스키 활강 코스를 내려가는 것과 같습니다. 마음대로 쉽게 바꿀 수 없죠.

최재천: 그에 따르는 특별한 만족감도 있으실 테죠. 그렇죠?

존스: 맞습니다. 저는 약간의 쇼맨십을 갖고 있습니다. 올해에만 저는 4만 명의 어린 학생들과 얼굴을 직접 마주하고 이야기를 할 것입니다. 제가 2,000명, 3,000명 규모의 학교와 학회에 자주 가기 때문이죠. 스무 군데 정도 갈 것 같습니다. 저는 학생 3,000명과 한자리에 앉아 있는 걸 좋아합니다. 같은 농담을 하고 또 해도, 그럴 때마다 항상 똑같은 웃음이 터지죠. 그들은 한 번도 그런 것을 들어본 적이 없기 때문입니다. 저는 그것이 좋고, 아주 유익한 일이라고 생각합니다. 가끔 제 동료들에게 조롱을 받기도 하지만, 그들이 실수하는 것이라고 생각합니다.

과학의 존재 이유는 아는 만큼 소통하는 것입니다. 이게 전부입니다. 어떤 대단한 연구를 하고서 아무에게도 그걸 말하지 않는다면 시간을 낭비하는 일이지요! 저는 출판하지 않은 연구를 많이 했는데, 창피한 일입니다. 누군가에게 말하지 않을 거라면 왜 힘들여서 그 일을 한 걸까요? 그건 그냥 존재하지 않는 것입니다. 한 단계만 더 나아가면, 당신은 그 일을 하라고 당신에게 돈을 낸 사람들에게 이야기를 하는 것입니다. 그래서 저는 대중이 과학을 이해할 수 있게 하는 일을 과학 자체의 한 부분으로 봅니다. 분리된 것 혹은 부가적인 것이라고 보지 않습니다.

중요한 것은 다윈이 아니라 다윈주의

최재천: 어떤 면에서 다윈도 그와 같은 일을 했다고 생각합니다. 그가 과학 논문만 발표했을 수도 있겠죠. 물론 그에 관해 말하자면 그에게는 출판할 의무가 없었고, 우리처럼 해마다 대학 총장에게 한 일을 보고해야 할 의무도 없었죠. 다윈은 동료 과학자뿐 아니라 다른 분야의 학자들, 그리고 심지어는 비전문가들까지도 읽고 이해할 수 있는 책을 쓰기로 했죠. 이제 마지막 질문을 하겠습니다. 왜 다윈이 중요합니까? 왜 우리가 그를 심각하게 받아들여야 합니까?

존스: 저는 어떤 의미에서 한 개인으로서 다윈은 중요하지 않다고 생각합니다. 다윈은 단지 한 명의 과학자였을 뿐입니다. 누구든 그가 했던 일을 할 수 있었을 겁니다. 그가 그것을 해낸 것뿐입니다. 그는 지렁이, 식물의 수정, 근친 교배 등에 대해 특별한 연구를 했습니다. 또한 그는 아주 매력적인 성품을 가지고 있었습니다. 다윈에 대해서 알면 알수록 그가 멋져 보입니다. 그는 열정적으로 노예 제도를 비판했습니다. 그는 치안 판사였는데, 아주 너그러운 치안 판사였습니다. 영국에서 종교가 아주 강성하던 때 그는 신앙심을 잃었

죠. 그는 그것을 말하기를 창피해하지 않았습니다. 그는 솔직했고 그런 말을 함으로써 고난을 겪었습니다. 하지만 그는 그 말을 했죠. 그래서 저는 그를 엄청나게 존경하고 한번 만나볼 기회가 있었으면 하고 바라는 위인입니다. 그렇지만 중요한 것은 다윈이 아니라 다윈주의죠. 진화가 중요한 것입니다.

다윈이 했던 일은 생물의 과학을 발명한 것이라 생각합니다. 다윈 이전에 많은 사람이 생명계를 연구하고, 화석을 찾아내고, 소를 번식시키고, 곤충을 발견했죠. 하지만 그들은 그들이 모두 같은 일을 하고 있다는 걸 깨닫지 못했습니다. 다윈은 우리가 모두 같은 일을 하고 있다는 것, 우리가 모두 진화를 연구하고 있다는 것을 깨닫도록 해 주었습니다. 이제는 모든 생물학자가 자동으로 알고 있습니다. 당신은 곤충을 연구했고 저는 인간의 Y 염색체를 연구했습니다. 당신과 저는 즉시 둘 간의 관계를 알 수 있습니다. 다윈 이전에는 그 누구도 이런 관계를 찾아볼 생각조차 하지 못했습니다. 저는 종종 다윈이 한 것은 생물학의 문법을 만들어 낸 것이라 얘기합니다. 어떤 언어의 문법을 이해하지 못하면 그 언어를 배울 수 없죠. 외국어를 배울 때처럼 의식적으로 할 수도 있는 것이고 어린아이처럼 무의식적으로 배울 수도 있습니다. 하지만 문법을 배우지 않으면 어휘력이 얼마나 뛰어나든, 발음이 얼마나 완벽하든 상관없이 그 언어를 말할 수 없죠. 다윈의 업적은 생물학에 진화의 이론이라는 문법을 준 것입니다.

최재천: 당신은 존 브록만(John Brockman)이 운영하는 웹사이트(Edge.org)에서 생물학은 물리학과 다르다는 말을 하셨습니다. 에른

스트 마이어가 그의 책『이것이 생물학이다(*This is Biology*)』에서 한 말과 비슷하다는 생각이 드는데요. "뉴턴의 물리학은 깊은 의미에서 틀렸다. 멘델과 다윈의 이론은 깊은 의미에서 맞다." 무슨 뜻인가요?

존스: 예, 옳은 말이라고 생각합니다. 몇 년 전에 제가 그렇게 말했는데, 지금은 멘델의 이론에 대해서는 상당히 자신감이 떨어졌습니다. 제가 그 말을 한 후로 유전학이 훨씬 복잡해졌기 때문이죠. 다윈의 변화를 동반한 계승이라는 개념은 깊은 의미에서 생명의 세계에 대한 설명으로 맞는 말입니다. 모든 생물학자가 여기에 동의할 겁니다. 하지만 그렇다고 내일 새로운 발견이 일어나서 이것이 틀렸다고 증명될 가능성을 완전히 배제할 수는 없습니다. 1905년에 왕립 협회의 회장인 물리학자가, "물리학은 끝났습니다. 우리는 물리학에서 발견할 수 있는 모든 것을 발견했습니다. 이제 다른 것을 하러 갑시다."라고 했어요. 그리고 바로 그 해에 상대성 이론이 나왔고 그 후에 또 양자 이론이 나왔죠. 그리고 뉴턴의 고전 물리학이 무너졌습니다. 그것이 내일 진화 이론에 일어날 수도 있습니다. 전 그러기를 바라지만, 아마 그러지는 않을 겁니다.

최재천: 시간 내주셔서 고맙습니다! 즐거웠습니다.

현대판 다윈의 불도그들

아홉째 사도와 열째 사도

매트 리들리와 마이클 셔머

09

매슈 화이트 리들리(Matthew White Ridley, 5th Viscount Ridley)

1958년 영국 노섬벌랜드에서 출생.

1983년 옥스퍼드 대학교에서 박사 학위 취득(동물학).

1984년 《이코노미스트》 과학 에디터.

1996년 국제 생명 과학 센터 창립 이사장 취임.
(2000년 퇴임 후 명예 평생 대표)

2004년 영국 은행 노던 록 이사장 취임. (2007년 은행 파산으로 사임)

2011년 맨해튼 연구소로부터 하이에크 상 수상.

2013년 영국 상원 의원 선출. (2022년 사임)

2014년 영국 경제 문제 연구소(IEA)로부터 자유 기업상 수상.

마이클 브랜트 셔머(Michael Brant Shermer)

1954년 미국 로스앤젤레스 글렌데일에서 출생.

1972년 페퍼다인 대학교 입학. 신학 전공으로 입학했으나 1976년 심리학 전공으로 졸업.

1982년 대륙 횡단 자전거 대회인 레이스 어크로스 아메리카(RAAM) 창설.

1991년 클레어몬트 대학원에서 박사 학위 취득(과학사).
스켑틱스 소사이어티 설립.

2002년 『과학의 변경 지대』 출간.

2007년 옥시덴탈 대학 과학사 겸임 교수 부임.

2011년 클레어몬트 대학원 선임 연구원 및 채프먼 대학교 겸임 교수 부임.

2015년 『도덕의 궤적』 출간.

2018년 『천국의 발명』 출간.

매트 리들리와 마이클 셔머는 다윈 진화론의 가장 유창한 대변인들이다. 리들리의 『붉은 여왕(*The Red Queen*)』, 『이타적 유전자(*The Origins of Virtue*)』, 『게놈(*Genome*)』, 『본성과 양육(*Nature via Nurture*)』, 『이성적 낙관주의자(*The Rational Optimist*)』와 셔머의 『왜 사람들은 이상한 것을 믿는가(*Why People Believe Weird Things*)』, 『선과 악의 과학(*The Science of Good and Evil*)』, 『과학의 변경 지대(*The Borderlands of Science*)』, 『왜 다윈이 중요한가(*Why Darwin Matters*)』, 『경제학이 풀지 못한 시장의 비밀(*The Mind of the Market*)』, 『도덕의 궤적(*The Moral Arc*)』 등은 여러 언어로 번역되어 수백만의 사람들에게 자연 선택적 사고를 하도록 도움을 주었다. 토머스 헉슬리가 다윈 시대의 불도그였다면, 리들리와 셔머는 현대판 다윈의 불도그라 할 만하다. 인터뷰를 요청했더니 매트 리들리는 자신이 2009년 5월 15일에 강연을 하기로 되어 있던 뉴캐슬의 콘서트 홀 세이지 게이츠헤드에서 열리는 "디지털을 생각하다(Thinking Digital)" 콘퍼런스에서 만나자고 했다. 콘퍼런스 웹사이트를 찾아보니 뜻밖에도 달콤한 행운이 나를 기다리고 있었다. 마이클 셔머 또한 그 콘퍼런스에 초대된 강연자였던 것이다. 그는 일찌감치 내 인터뷰 대상자 목록에 들어 있었다. 그래서 당장 이메일을 보냈고 우리는 콘퍼런스에서 서로를 찾기로 약속했다. 마이클은 내가 매트와 인터뷰를 막 시작하려던 참에 우리 테이블 앞에 나타났다. 자연스럽게 3자 인터뷰, 아니 정담(鼎談)이 벌어졌다. 마치 죄라도 짓는 듯 신나는 일이었다.

과학은 예술!

최재천: 예정대로 매트, 당신과 먼저 시작하겠습니다. 인터뷰는 당신의 책을 따라가는 식으로 하는 게 좋겠습니다. 하나의 키워드를 드리자면, 그건 당연히 '다윈'일 겁니다. 올해가 다윈의 해이기 때문에 제가 이 인터뷰를 진행하고 있는 것이니까요.

리들리: 맞습니다. 200주년 기념이죠.

최재천: 또 다른 키워드는 아마 '자연 선택'일 겁니다. 당신의 경우에는 '성 선택'이 더 중요할 것 같습니다만. 옥스퍼드 대학교에서 동물학으로 박사 학위를 받은 걸로 알고 있는데, 누가 당신의 지도교수였나요?

리들리: 조류 연구 기관인 에드워드 그레이 야외 조류학 연구소(Edward Grey Institute of Field Ornithology)를 운영하던 크리스 페린스(Chris Perrins) 교수였습니다. 제 주요 연구 주제는 꿩의 짝짓기 체계였습니다. 꿩은 일부다처제, 정확히 말하자면 수컷이 암컷 무리를

매트 리들리.

거느린 '처첩 일부다처제'를 지닌 매우 진기한 새입니다. 극소수의 새들이 일부다처제를 갖고 있고, 역시 극소수의 포유류가 일부일처제를 갖고 있죠. 꿩이 일부다처제를 가진 이유는 기본적으로 그들이 포유류와 같기 때문이라고 저는 결론지었습니다. 다시 말해서 그들은 날지 못한다는 것이죠. 꿩에게 비행은 단지 도피 기제일 뿐이며, 꿩은 땅에서 살아가는 초식동물이기 때문에 영양들처럼 모여서 처첩을 형성하기 쉽죠. 모든 게 짝 지키기와 연관되어 있습니다. 그게 제 연구 주제였는데 확실하게 세상을 깜짝 놀라게 할 만한 것은 아니었습니다. 노벨상을 안겨 줄 만한 것도 아니었고요.

최재천: 우리 분야에서는 이제 누구도 노벨상을 타지 못할 겁니다. 틴베르헌, 로렌츠, 그리고 카를 폰 프리슈(Karl von Frisch)는 야외 생물학이 아니라 행동의 생리학에 대한 기여로 노벨상을 받았잖아요.

리들리: 예, 농담이었습니다.

최재천: 예, 저도 압니다. 당신의 노벨상 전망은 잠시 제쳐두고, 왜 연구에서 과학 저널리즘과 저술 쪽으로 방향을 트셨나요?

리들리: 논문을 쓰면서 제가 다른 사람들보다 글쓰기를 훨씬 즐긴다는 걸 알았습니다. 모두가 "난 정말 글 쓰는 게 싫어."라고 말할 때 저는 "난 오히려 이게 더 좋은데."라고 말하곤 했죠. 저는 항상 과학계에서 흘러 넘치는 새로운 아이디어들을 즐겼고, 주제를 점점 더 좁혀 가야 하는 연구는 더 이상 매력을 느끼지 못하게 되었습니다. 그래서 저는 생각했죠. '그래, 과학 저널리즘이야!' 저는 BBC 등 다양한 곳에 지원하기 시작했고 행운을 잡았습니다. 《이코노미스트》에 있던 과학 편집장이 세상을 뜬 것이죠. 제가 죽인 것은 아닙니다.

(웃음) 그들은 새로운 과학 글쟁이를 찾고 있었습니다. 누군가 그 자리를 이미 꿰찼음에도 그들은 또 다른 과학 글쟁이를 찾고 있었죠. 저는 3개월의 인턴 과정을 거쳤고 드디어 그 일을 맡았습니다. 얼마 후 새 편집장 역시 세상을 떴죠.

최재천: 주변 사람들이 모두 죽는군요!

리들리: 저는 《이코노미스트》의 역대 과학 편집장 중 살아서 퇴직한 첫 번째 사람입니다. 지금은 또 다른 두 명 역시 살아 있지만요. 끔찍한 시기였습니다. 저는 앨리스 버래스(Alice Barrass)와 리처드 케이스먼트(Richard Casement)를 무척 좋아했습니다. 리처드 케이스먼트가 첫 편집장이었는데 서른아홉에 심장 마비로 죽었습니다. 앨리스 버래스는 쉰둘이었는데 폐암으로 죽었고요. 그렇게 저는 꿈의 직업을 갖게 되었습니다. 흥미로운 과학자의 두뇌를 뒤지고 흥미롭지 않은 과학자의 두뇌는 무시하는 일이었는데 정말 멋진 일이었지요! 제게 과학은 과정이 아닙니다. 예술 작품이죠. 과학은 창조적인 분야로서 저는 그걸 비평하고 싶었고 그 속에서 첨벙거리고 싶었고 그 속에서 놀고 싶었습니다. 그러고 나서 《이코노미스트》에서 제게 정치 분야 저널리스트가 되기를 설득했고, 저는 3년을 워싱턴 D. C.에서 일했습니다. 그 일을 정말 사랑했습니다. 몇 년 동안 미국판 에디터로 일했지만, 결국 운 좋게도 이곳 뉴캐슬 북쪽으로 옮기게 됐습니다. 여기로 다시 옮겨 오기를 원했던 이유는 가족이었습니다. 저는 프리랜스 저널리스트가 되었고 책을 쓰기 시작했습니다. 과학은 분명히 제가 다시 돌아가야 할 주제였으니까요. 뉴캐슬에서 미국 정치에 관한 글을 쓸 수는 없잖아요.

최재천: 제가 미시간 명예 교우회에서 주니어 펠로로 일하던 시절, 로라 벳직(Laura Betzig)이나 랜덜프 네스(Randolph M. Nesse) 같은 과학자들에게서 당신이 앤 아버에 한동안 머물렀다는 이야기를 전해 들었습니다. 그들은 당신이 연구실들을 들쑤시고 다녔다고 하더군요.

리들리: 예, 들쑤시고 다니는 게 제 일이었죠. 모든 것은 서로 연결되어 있고 종종 옆길로 새기도 하지만 결국 시작점으로 되돌아오곤 하죠. 그렇게 진화 생물학이 제 흥미를 자극했고 그 결과 『붉은 여왕』이 나오게 됐죠. 그러나 그때 의외의 일이 벌어졌습니다. 제 절친한 친구 중 하나가 이 지역의 경관 조성 사업을 책임지고 있었죠. 앨러스테어 볼스(Alastair Balls)라는 친구였는데 이 강변 재건을 맡고 있던 '타인과 웨어 개발 회사(Tyne and Wear Development Corporation)'의 최고 경영자였습니다. 그는 대단한 일을 하고 있었습니다. 그는 내게 "이봐, 국가 차원의 거대한 프로젝트야. 새천년을 위한 프로젝트고 큰 자금이 투여될 거야."라고 했습니다. 그러고는 "아무래도 우리가 뉴캐슬에 과학 센터를 지어야 하겠어."라고 말했죠. 그래서 저는 "좋아. 지금 화제의 과학은 유전학이야. 왜냐하면 유전체의 염기 서열이 밝혀지려는 참이거든."이라고 말했고 그는 "자, 그럼 자네가 위원회에 들어와 그걸 어떻게 다뤄야 할지 말해 줘."라고 했죠. 그래서 우리는 결국 생명 과학을 기반으로 한 과학 센터를 만드는 아이디어를 내놓았습니다. 생명 과학을 기반으로 한 과학 센터는 어디에도 없었습니다. 대개가 물질 과학을 다루는 센터들이었죠. 드디어 국제 생명 과학 센터(The International Centre for Life)가 탄생한 겁니다. 유전

체 염기 서열이 완전히 분석될 즈음에 센터의 문을 여는 것이 계획이었습니다. 유전학의 역사에서 영국이 기여한 위대한 공헌을 기리기 위해서였죠. 왓슨과 프랜시스 크릭(Francis Crick)뿐 아니라 시험관 아기, 복제양 돌리 등등 말입니다.

언젠가 기차에서 미국의 유전학자 딘 해머(Dean Hamer)를 만났습니다. 뉴저지로 가는 기차에서 우리는 30분 동안 이야기를 나누었습니다. "요즘 무슨 일을 하시나요?"라고 제가 물었더니 그가 신에 관한 책을 쓰고 있다고 답했죠. 『신의 유전자』라고 했나……. 그래서 제가 "당신은 지난 24시간 동안 제가 만난 사람 중 신에 관해 책을 쓴다는 세 번째 사람입니다."라고 말했습니다. 분자 생물학자 리 실버(Lee M. Silver), 저널리스트 로버트 라이트(Robert Wright), 딘 해머가 그들이죠. '9 · 11 사건'이 벌어진 지 얼마 안 됐을 때였죠. 도킨스의 『만들어진 신』이 출간되기도 전이었습니다. 로버트 라이트의 책 『신의 진화』가 막 출간된 거로 압니다, 제가 봤거든요.

셔머: 그중 누구라도 신을 믿는 사람이 있나요?

리들리: 밥, 그러니까 로버트 라이트가 조금 그런 편이죠. 본인은 아마 부정할 테지만요.

셔머: 당신은 어떻습니까?

리들리: 저는 믿지 않습니다.

셔머: 그럴 줄 알았습니다. 좋습니다. 그냥 확실히 해 두고 싶었습니다.

‘가장 적응한 자의 생존’과 ‘가장 섹시한 자의 번식’

최재천: 시간이 너무 흐르기 전에 진행을 해야 할 것 같습니다. 당신의 책은 거의 모두 한글로 번역되었습니다.

리들리: 예, 한국에서 아주 잘 팔립니다. 언젠가 꼭 방문하고 싶군요.

최재천: 예, 꼭 그래 주십시오. 제가 핑곗거리를 찾아보겠습니다. 『붉은 여왕』 이야기로 시작합시다.

리들리: 제게는 훌륭한 외국 작가 에이전시가 있습니다. 그래서 저는 외국어 판본을 많이 낼 수 있었죠. 다양한 언어로 번역된 31개의 판본이 있습니다. 하지만 한국에서의 판매가 특별히 대단했습니다. 제 생각에는 한국에서 『붉은 여왕』이 선전했고, 그 결과 다른 책들도 덩달아 이득을 본 것 같은데요?

최재천: 제가 제 자랑을 좀 해도 될까요?

리들리: 예, 그중 한 권을 당신이 번역하셨나요?

최재천: 아니요, 그런 건 아닙니다. 『붉은 여왕』의 첫 한국어판은 매우 잘 팔렸지만, 번역이 매끄럽지 못해 독자들이 상당히 화가 났었습니다. 한국이 대단한 디지털 사회인 건 아시죠? 모두가 인터넷에서 그 옮긴이를 비난했습니다. 그는 제 친구였지만 진화 생물학자는 아니었고 전형적인 연구자였죠. 그래서 결국 제가 개정판의 편집자로 일하며 그를 도왔습니다. 사람들이 다시 책을 사기 시작했죠.

리들리: 감사합니다. 놀랍네요, 저는 전혀 몰랐습니다. 저는 언어에 능하지 못해서 제 책의 번역서들이 끔찍한지 아닌지 알 수가 없

습니다. 제 독일인 친구한테 제 독일어판을 봐 달라고 했었는데, 그렇게 좋은 것 같지 않더군요. 하지만 『붉은 여왕』 일본어판의 옮긴이는 인류학자로 야생 침팬지를 연구하기도 했던 하세가와 마리코(長谷川眞理子)였습니다.

최재천: 마리코가 했다면 신뢰할 수 있죠. 아무튼, 다윈의 성 선택 이론이 왜 이렇게 중요합니까?

리들리: 다윈은 진화와 관련해 두 가지 이론을 내놓았습니다. 하나는 자연 선택을 통한 진화입니다. 하지만 이것만으로는 설명할 수 없는 현상들이 있었기 때문에 그는 이론을 하나 더 필요로 했습니다. 그것이 성 선택이죠. 다윈은 한때 "공작 꼬리를 보는 것만으로도 멀미가 날 것 같다."라는 유명한 말을 남겼죠. 즉 공작 꼬리만큼 낭비적이고 쓸모없어 보이는 것을 설명하지 못한다면, 그는 설 자리를 잃게 될 터였으니까요. 그래서 그는 두 가지 다른 설명을 내놓았습니다. 하나는 '가장 적응한 자의 생존'이고, 다른 하나는 '가장 섹시한 자의 번식'이었습니다. 글자 그대로 매우 간단합니다. 그는 실제로 그 형질을 소지한 자에게 자식을 가질 능력이 주어진다면, 심지어 생존을 대가로 치르고서라도 그 형질을 존속시킬 수 있음을 깨달았습니다. 공작의 꼬리는 아마도 공작을 취약하게 만들 테지만, 그 꼬리가 있음으로 해서 공작은 더 많은 짝을 얻을 수 있죠. 다윈은 "암컷은 긴 꼬리를 가진, 혹은 밝은 색을 가진 수컷을 평범한 수컷들에 비해 선호하는 듯하다."라고 말했습니다. 그는 끈질기게 이 '선택', 즉 암컷의 능동적 선택을 주장했습니다. 암컷의 선택.

이 아이디어는 거의 100여 년간 완전히 무시되었습니다. 황당한 일이죠. 하세가와 마리코는 어떻게 그 아이디어가 묵살되었는지를 훌륭하게 기술하는 책을 쓰기도 했습니다.* 빅토리아 시대 계급 사회의 남성 우월주의에 빠져 있던 남성 생물학자들은 여성이 침실에서 그토록 능동적이라는 사실을 받아들이고 싶지 않았던 겁니다! 이제 다른 설명들이 튀어나오기 시작합니다. 이를테면 밝은 색의 수컷은 암컷에게 자신의 종을 확인시킴으로써 잡종 교배를 확실하게 막는다 같은 설명들이죠. "이것이 네 종이고, 저것은 다른 종이지……." 그것은 한심한 설명이었습니다. 게다가 개별 개체에 대한 설명이 아닌 종에 대한 설명이었죠. 그리고 그다음에는 "좋아. 성 선택이라는 게 있어. 하지만 그것은 오직 수컷 대 수컷의 싸움이라는 개념에만 적용되는 거고, 암컷의 수컷 선택에 대해서는 아니야."라는 식의 주장이 나오기 시작했습니다.

그리고 1970년대가 되자 갑자기 사람들이 다윈의 아이디어로 다시 돌아오게 됩니다. 혁신적인 이론들이 쏟아져 나왔습니다. 특히 로널드 피셔가 '고삐 풀린 암컷 선택'이라는 가설을 제안했습니다. 그는 일단 선호가 확립되면, 수학적으로 그에 반(反)할 수가 없다고 말합니다. 왜냐하면 그렇게 했다가는 섹시하지 않은 아들을 갖게 될 테니까요! '섹시한 아들 가설'과 '고삐 풀린 암컷 선택 가설'은 형질들이 왜 공작의 꼬리와 같이 터무니없이 과장되는지를 설명할 수 있을 겁니다. 동시에 사람들은 제비의 꼬리에 여분의 꼬리를 덧대고는 가장 긴 꼬리를 지닌 수컷이 가장 많은 암컷을 취하는지 실험으로도

* 長谷川眞理子, 『クジャクの雄はなぜ美しい?』(東京: 紀伊国屋書店, 1992).

확인해 봤습니다. 결과는 정말로 그렇다는 것이었습니다. 현재 이런 식의 실험은 정말 훌륭하게 수행되고 있습니다. 같은 식의 실험을 개구리의 노래에도 적용할 수 있죠. 1970년대에 다종다양한 성 선택 실험들이 시작되었습니다.

『종의 기원』 출간 100주년이었던 1959년으로 돌아가 보면, 그때까지도 그 누구도 암컷이 자신의 짝짓기 상대를 선택한다는 성 선택을 언급하지 않았습니다. 줄리언 소렐 헉슬리(Julian Sorell Huxley) 같은 사람들은 앞서 언급한 동종 인식(同種認識)과 같은 설명들로 헛다리를 짚어댔습니다. 또 이런 가설이 나오기도 했죠. 포식자가 수컷을 잘 잡도록 눈에 띄게 만듦으로써 나쁜 유전자를 제거하도록 한다는, 즉 종을 이롭게 한다는 가설이었죠. 그러나 이것은 몇 가지 계산만 해 봐도 쉽게 알 수 있는 잘못된 가설이었습니다. 토머스 헌트 모건(Thomas Hunt Morgan)이 그 가설을 지지했던 걸로 알고 있고, 아마 헉슬리도 그랬던 것 같습니다. 이 좋은 유전자 가설은 1970년대까지 살아남았고, 결국 그 정당성을 완전하게 인정받게 될 다윈의 원래 아이디어와 치열하게 경쟁했습니다.

좋은 유전자가 가설을 지지하는 사람들은 나쁜 유전자를 제거하고 좋은 유전자를 물려주는 과정을 피셔의 가설로 설명할 수 없다고 여겼습니다. 일단 암컷이 긴 꼬리를 가진 수컷을 선택하고 나면 쳇바퀴에서 뛰어내릴 수 없습니다. 다른 선택을 해서는 충분히 섹시한 아들을 얻을 수 없을 테니까요. 하지만 긴 꼬리를 선택하는 것이 자식들을 위한 좋은 유전자를 선택하는 것과 같은 것일까요? 특히, 질병에 면역을 갖춘 유전자를 선택할 수 있을까요? 질병은 주기를 갖고 있다는 측면에서 봤을 때, 암컷은 현재 유행하는 질병이나 기생충에 감염된 수컷을 선택해서는 안 됩니다. 왜냐하면 암컷들은 그 항원들에 내성이 있는 아들을 갖길 원할 테니까요.

그리하여 좋은 유전자 가설과 피셔의 고삐 풀린 암컷 선택 가설은 1990년대에 이르기까지 맹렬한 논쟁을 벌입니다. 그리고 그 후 제프리 프랭클린 밀러(Geoffrey Franklin Miller)와 같은 사람들이 이것이 인간의 커다란 두뇌 역시 설명할 수 있을지도 모른다고 주장하기 시작했죠. 결국 성 선택은 단지 암컷 선택만이 아니라 수컷 선택일 수도 있으며, 동시에 암컷과 수컷 모두의 선택일 수도 있는 거니까요. 많은 바닷새에서 밝은 색깔의 수컷이 암컷에게 선택되고, 밝은 색깔의 암컷이 수컷에게 선택되는 것을 볼 수 있으니까요. 그렇다면 인간은 그 커다란 두뇌를 무엇에다 쓸까요? 예술, 시, 유머처럼 엄밀한 의미에서의 생존 가치를 지니지는 않지만 크나큰 유혹의 가치를 지니는 것들에 쓰죠. 그리하여 성 선택이 인간 두뇌가 커지도록 도왔을 수도 있다는 아이디어가 나온 겁니다. 재미있게도 이는 다시 다윈으로 돌아가는 게 됩니다.

내일 제 강연에서도 언급할 예정입니다만, 다윈은 성 선택을 인종 간 차이를 설명하는 데 사용했고, 이 차이는 적잖이 그를 당황하게 만들었습니다. 그가 전복시키려 노력했던 기성 이론 중 하나가 다른 인종은 다른 종이라는 아이디어였기 때문입니다. 이는 특히 애거시즈로부터 온 아이디어인데, 노예 제도에 과학적 허식을 붙인 것이었죠. 물론 이 아이디어의 목적은 노예 제도를 정당화하는 것이었고, 흑인과 백인은 다른 종이기 때문에 이들을 다르게 취급하는 것이

성서의 가르침과 조화를 이룬다고 주장하는 것이었습니다. 애거시즈는 그들이 따로 창조되었다고 주장했습니다. 기독교 교회는 애거시즈의 생각을 싫어했죠. 이것이 재미있게도 다윈이 교회와 분리되기 직전까지는 교회의 편에 섰던 이유입니다. 이 문제를 저는 에이드리언 데스먼드와 제임스 무어의 『다윈의 신성한 대의』를 읽고 나서야 알게 되었습니다. 제가 최신 경향을 잘 못 따르고 있죠. 하지만 문제는 다윈이 '왜 백인들은 금발인데 흑인들은 곱슬머리인가?' 같은 문제들을 해결해 주는 아주 좋은 자연 선택적 설명을 내놓지 못했다는 데 있습니다.

최재천: 노예제에 찬성하지 않는다고 선언했음에도 불구하고 말이죠.

리들리: 그는 노예제를 혐오했습니다. 반노예제 운동은 가업이었죠. 다윈의 이모는 19세기를 통틀어 반노예제 운동에 커다란 기여를 한 분이었습니다.* 흥미롭지 않습니까? 다윈이 인종 이론을 약화시켜 사장되도록 한 데는 열정이 담겨 있었습니다. 아주 중요한 의미가 담겨 있죠. 물론, 이것이 이 이야기의 전부는 아닙니다. 하지만 그는 왜 흑인이 백인과 다른가에 대해 설명해야만 했습니다. 다윈은 생존을 이유로 그것을 정당화할 수는 없었기 때문에 암컷 선호를 구실로 정당화하려 했습니다. 그는 "이유가 무엇이건, 여성들은 서로 다

* 다윈의 어머니 수재너 웨지우드의 여동생 사라 웨지우드(Sarah Wedgwood, 1776~1856년)를 말한다. 흑인 노예 해방을 위한 버밍엄 숙녀회(Birmingham Ladies Society for the Relief of Negro Slaves)의 창립 멤버이기도 했다.

콘서트 홀 세이지 게이츠헤드의 식당에서 인터뷰하는 필자와 매트 리들리.

른 인종에서 서로 다른 선호를 지니는 듯하고, 그것이 결국 우리가 다르게 생기게 된 이유"라고 말했습니다. 이는 실제로는 면밀한 조사를 바탕으로 한 아이디어가 아니었고, 성 선택이 인종 간 차이를 낳는 주요한 이유처럼 보이게 하지도 못합니다. 오히려 창시자 효과(founder effect)나 지역적 조건에 대한 적응과 상관이 있는 듯 보입니다. 검은색 피부는 열대 바다 생활에 의해 선택되는 것처럼 말이죠. 미안합니다. 제 답이 너무 길었네요. 책 한 권을 다 얘기한 듯싶네요.

최재천: 다윈이 암컷 선택에 대한 자신의 설명에 대해 우려했다고 말씀하셨는데요, 『종의 기원』 여기저기에서 그는 암시를 흘리기는 했지만 명확히 하지는 않았습니다. 하지만 『종의 기원』이 출간된 1859년부터 『인간의 유래와 성 선택』이 출간된 1871년까지 12년밖에 걸리지 않았습니다. 다윈은 어느 날 갑자기 그것을 깨닫게 되었나요?

리들리: 글쎄요, 제가 읽은 『종의 기원』의 가장 최근 판본은 6판인데, 그가 아주 많이 개정한 판본이고 거기에는 성 선택이 많이 언급되어 있습니다. 1판에서도 그랬는지는 제가 정확하게 모르는 부분인데, 다시 살펴봐야겠습니다. 『인간의 유래와 성 선택』은 그의 두 번째 이론을 다룬 책입니다. 그는 그 책을 성 선택에 바쳤습니다. 인간의 유래가 아니라 공작과 나비 들을 다루었죠. 다윈이 그사이에 자신의 이론을 발전시켰으리라 확신하는데, 그가 쭉 그 문제를 생각했었다는 데는 꽤 좋은 증거가 있다고 생각합니다. 공작 꼬리에 대한 언급이 1861년에 그가 에이사 그레이에게 보낸 편지에서 등장하고 있으니까요. 책을 한 권 썼는데, 그 책의 끝부분에 이르러 어떤 주제들을 적절히 다루지 못했다는 사실을 발견하고 만족하지 못하고 있

으며, 기회가 되면 잘 정리해서 책으로 펴내겠다고 얘기했죠.

최재천: 역사학자들은 다윈이 그 10년 동안 어떤 식으로 그 생각을 정리해 갔는지를 들여다볼 필요가 있겠습니다.

리들리: 헬레나 크로닌의 『개미와 공작』이 그 질문에 대한 답을 제시해 준다는 생각이 듭니다. 사실 헬레나가 당신의 인터뷰 대상자 목록에 들어 있어야 할 것 같군요.

최재천: 예, 런던으로 돌아가면 헬레나를 만나기로 되어 있습니다. 남편이 수술을 받는다고 합니다. 오늘 밤에 이메일이 올 것 같습니다.

리들리: 제가 "만일 도움이 된다면, 당신은 무서운 사람이 아니다."고 말했다 전해 주십시오. 그 책은 성 선택 이론에 대한 대단한 작업이었습니다.

다윈이 진 빚을 현대 생물학이 갚으리라

최재천: 당신의 다음 책인 『덕의 기원(*Origins of Virtue*)』으로 넘어가고 싶습니다. 한국에서는 번역 출간할 때 때로 제목을 바꾸기도 합니다. 이 책의 한국어판 제목은 『이타적 유전자』입니다. 제 생각에는 장점과 단점이 있는 제목이죠. 도킨스의 책 『이기적 유전자』가 한국에서 다년간 베스트셀러였는데, 그걸 고려한 제목이겠죠. 따라서 책 판매에는 도움이 되겠지만 독자들에게 오해를 불러일으키기 좋은 제목이죠.

리들리: 그런데 도킨스가 정말로 유전자가 이기적이라고 말하나요? 그는 자기 책 제목을 『이타적 유전자』라고 짓는 게 합당했으리라고 말한 것으로 유명하죠.

최재천: 제가 며칠 전 그에게 물어봤는데, 그는 『이기적 유전자, 이타적 개체』 아니면 『불멸의 유전자』가 훨씬 좋은 제목이었을 것이라고 말하더군요. 당신께도 같은 질문을 드리겠습니다. 제목이 『이타적 유전자』나 그와 유사한 것이었을 때, 당신이 책에서 의도한 바를 잘 전달합니까?

리들리: 어떠한 제목도 그러지는 못합니다. 불평하는 것은 아닙니다만, 썩 옳은 제목은 아닙니다. 그 책에서 저는 사람들이 실제로 꽤 친절하다는 것을 설명하고자 했습니다. 항상 무자비하고 경쟁적이고 끔찍한 것은 아니라고 말이죠. 사회적 행동들과 관련된 많은 덕목이 있습니다. 그러나 여전히 사람들은 서로 다른 유전자들 간 경쟁의 산물입니다. 그렇다면 이러한 미덕, 품성은 어떻게 나오게 된 걸까요? 답이 항상 어렵지만은 않습니다. 유전자는 때때로 살아남기 위해, 그리고 사회 내에서 자신을 널리 전파하기 위해 개체가 사회성을 갖도록 조정할 필요가 있다는 뜻입니다. 그래서 제가 그 책에서 말하고자 한 바는 우리는 인간 본성이 기본적으로 험악하고 우리 스스로 착해지려면 가르침을 받아야 한다고 생각하는 경향이 있지만, 그건 전혀 사실이 아니라는 것이었습니다. 미덕은 악덕만큼이나 오래된, 깊고도 고유한 것이며, 기나긴 동물의 역사에서도 존재하는 것입니다. 그러한 것들을 침팬지, 흡혈박쥐, 그리고 협조적이고 관대한 병코돌고래에서 발견할 수 있습니다. 따라서 동물을 관찰함으

로써 인간의 사회적 행동이나 관대한 행동 등에 대해 많은 것을 이해할 수 있습니다. 덕이 발명되었다고 말할 필요는 없습니다. 특히나 2,000년 전 팔레스타인에서 긴 가운을 입고 샌들을 신은 어떤 사람에 의해 발명되었다고 말할 필요는 더욱 없죠. 제가 이렇게 말해도 될까요? 곤란해질 수도 있나요?

최재천: 한국에서는 곤란해질 수도 있겠지요, 한국은 퍽 근본주의적 기독교 국가가 되었으니까요. 미국 다음으로 선교사를 많이 파견하는 나라입니다.

리들리: 놀랍군요. 제 친구 존 미클스웨이트(John Micklethwait)의 새 책을 아시나요? 그는《이코노미스트》의 편집장인데요,『신이 돌아왔다(*God is Back*)』라는 제목의 책을 썼습니다. 종교가 세계 정치에 믿을 수 없을 만큼 중요한 영향력을 끼치게 되었다는 사실을 세상 사람들이 알아야만 한다는 내용을 담고 있습니다. 제 생각에 세계는 9·11 사건 이후에 그러한 사실에 눈뜨게 된 것 같습니다. 그는 이 책에서 만일 일종의 성적표를 만들어 본다면, 이기는 쪽은 이슬람교가 아니라 기독교라고 주장합니다. 그는 주로 아프리카, 그리고 제 생각에 라틴아메리카에 대해서 이야기합니다. 영국에서 보면 스러져 가는 교회와 꽉꽉 들어찬 이슬람 사원만 보이기 때문에 우리는 이슬람교가 이길 거라 여깁니다. 하지만 그는 전 지구적으로 봤을 때 어떤 종교가 매년 실제로 더 많은 사람을 개종시키는지를 계산해 보면, "아니다, 이기는 쪽은 기독교다."라고 말합니다.

최재천: 많은 수의 한국인 선교사들이 아프리카에서 활동하고 있습니다.

셔머: 한국은 종교에 관한 한 제정신이 아닌 것 같습니다. 왜 그럴까요? 저는 항상 이것이 놀라웠습니다. 미국에도 엄청나게 많은 수의 한국인과 그들의 교회가 있습니다. 저는 열정적인 무신론자입니다. 저는 조직화된 종교를 혐오합니다. 그들은 광신적이죠. 이 문화는 어디서 온 걸까요? 한국 바로 옆에는 일본이 있습니다. 저는 일본을 잘 압니다. 저는 일본에 살았고 일본어를 할 줄 압니다. 일본은 기독교에 관심이 전혀 없고, 중국 또한 관심이 없습니다.

리들리: 중국에는 박해받는 기독교 교단이 소규모로 있을 뿐입니다. 한국의 기독교도는 모두 가톨릭인가요?

최재천: 한국에서는 개신교가 훨씬 큽니다. 최근에는 가톨릭이 성장하고 있죠. 개신교도의 수는 줄어들고 있고 가톨릭교도의 수는 늘어나고 있습니다. 김수환 추기경이 돌아가셨을 때 나라 전체가 들썩였습니다. 그는 수많은 한국인에게 진정으로 존경받았습니다. 모두 거리로 나왔습니다. 엄청나게 추운 날씨에도 불구하고 모두가 나와 거리에서 여러 날 동안 그의 죽음을 추도했습니다. 추기경에게 마지막 인사를 드리고자 줄을 선 인파가 수 킬로미터에 달했습니다. 제가 좀 건너뛰겠습니다. 다음 책은 어떠한 책입니까? 아마도 종교에 대한 글을 쓰고 계시리라 생각되어 이 질문을 드립니다.

리들리: 다음 책이 거의 완성 단계에 있습니다. 아직 제목은 정하지 못해 큰일입니다. 제목을 지으려고 노력하는 중입니다. 주제는 본질적으로 저의 전작들과 반대됩니다. 제가 지금까지 쓴 책들은 모두 인간과 동물의 유사성에 관심을 집중시키는 내용이었습니다. 인간이라는 존재가 얼마나 동물적인지 보여 주고자 했죠. 이번 책은 얼

마나 다른가를 다룹니다. 비록 인간과 동물의 유사성이 명백하고 인간 본성이 진화 과정 속에서 형성된 게 분명하지만, 그럼에도 불구하고, 8만 년 전에 무슨 일인가가 벌어져 비교적 성공적인, 그러나 평범한 아프리카의 포식 영장류를 기술로 무장한 범지구적 지배자로 바꾸어 버린 겁니다. 간결하게 요약하면 제 대답은 그 모든 게 분업 및 교환과 관련이 있다는 겁니다. 우리는 물품을 생산하고 교환하는 과정에서 분업을 할 줄 알게 되었습니다. 그리고 이것은 지금 우리가 경제 성장이라고 부르는 것을 이뤄냈습니다. 비상할 정도로 창조적인 자가 촉매 반응이 일어난 겁니다. 8만 년 전, 어쩌면 그보다 더 이른 시점에 아프리카에서 시작된 이 과정은 지금까지 진보와 퇴보를 거듭했습니다. 그렇지만 총체적으로는 발전을 거듭하며 특히 1만 년 전과 200년 전, 두 번에 걸쳐 그 속도가 엄청나게 빨라졌습니다. 이방인들과의 교환과 분업을 발명한 것은 우리 종이 유일합니다. 다른 종들은 그런 일을 하지 않습니다. 일부 종에서는 어느 정도의 성간 역할 차이가 나타나며, 당신이 잘 아는 것처럼 사회성 곤충에서는 어느 정도의 가족 내 교환과 특화 또는 친족 구조가 나타나기도 합니다. 진화란 한마디로 노동 분업이죠. 이것이 새 책의 또 다른 주제이죠. 유전자 간 노동의 분업, 세포 간 노동의 분화, 세포를 구성하는 기관 간의 노동 분업 등등. 노동 분업의 창성(創成)이야말로 진화의 위대한 진보 중 하나입니다.

최재천: 제목을 『분업과 교환』이라고 지으면 어떨까요? 너무 무거운가요?

리들리: 한 단어였으면 좋겠습니다. 분업으로는 의미가 잘 전달

되지 않고 불필요한 다른 의미가 너무 많이 들러붙어요. 제가 어쩌면 쓸지도 모르는 멋진 단어가 있는데, '캐털랙시(catallaxy)'라는 것입니다. 뜻은 정확히 전달합니다.

최재천: 와, 정말 어려운 단어인데요.

리들리: 바로 그게 문제입니다. 하지만 어떤 부피감과 질감을 갖고 있죠. 이 말은 프리드리히 하이에크(Friedrich Hayek)가 만든 것으로 교환을 통해 분업과 질서가 자생적으로 생성되는 과정을 뜻합니다. 저는 새 책에서 여러 쟁점을 다루려고 하지만, 간단히 말하면 교환 또는 교역이 우리가 아는 것보다 훨씬 더 오래된 현상임을 다루고자 합니다. 그 어려운 일을 우리 종만이 해냈다는 겁니다. 우리는 동시에 서로 다른 물건을 교환하는 유일한 종입니다. 사회성 곤충들이 중요시하는 분업은 우리는 거의 하지 않죠. 바로 번식 말입니다. 심지어 영국에서도 여왕에게 번식을 떠맡기지는 않습니다. (웃음) 우리가 하지 않는 유일한 노동 분업이죠. 핵심은 사회가 경제적으로 발전할수록 우리는 점점 생산자로서 특화되고 소비자로서 다양해진다는 것입니다. 그래서 저는 자급자족하며 살아가는 꿩보다 훨씬 더 광범위한 생산품을 소비할 수 있습니다. 하지만 생산 가능한 범위는 더 좁죠. 그리고 이 과정은 8만 년 동안 작동과 멈춤을 반복했습니다.

본질적으로 이 책은 경제의 진화에 관한 것입니다. 다윈이 애덤 스미스(Adam Smith)에게 진 빚을 생물학이 이제 되돌려주려 하고 있습니다. 확신하건대 다윈은 애덤 스미스에게 많은 것을 빌렸다고 생각합니다. 직접적이지는 않더라도 토머스 맬서스(Thomas Malthus), 그리고 해리엇 마티노(Harriet Martineau) 등을 통해서. 그래서 이 책은 진화 생물학이 아니라 경제학을 다룹니다. 저는 칼럼니스트로서 활동하며 신문에서 경제에 관해 많이 읽었고 직접 사업에도 참여해 봤습니다. 지난 10년 동안 상당 시간을 작가가 아닌 사업가로 보냈습니다. 아실 수도 있고 모르실 수도 있지만, 그런 시간은 이제 끝났습니다.*

셔머: 저는 그걸 구글 검색을 통해 알게 되었습니다. 자기가 알고 있는 것들을 뒤지다가 알고 있는 사람을 만나면 그 사람에 대해 알아야 하는 게 훨씬 많구나 하고 깨닫게 되곤 합니다. 왜냐하면 그는 제 주변 사람들이 두루 알고 있고 종종 얘기하는 대상인데 정작 저는 그에 대해 잘 모르면 안 되니까요.

리들리: 제가 여름 휴가 때 어딘가에 앉아서 당신의 책을 읽었던 기억이 납니다. 서평을 쓰느라 읽었는지 그냥 읽었는지는 기억이 나지 않습니다. 읽으며 "와, 이거 좋다."라고 생각했습니다. 당신의 책에는 유전학자 제인 기치어(Jane Gitschier)가 제작한 Y 염색체에 대한 지도가 실려 있었죠. 저는 그걸 당신 책에서 처음 보았는데 요즘은 제 강연에서 농담으로 써먹고는 합니다. 아주 재미있는 도표입니다. 채널 돌리기, 그건 정말 많은 의미를 지니고 있어요. 만일 그걸 보고 사람들이 웃으면, 성적 고정 관념이 정말 큰 의미를 지닌다는 걸 뜻합니다. 저는 언제나 제인 기치어를 인정해 주려 노력했는데, 아마

* 여기서 언급된 리들리의 책은 『이성적 낙관주의자』라는 제목으로 2010년에 출간되었다. 그리고 리들리는 2004년부터 2007년까지 영국 은행 노던 록(Northern Rock)의 이사장으로 일했다. 이 은행은 2007년 금융 위기로 파산했고 국유화되었다.

도 당신도 인정해야 할 것 같습니다.

셔머: 제가 좋은 걸 찾아냈고 잘 훔쳤죠.

리들리: 그리고 제가 또 훔쳤죠. 이게 세상이 돌아가는 방식이죠. 세상이 다 그런 거죠. 그게 제 새 책의 의미이기도 하고요. 어울리는 제목을 찾을 수 있다면 부제는 다음과 같이 지을 겁니다. "아이디어들이 섹스를 하면 왜 좋은 일들이 일어나는가?"

최재천: 그거 좋습니다, 부제가 너무 섹시해서 제목을 정하기 매우 힘드실 듯합니다. 어쨌든, 당신은 성 선택을 다룬 책으로 시작해서 덕에 관한 책을 쓰셨습니다. 그 후 당신 책 중 제가 가장 좋아하는 책을 쓰셨습니다. 당신이 동의하실지는 모르겠지만, 저는『게놈』을 가장 좋아합니다.

과학 글쓰기의 단거리 경주와 마라톤

리들리: 그 책은 단연코 제 최고의 성공작입니다. 미국 덕분에 제 최고의 베스트셀러가 되었죠. 몇 군데 베스트셀러 목록에 오른 후 그대로 떴습니다. 미국에서는 믿을 수 없을 만큼 성공적이었습니다. 왜 그랬는지 누가 알겠습니까? 시대 정신에 잘 부합했기 때문일 겁니다. 그 책을 썼기 때문에 제가 이곳 뉴캐슬에 있는 국제 생명 과학 센터로 돌아올 수 있었습니다. 저는 유전학을 이 사업에 꼭 포함시켜야 한다고 말하고 다녔죠. 우리는 어렵게 어렵게 자금을 모으는 데 성공했고 프로젝트를 시작하게 되었습니다. 이런 일을 하느니 차라리

유전체학을 배우는 것이 낫겠다고 생각했던 기억이 납니다. 저는 정말 잘 몰랐기 때문입니다. 저는 진화 생물학을 공부했고, 대학에서 연구를 좀 해서 유전 부호에 대해서는 좀 알고 있었습니다. 저는 여러 달 동안 전공 서적에 흠뻑 빠져 살았고 그 후 많은 사람과 이야기를 나눴습니다. 그러고 나서 저는 '다마스쿠스로 향하는 길(The Road to Damascus)'이라 할 회심(回心)의 순간을 경험했습니다. 그날 저는 샌타바버라의 한 회의장에서 데이비드 헤이그와 아침을 먹으며 대화를 나누고 있었습니다. 그는 노트북을 무릎에 얹은 채, "19번 염색체가 제가 제일 좋아하는 염색체입니다. 대단한 유전자들을 가지고 있거든요."라고 말했죠. '가장 좋아하는 염색체'라는 개념이 매우 좋다고 생각했던 기억이 납니다. 그는 "이리 와 봐요, 보여드리겠습니다."라고 했습니다. 그는 노트북을 꺼내 막 시작 단계에 있던 유전체 각인에 대해 이야기해 줬습니다. 그때 '가장 좋아하는 염색체'라는 표현이 제 머릿속에 깊숙이 박혔습니다.

유전체에 대해 글을 쓰는 문제는 마치 소방관 호스로 물을 마시는 것과 같았습니다. 다시 말해서, 새로운 발견들은 빠르고 묵직하게 다가왔고, 저는 어떤 것을 버리고 어떤 것을 취해야 할지를 몰라 당황스러웠습니다. 여기에 어떤 구조를 덧씌우면 좋을까? 그저 흥미로운 유전자 뭉치를 목록 나열하듯이 열거하는 데 그치지 않으려면 어떻게 써야 할까? 그리고 갑자기, 만일 1장을 생명의 기원에 대해 쓰고, 2장은 또 다른 주제에 대해 쓰는 식으로 각각의 장을 하나의 염색체와 연결시켜 23개 장으로 만드는 건 어떨까 하는 생각이 들었습니다. 당시에는 흥미로운 유전자가 밝혀져 있는 염색체가 드물었기 때문에 이 구조를 따르는 건 결코 쉽지 않은 일이었습니다. 인간 유전체 프로젝트가 완료되기 훨씬 전이었습니다. 제가 1998년에 글을 썼으니까요. 첫 장은 생명의 기원에 대해 쓰되, 마지막 장은 자유의지에 대해 쓰고 싶었습니다. 의도대로 되었죠. 완벽한 책은 아닙니다. 잘못된 것으로 밝혀진 장들도 있으며, 오류가 있는 것으로 밝혀진 장들도 있습니다. 계속 진행 중인 일이었으니까요.

책이 미국에서 출판되기 몇 달 전에 여기 영국에서 먼저 출간됐습니다. 여기서는 그다지 평가가 좋지 않았습니다. 영국인들은 기본적으로 비관주의자들이고 미국인들은 낙관주의자들이죠. 그래서 여기서는 "음……, 곧 우리 유전자를 살펴보게 될 거라는군."이라는 정도의 반응이 나왔다면, 미국에서는 "아니, 내 유전자를 들여다볼 수 있다고? 엄청나군."이라는 반응이 있었습니다. 상향식 사고관을 가진 개인주의자도, 하향식 사고관을 가진 다른 이도 같은 반응을 보이며 비슷한 질문을 할 정도였죠. 그렇다면 정부는 무얼 해야 하는가 하고 물었죠. 그래서 그런지 그 책은 미국에서 먼저 성공을 거뒀고, 입소문을 타고 영국에서도 잘 팔리게 되었습니다. 하지만 『붉은 여왕』만큼 팔린 것은 아닐 겁니다. 『붉은 여왕』은 지속적인 힘이 있습니다. 『게놈』이 단거리 경주라면, 『붉은 여왕』은 마라톤입니다.

최재천: 제 의견을 말씀드리면, 당신의 다른 책들과 달리 이 책은 새로운 사실들을 반영해 고칠 수 있을 것 같습니다.

리들리: 『게놈』 말이죠? 그렇죠, 그렇게 해야죠. 완전히 다시 써야 할 겁니다. 새로운 개정판을 만들어 내야 할 겁니다. 완전히 달라졌으니까요. 아마 곧 그 작업을 해야 할 것 같습니다. 그 책 속에는

RNA 유전자에 관한 이야기는 없습니다. RNA의 선택적 이어 맞추기(alternative RNA splicing)에 대한 내용이 아주 적고, 유전자 각인에 관한 내용도 충분치 않고……, 흥미진진한 것들이 많습니다. 그래서 지금도 사람들이 그걸 읽고 있다는 사실에 당혹스러울 따름입니다.

최재천: 예를 들면, 당신은 일단 유전자의 수를 잘못 맞추셨습니다. 하지만 놀랍도록 재기 넘치는 구성을 갖추고 있습니다. 이 책은 영원히 남을 수 있는 책이기 때문에 계속해서 개정하시기를 바랍니다. 이 책과 관련해서는 아주 많은 이야기를 나눌 수 있는데요, 한 가지 질문만 드리고 싶습니다. 인터넷 어딘가에서 당신이 노화 연구에 대해 언급하는 걸 보았습니다. 아주 짧게. 그것이 획기적인 돌파구가 될 거라고 말씀하더군요. 그리고 "거기에는 의심의 여지가 없다."라고 말씀했습니다.

리들리: 짧은 동영상인가요?

최재천: 예, 아주 짧은 동영상이었습니다. 그리고 킬킬거리며 웃으셨죠.

리들리: 콜드 스프링 하버 연구소에서 2002년에 밀라 폴록(Mila Pollock)이 찍은 것인 듯싶습니다. 당신이 말하는 동영상을 저도 아는데, 너무나 몽상가적인 태도가 드러난 듯해서 살짝 부끄러웠던 동영상입니다.

최재천: 정말 그렇게 낙관적입니까?

리들리: 그때 제가 한 말은 우리가 20년 안에 암과 관련해서 많은 진보를 이루게 되리라는 것이었습니다.

최재천: 당신이 뭐라 하셨는지 인용하겠습니다. "우리가 실패하

“디지털을 생각한다” 콘퍼런스에서 강연하는 매트 리들리.

리라고 상상하기는 그리고 우리가 노화에 대처하는 뭔가를 찾아내지 못할 거라고 상상하기는 매우 어렵다."라고 말씀하셨죠. 이에 대해 여전히 낙관적인가요?

리들리: 그렇습니다. 예쁜꼬마선충과 초파리에서 나온 증거들은 비교적 적은 수의 유전자만 조절해도 건강 수명을 엄청나게 연장할 수 있음을 보여 줍니다. 실제로 건강 수명을 연장하기 위해 사람들의 유전자를 조작해야 하는가 말아야 하는가 하는 것은 아시다시피 훨씬 더 어려운 문제입니다. 어쩌면 태어나기 전에 그 일을 해야 할 텐데, 아이들에게 엄청나게 긴 수명을 부여하게 되면 누가 그 책임을 져야 할까요? 그리고 굉장히 난해한 사회적 문제를 야기할 겁니다. 어떻게든 노쇠하지 않게 되면 일도 계속해서 잘하게 될 겁니다. 그 일에 질리려면 얼마나 걸릴까요? 영원히 일할 겁니다. 그렇게 되면 분명히 연금 회사가 연금을 지급하려 하지 않을 테니 연금을 받지 못할 겁니다. 단순한 유전 형질이라고 하더라도 재설계할 수 있다면 사람의 수명을 엄청나게 연장할 수 있을 겁니다. 영생이라고 할 수 있을 정도로 멀리 가지는 않겠지만, 그래도 그게 가능하긴 합니다. 그러면 세상이 어떻게 바뀔지 상상해 보신 적 있나요? 저는 이게 이번 세기의 큰 쟁점이 되리라고 생각합니다.

최재천: 지금 노화 연구를 하는 사람들과 대화해 보면 모두가 지극히 낙관적입니다.

리들리: 맞습니다. 사회적으로나 경제적으로나 심각한 문제가 될 겁니다. 30대에 자식을 둘 낳고 60대에 둘을 더 낳기로 결심하고, 그리고 100세가 되어 둘을 더 갖기로 한 부부가 있다고 상상해 보십

시오. 그러면 인구는 다시 증가하기 시작할 겁니다.

최재천: 스티브 존스 같은 학자들은 "인간의 진화는 멈추었다. 인간은 더 이상 진화하고 있지 않다."라고 합니다. 그들의 논리는 우리가 자식을 너무 적게 출산하고 따라서 차등 번식이 거의 없다는 거죠. 하지만 만일 우리가 100년을 넘게 살고, 당신이 예측한 대로 사람들이 어느 정도의 기간을 두고 아이를 더 많이 낳게 된다면, 대개가 12~20명의 아이를, 그리고 몇몇 사람은 100명에 가까운 아이들을 가지게 된다면 어떻게 될까요?

리들리: 저는 사실 그의 전제에 동의하지 않습니다. 차등 번식은 충분합니다. 제 주위에는 자식이 없는 친구도 있고 자식이 넷인 친구도 있습니다. 그것만 해도 커다란 차이가 있는 겁니다. 막대한 차이죠.

최재천: 100명의 아이를 둔 사람까지 생각해 볼 필요도 없다는 말씀인가요?

리들리: 그럴 필요가 없습니다. 맞습니다. 진화가 일어나지 않는다는 그의 주장에서 옳다고 생각되는 것은 선택압이 오랫동안 정확히 똑같은 방향으로 힘을 준다는 건 상상하기 어렵다는 것 하나입니다. 어느 하나를 선택했다 갑자기 다른 것을 선택하고 또 다른 것을 선택하고 할 겁니다. 따라서 오랜 시간이 지나면 인간의 뇌가 커진다는 식의 진화는 일어나지 않을지도 모릅니다. 하지만 지난 1만 년 동안 빈번히 발생했던 것은 유전자와 문화의 공진화였습니다. 관련해서 우리는 정말 좋은 예들을 알고 있죠. 낙농업의 발달과 소의 가축화 같은 문화적 습관을 통해 선택된 젖당 분해 능력 같은 것들 말입니다.

최재천: 예를 들어 저 같은 사람이요. 저는 우유를 마시지 못합니다.

리들리: 동아프리카 사람들과 유럽 사람들은 그 소화 능력을 지녔지만 전 세계적으로는 그런 사람이 그리 많지 않습니다. 동아프리카 사람들의 젖당 분해 능력과 유럽 사람들의 젖당 분해 능력은 서로 다른 돌연변이의 산물인데, 모두 소가 가축화되던 지역에서 생겨났습니다. 그래서 저는 유전자와 문화의 공진화가 여전히 진행 중이라고 확신합니다. 넝마를 잃어버리지 않으면서 매우 밀집된 군중 속에서 살아남는 능력은 확신컨대, 지난 1만 년 동안 인도에서 선택되었을 겁니다. 예를 들어 파푸아뉴기니에서 새로운 능력과 형질이 선택되고 있습니다. 이런 의미에서 인간의 진화는 여전히 일어나고 있다고 저는 확신합니다. 사람들이 아이를 늦게 가진다는 것은 곧 생식능력을 오래도록 유지해 주는 선택압이 있어야 한다는 의미이기도 합니다. 왜냐하면 사람들이 생식 기간의 끝에서 아이를 가진다는 뜻이니까요. 하지만 그렇게 되지 않는 이유는 적합하지 않은 개체들에 대한 치사율이 높기 때문입니다. 따라서 우리는 종 내에서 불임 같은 해로운 돌연변이들을 축적하고 있는 것입니다. 체외 수정은 유전적인 불임을 우리 종 내에 빠른 속도로 전파했습니다.

최재천: 인터뷰를 시작하면서 저는 당신과의 대화에서 성 선택에 중점을 두고 싶다고 말씀드렸는데요. 이 논쟁을 자연 선택과 성 선택으로 나누어 볼 수 있을까요?

리들리: 인간의 진화 논쟁 말씀인가요?

최재천: 예, 우리가 진화하기를 멈추었다고 주장하는 대부분의

사람은 자연 선택에 대해서 이야기하는 듯합니다.

리들리: 굉장히 좋은 질문입니다. 저는 그런 식으로는 생각해 보지 못했습니다. 자연 선택이 어느 정도 멈추었더라도 성 선택은 여전히 진행 중이라고 할 수 있는가? 세상에나, 당신은 무슨 생각을 하시는 건가요?

최재천: 제 답은 그래야만 한다는 것입니다. 성 선택은 전례 없이 활발히 작동하고 있는 듯합니다.

리들리: 확실히 배우자 선택이 여전히 엄청나게 작용하고 있죠. 동류 교배를 성 선택이라고 할 수 있을까요? 어느 정도는 그럴 겁니다. 대학 졸업자들은 대학 졸업자들과 결혼하고 예술가들은 예술가들과 결혼한다는 면에서, 비슷한 사람들끼리의 결혼은 점점 많아지고 있습니다. 200년 전이라면 부모님이 결혼하라고 지정한 사람이나 옆 마을에 사는 누군가와 결혼했습니다. 당신의 생각은 자폐증의 증가와 같은 현상에 대한 설명이 될 수 있겠죠. 왜냐하면 괴짜는 괴짜랑 결혼하고, 그 결과 괴짜일 수밖에 없는 자식이 나오니까요. 하지만 성공적인 유혹자와 그렇지 못한 자 사이에 차등 번식이 있습니까? 피임은 그러한 일에 큰 파문을 일으킨 셈입니다.

최재천: 맞습니다. 하지만 정반대 현상도 일어나고 있습니다. 예전에는 핀란드 사람들은 핀란드 사람들끼리 결혼했고, 짐바브웨 사람들은 짐바브웨 사람들끼리 결혼했습니다. 그러나 지금은 전 세계가 섞이고 있습니다. 유전적으로 말입니다. 뱀장어 말고는 행성 규모로 잡혼 번식을 하는 동물은 거의 없었습니다. 어떤 의미에서 호모 사피엔스는 이제 잡혼 번식을 하기 시작한 것 같습니다. 우리는 이

문제에 대해 훨씬 더 진지하게 생각해야 합니다.

리들리: 예, 좋습니다. 저도 생각해 보렵니다.

유전자들의 횡포로부터 자유로울 수 있을까?

최재천: 이제 살짝 다른 종류의 질문들을 던져 보겠습니다. 당신은 "다음 세대를 위해 유전자를 치환하는 것은 분명히 가능하다."라고 하신 적이 있습니다. 이러한 치환을 했을 때 우리가 겪게 될 잠재적인 위험에 대해 말씀해 주시기 바랍니다.

리들리: 그 질문에 대한 저의 보편적인 대답은 기술이란 이득이 있는 만큼 위험도 따르기 때문에 남용하지 않도록 주의해야만 한다는 것입니다. 하지만 사람들은 이 기술을 나쁜 목적보다는 좋은 목적에 사용할 것입니다. 물론, 앞으로 태어날 사람들의 유전자를 바꾸겠다는 동기 자체가 그들에게 해를 끼칠 수 있습니다. 하지만 그들의 유전자를 나쁜 방향으로 바꾸는 것은 어떠한 만족감도 주지 않을 겁니다. 살인이라고 해도 복수를 위해서나 남의 재산을 뺏기 위해서라면 통쾌함이나 물질적 보상이라도 있겠지만, 그런 행위는 동기도 뭣도 없는 잔인한 행위가 될 겁니다. 왜 그런 일을 하겠습니까? 현재까지의 모든 증거를 보면, 착상 전의 유전자 진단은 결국 다른 모든 것과 동일하지만 형태만 다른 진단일 뿐이며, 사람들은 벌써 오직 앞으로 태어날 아이들이 정말로 불쾌한 질병에 걸리지 않게 하기 위해서만 그걸 사용하고 있습니다. 누군가 나쁜 목적으로 기술을 사용한다

면 우리는 그 기술을 선(善)을 위해 써야 합니다. 이 유전자 진단 사례는 그게 가능하다는 것을 보여 주는 듯합니다. 그것이 도덕적으로 옳은 일입니다. 그래서 저는 개인적으로 유전 공학 기술의 응용과 관련해서 마음을 놓고 있는 입장입니다. 사람들이 그것을 나쁘게 사용할 가능성은 매우 작습니다. 태어날 아이들의 재능이나 잠재력을 향상시키는 데 이 기술이 활용될지도 모른다는 가능성은 무시할 수 없습니다. 하지만 그것은 그들에게 좋은 교육을 제공하는 것과 도덕적으로 크게 다르지 않습니다. 이는 도덕적으로 토론해야 하는 문제라고 생각합니다. 그리고 매우 신중하게 다뤄야 할 문제입니다. 저는 입법이 필요한 문제라고 생각합니다. 다만, 이것이 엄청난 문제가 될 가능성이 크지 않다는 점도 기억해야 할 겁니다.

최재천: 저도 유전자 기술이 해를 끼치려는 목적으로 사용되지 않을 것이라는 당신 말씀에 동의합니다. 그럼, 우리가 각각의 유전자가 가진 기능을 잘 모르는 상황에서 유전자 치환을 시도하는 건 어떻습니까? 한 유전자를 없애고 다른 유전자로 대체한다면, 기대하지 않은 반응이 나타날지도 모릅니다.

리들리: 두 가지로 볼 수 있겠습니다. 하나는 우리가 항상 유전공학을 인간보다는 쥐나 쌀 같은 동식물에 사용한다는 것이죠. 어떤 유전자를 이미 기능이 알려진 유전자와 치환한다면 예상할 수 없는 부작용은 아주 적을 겁니다. 하지만 예상하지 못한 엄청나게 큰 부작용을 초래할 수 있는 것이 있는데요, 예컨대 바로 복제입니다. 복제는 유전체 전체를 재프로그래밍하는 작업을 포함하기 때문에, 만일 이 작업이 완벽히 이뤄지지 않는다면, 기형 개체가 태어날 위험이 매

우 큽니다. 복제양 돌리에서 나온 모든 증거가 이를 보여 주고 있습니다. 만일 인간을 복제한다면, 그것이 기술이 미숙한 때 이뤄지는 초기 실험이든 기술이 어느 정도 성숙된 뒤에 이뤄지는 후기 실험이든, 기형아를 발생시킬 확률이 매우 높을 겁니다. 그래서 그것은 절대적으로, 그리고 윤리적으로 용인되지 않을 겁니다. 신체적 기형을 지닌 인간을 낳을 테니까요. 게다가 우리는 기형아가 태어날 확률을 알면서도 복제를 감행했으니까요. 복제는 단순 유전자 조작에 비해 훨씬 더 많은 문제를 불러올 겁니다. 복제가 아닌 유전자 조작이라고 해도, 만일 전적으로 인간의 것이 아닌, 예를 들어 해파리의 유전자를 인간에 집어넣는 것은, 헌팅턴병을 유발하는 유전형을 유발하지 않는 유전형으로 바꾸는 것과는 분명히 다를 겁니다. 하지만 다른 종의 유전자를 집어넣는 것은 더 큰 장애물을 넘어야 합니다.

최재천: 제가 아까도 제안했듯이, 당신은 『게놈』의 개정 작업을 계속 하실 수 있을 겁니다. 어떤 장에서는 유전자를 치환했을 때 어떤 일들이 일어날지를 얘기하게 되겠죠. 제 질문 목록에 들어 있는 당신의 다음 책은 『본성과 양육』인데요, '본성 대 양육' 논쟁이 흥미롭게 얽혀 있습니다. 하지만 일부 사람들은 이 책에 대해 상당히 불편한 심기를 드러내곤 합니다. 당신이 너무 왜곡했다고 말이죠. 그런 비판을 들어 보셨나요?

리들리: 오, 그래요? 저는 언제나 비판을 받기는 하는데, 그런데 그 논쟁에 대한 구체적인 비판이 있습니까?

최재천: 제가 지금까지 읽은 비판 중에는 다음과 같은 것들이 있었습니다. 당신은 "양육에 의한 본성(nature via nurture)"이라는 표현

을 쓰신 적이 있는데, 이는 우리의 행동이 실제로 유전적 발현을 통제한다는 뜻인가요? 우리는 라마르크로 회귀해야 할까요? 한 비평가는 당신이 그런 이야기들을 한 거라고 했는데, 제가 읽어 보니 그렇지는 않았습니다. 유전자, 그러니까, 줄곧 본성에 관한 얘기였습니다. 그렇다면 왜 '양육에 의한 본성'이라고 말씀하셨는지요? 오해의 소지가 있는 것 같은데요.

리들리: 세상에는 늘 자신이 읽고 싶은 것만 읽는 사람들이 있습니다. 하지만 이 책의 요지는 본성 대 양육 논쟁이 유전체 안을 들여다본 지금 더욱 의미가 깊어졌다는 것입니다. 유전자로서의 본성과 가족으로서의 양육을 대비시키는 대신에 이제 우리는 둘 사이에 다양한 상호 작용이 있고, 그것이 무엇인지 흥미진진하게 이해해 나가고 있습니다. 그리고 어느 정도는 둘 다인 셈이죠. 유전자는 본성인 동시에 양육일 수 있습니다. 제가 살아가는 동안에 했던 일들로 인해 유전자의 염기 서열이 바뀔 수 있다는 것은 아니고, — 그건 라마르크주의고 아직까지 그것을 입증할 증거는 없습니다. — 유전자가 발현되거나 발현되지 않거나 하는 것은 살아가면서 당신이 스스로에게 하는 일들, 겪는 일들, 당신에게 일어나는 일들, 양육과 교육 등의 영향을 받을 수 있다는 것입니다. 가장 명확한 예는 기억입니다. 기억은 유전적 과정이며 기억이 저장되는 과정에는 무려 17개의 유전자가 동원됩니다. 그리고 이건 실시간으로 일어나죠. 지금 당신의 머릿속에서도 일어나고 있습니다. 기억을 다루는 신경 세포 사이의 시냅스 신호를 변화시키기 위해 수많은 유전자가 켜지고 꺼집니다. 따라서 제가 하는 애기가 현재 당신의 머릿속에서 유전자의 발현을

일으키고 있는 겁니다. 이건 엄청난 생각입니다. 제가 생각하기에 멋진 생각입니다.

만일 우울증이 유전자에 적혀 있는 것인지 아니면 경험에 의해 형성된 것인지를 고전적인 본성 대 양육 논쟁으로 끌고 내려올 수 있다면 말입니다. 다른 유전자형에 비해 장기적인 우울증을 유발해 사람들을 스트레스에 더 취약하게 만드는 유전자형이 분명히 있습니다. 그러면 그런 유전자형을 '우울한 유전자', 혹은 '우울증 유전자'라고 부를까요? 아닙니다. 그 유전자들이 우울증을 유발하는 것은 아니죠. 스트레스를 유발하는 경험들이 우울증의 원인일까요? 아닙니다. 그것들이 모든 사람에게 우울증을 유발하는 것도 아니고, 몇몇 사람만 우울증에 걸리기 때문입니다. 그 두 가지를 모두 갖고 있을 때만 그런 영향이 나타나는 겁니다. 그러니까 유전자와 환경의 상호 작용이 어느 정도 있다고 말할 수 있지만, 그보다 더 흥미로운 이야기도 할 수 있습니다. 유전자와 환경의 작용이 있는 것은 우리의 삶에서 우리가 하는 일들이 유전자 발현을 바꾸어 놓기 때문입니다. 따라서 우리의 경험과 우리의 본성 사이에는 끊임없는 대화가 있는 것입니다.

최재천: 도킨스가 『이기적 유전자』에서 우리는 유전자들의 횡포로부터 벗어날 수 있다고 한 것에 동의하시는 건가요? 당신의 논리대로라면, 같은 말을 하시는 것 같은데요.

리들리: 예, 그가 인간에게 자유 의지가 있다고 한 것은 맞는 말입니다. 스티븐 핑커는 "나는 내 유전자들에게 호수에 뛰어들라고 말했어요. 난 아이를 낳고 싶지 않아요."라고 했습니다. 물론 가능한

일입니다. 하지만 어떤 면에서 이건 재미있는 질문이 아닙니다. 우리가 유전자의 억압에서 벗어날 수 있는가는 재미있는 질문입니다. 그리고 그에 대한 답은 전반적으로 "아니다."지만 유전자들은 독재자들이 아닙니다. 많은 유전자들이 기꺼이 시키는 대로 한다는 게 밝혀졌습니다. 그러니까, 예를 들어, 연습을 통해 피아노를 잘 치게 된 사람이 있다고 해 보죠. 그는 다른 사람보다 처음부터 더 잘 쳤을 수도 있지만, 그래서 연습을 더 많이 했을 수도 있습니다. 연습을 하며 뇌에서 유전자를 켰다 껐다 하면서 계속 연결을 촉진했을 수도 있습니다. 손가락이 피아노 위에서 움직이고 있습니다. 뇌에서는 시냅스 사이를 신호들이 오가며 새로운 신경 회로망이 짜여 갑니다. 이 회로에 시작점은 없습니다. 그저 유전자들과 환경 사이의 끊임없는 상호작용이 있을 뿐입니다. 그러니까 누군가가 어떤 유전자를 가진 덕에 혹은 그 유전자가 없는데도 피아노를 잘 치게 됐다는 식의 얘기는 거의 의미가 없습니다. 유전자의 횡포로부터 얘기가 벗어나서 미안합니다. 저는 도킨스가 틀렸다고 생각하지는 않지만, 그 말보다 더 흥미로운 이야기를 할 수 있겠다고 생각합니다.

최재천: 사실 저는 그보다 더 넓은 범위에서 질문을 드렸습니다. 당신은 우리가 실제로 '하는지'에 대한 답을 주셨는데, 저는 우리가 '할 수 있는지' 혹은 '해야 하는지'에 대해 묻고 있습니다.

리들리: 글쎄요, 저는 생리적인 것 빼고 우리가 꼭 따라야만 할 만큼 강력한 유전적 충동은 없다고 생각합니다. 그러니까 다시 말하면, 얼마나 노력을 하건 제 눈 색깔을 푸른색으로 바꿀 수는 없을 겁니다. 제게 갈색 눈을 준 유전자의 횡포에 맞설 수 있는 과정은 아직

알려진 바가 없습니다. 그래서 신체적인 의미에서 제 대답은 "그렇다."이지만, 행동적 측면에서는, 글쎄요…….

셔머: 중독은 어떻습니까?

리들리: 그건 어느 정도 해당이 되겠네요. 그건 양육입니다. 그 부분에서도 도킨스는 옳았습니다. 도킨스가 빠뜨린 것은 우리가 때로는 경험의 횡포로부터도 벗어나지 못한다는 겁니다. 횡포를 부리는 게 유전자만은 아닙니다. 제 얘기가 어떤 유전자도 횡포를 부리지 않는다는 것은 아닙니다. 그러나 실제로는 횡포를 부리지 않는 유전자가 많고 경험이 강한 힘을 발휘한다는 겁니다. 이는 굉장히 중요한 능력입니다. 제 책의 제목에 대해 하나만 더 말씀드리면, 사람들이 '~에 의한'이라는 단어를 받아들이는 방식이 정말 실망스러웠습니다. 저는 수많은 강연과 라디오 방송에서 그 책의 저자로서 그걸 설명해 왔는데 말이죠. 제대로 이해한 사람이 너무 적다는 점에서 보면 끔찍한 제목이죠. 너무 영리하거나 너무 미미한 거죠. 또한 성공하지 못한 책이기도 합니다.

최재천: 하하하. 하지만 저는 바로 그 제목의 모호함 때문에 그 책이 좋았습니다.

리들리: 훌륭한 서평은 받았지만, 판매량은 저조했습니다.

최재천: 어쨌든, 이제 마지막 질문을 드리겠습니다. 한국에서는 다윈이 잘 알려져 있지 않고, 저는 이 인터뷰 기회를 통해 사람들이 그를 이해할 수 있도록 하고 싶기에 이 질문은 특히 한국에 필요한 질문입니다. 짧게, 다른 누구도 아닌 바로 여기 있는 마이클 셔머에게 빌린 질문을 드리겠습니다. 왜 다윈이 중요한가요?

리들리: 다윈이 중요한 건 그가 복잡한 체계가 단순한 것들로부터 방향성도 없는 자연 발생적인 과정을 통해 아래에서 위로 만들어질 수 있음을 탁월하게 보여 주었기 때문이라고 생각합니다. 우리에게는 아직 이 매력적이고 보편적인 현상을 형용할 수 있는 단어조차 없습니다. 그래서 우리에게 '캐털랙시'라는 단어가 필요한 겁니다. 일단 제 인터뷰는 여기서 끝인 거죠. 잠깐 어디 좀 다녀오겠습니다.

회의주의자는 무엇으로 사는가?

최재천: 이제 초점을 당신에게 맞춰도 되겠습니까, 마이크? 매트와 마찬가지로 당신의 책이 여러 권 한국어로 번역되었습니다. 당신 책을 읽고 당신에 관해 구글 검색을 해 봤는데요. 사람들이 당신을 온갖 이름으로 부르더군요. (웃음) 피터와 로즈메리 그랜트는 당신이 아주 신명 나는 강연자라고 했습니다. 사람들은 당신을 무궁무진한 에너지를 가진 사람, 다양한 재능을 가진 사람, 허튼수작을 용납하지 않는 사람이라고 부르더군요. '허튼수작'에 관한 질문으로 시작하겠습니다. 한국의 독자들은 당신을 『왜 사람들은 이상한 것을 믿는가』라는 책으로 가장 잘 알고 있습니다. 한국어로 번역된 당신의 첫 번째 책은 『과학의 변경 지대』였고 두 번째가 『왜 사람들은 이상한 것을 믿는가』였습니다. 『왜 다윈이 중요한가』, 『경제학이 풀지 못한 시장의 비밀』, 『도덕의 궤적』도 번역됐습니다. 당신은 책에서 UFO에 대해 말씀하셨습니다. 우리 생물학자들은 종종 우리 행성 이

마이클 셔머.

외에도 생명이 존재하는가 하는 질문을 받곤 합니다. 이건 터무니없는 질문은 아니에요, 그렇죠? 타당한 질문일 수 있습니다. 이러한 문제에 얼마나 많이 부딪혔는지 궁금하군요.

셔머: 물론입니다. 저는 그런 것에 대해 생각하려면 '우주의 어딘가에 지능을 가진 생명체가 있을까?'라는 질문을 '그것이 지구에 올 것인가?'와 분리해야 한다고 생각합니다. 그러니까 '그들이 이곳에 왔는가?'라는 질문은 대개 UFO와 외계 납치 사건의 범주에 속하며 사이비 과학에 가깝습니다. 그런 일이 실제로 일어났다는 증거는 없습니다. 대개 사람의 심리 현상이나 오해나 거짓말 등을 통해 만들어진 것이죠. 수십 년 동안 목격담은 있었지만 구체적인 증거는 없었습니다. 뭔가 다른 설명이 필요한 겁니다. 과학 사회학과 관련된 흥미로운 연구 주제입니다. UFO를 연구하는 사람들은 변덕스럽고 신뢰할 수 없는, 검증되지 않은 비과학자인 경우가 많습니다. 첫 질문에 관련된 신호 등을 찾는 외계 지성체 탐색(SETI) 연구자들은 정당한 과학을 하는 정당한 과학자들입니다. 그들 중에는 '그들이 존재하는가?'라는 질문에 대한 답이 될 만한 자료를 가지고 있는 사람은 없습니다. 하지만 어떤 이는 과학적인 접근을 하는 반면, 어떤 이들은 그렇지 않죠. 이것이 과학과 사이비 과학의 차이에 대한 적절한 예라고 생각합니다. 둘 다 모두 과학이라고 주장하지만, 오직 한 쪽만 어떤 형태로든 진짜 과학을 하고 있는 것입니다.

최재천: 여러 해 전 한국에서 아주 재미있는 사진이 등장했습니다. 지금까지 제가 본 UFO 사진 중에 최고의 사진이었습니다. 할아버지와 할머니가 고추를 말리고 있었습니다. 마당에 붉은 고추들이

널려 있었고, 시골집 지붕 위로 수상한 물체가 떠 있었습니다. UFO 사진들은 대체로 초점이 맞지 않는데, 이 사진은 초점이 꽤 정확히 맞았습니다. 그래서 이 사진이 주요 일간지에 보도될 예정이었고, 그 신문의 기자가 제게 "이것에 대해 어떻게 생각하십니까?"라고 물었습니다. 저는 그에게 "저는 이런 것에 아무런 관심도 없습니다." 라고 대답했습니다. 당시 한국에 유명한 천문학자가 있었습니다. 그는 한때 '한국의 칼 세이건'이라고 불릴 정도였지만 훗날 UFO 협회의 회장이 되었습니다. 다음 날 아침 신문에 문제의 그 사진이 실렸고 그 밑에 몇몇 전문가들의 논평이 적혀 있었습니다. 그 사진이 왜 중요한가에 대한 아주 길고 자세한 그 천문학자의 글도 실렸고, 그 바로 아래 제 이름과 더불어 "전혀 관심 없음."이라는 짧은 평이 적혀 있었습니다. 그러자 저는 "훌륭한 과학자라면 어떻게 외계 생명체의 존재 가능성에 관심조차 없을 수 있나요?"라는 내용의 이메일들을 받게 되었습니다. 오해하지 마십시오. 저도 외계 생명체에 관심 있습니다. 누군가가 저 밖에 있는지 궁금합니다. 다만 저는 UFO 관련 일들이 그저 터무니없는 일이라고 생각할 따름입니다.

셔머: 스켑틱스 소사이어티(Skeptics Society)에서 하는 일이 바로 과학이라고 주장하지만 실제로는 과학이 아닌 것들을 찾아내는 것입니다. 그것은 주술 과학, 병든 과학, 쓰레기 과학, 사이비 과학일 뿐입니다. 이런 것들이 아주 광범위하게 존재합니다. 언뜻 과학적인 듯 보이는 것들도 있습니다. 상온 핵융합(cold fusion)이 좋은 예입니다. 반복할 수 없는 것이라면, 그건 나쁜 과학이거나 쓰레기 과학입니다. UFO나 대체 의학을 주장하는 것과는 조금 다를 수 있습니다.

그들 중 일부는 사실로 판명될 수 있겠지만, 막상 실험해 보면 대체로 아니죠. 정도에 따라 이들을 분류하는 것이 도움이 되긴 하겠지만, 전부 하나의 범주 안에 묶어 버릴 수도 있습니다. 아시다시피, 영구 기관들은 사실일 수 없습니다. 초능력도 거의 확실히 사실이 아닙니다. 빅풋, 네스 호 괴물 같은 것들도요. 사람들이 괴생명체 주장을 해 온 지 한 세기가 넘었지만 아직까지 어떤 개체도 발견된 적이 없습니다. 기준 표본도 없는 터라 회의적인 입장을 취해도 무방할 것 같습니다.

모든 과학에 똑같이 적용될 수 있는 회의주의의 기본 원리는 귀무 가설(歸無假說)에서 시작하는 것입니다. 당신의 주장이 아무리 진실되더라도 일단 사실이 아니라고 가정하는 거죠. 이제 증명의 부담은 당신에게 있습니다. 귀무 가설을 기각하고 당신의 가설을 인정할 만한 충분한 증거를 제시해야 합니다. 신이나 UFO, 귀신, 빅풋 등이 없다는 걸 증명해야 하는 부담은 회의주의자에게 있는 게 아닙니다. 그런 것들이 존재한다는 것을 증명해야 하는 부담은 그것들을 주장하는 사람들에게 있습니다. 그래서 우리는 그저 그런 것은 없다고 가정하는 데서 시작하면 됩니다. 그래야 하는 이유는 결국 가짜로 드러나는 주장들이 너무 많아 과학은 필연적으로 보수적일 수밖에 없기 때문입니다. 터무니없는 허튼소리들을 매번 검증해 볼 만한 시간이나 자원이 없기 때문에 우리는 그런 것들이 없다는 가정에서 시작할 수밖에 없습니다. 과학자들은 독단적이고 폐쇄적이라는 비난을 받습니다. 하지만 그건 분명히 사실이 아닙니다. 과학의 역사는 이전의 생각들을 뒤집은 혁명적인 생각으로 가득 차 있습니다. 그럴 수 있었던 이유는 그 생각들이 참으로 밝혀졌기 때문입니다. 하지만 혁명적이지만 거짓으로 밝혀진 생각들도 똑같이 많습니다.

최재천: 당신은 과학이 무엇인지에 대한 근본적인 이야기를 해 주셨습니다. 일반 대중은 과학이 어떻게 이루어지는지 잘 이해하지 못합니다. 그런데 당신이 하는 일은 실제로 모든 사람에게 과학에 대한 기본적인 생각이나 개념을 설명하는 것이군요.

셔머: 예, 맞습니다. 기본적으로 과학이 어떻게 이루어지는가를 설명하는 것이 우리 잡지 《스켑틱(*Skeptic*)》의 임무 중 하나입니다.* 상당히 사회적이고 인간적인 절차입니다. 하지만 모든 편견을 피하기 위해 마련한 체계적인 방법이 있죠. 예를 들어, 확증 편향과 같이 우리는 이미 믿고 있는 것의 확증을 찾는 경향이 있습니다. 그래서 진짜 증거를 기각하거나 무시해 버립니다. 모든 사람이 그렇죠. 하지만 과학에는 잘 자리 잡은 동료 심사(peer review) 시스템이 있어서 만약 가설을 제기한 사람이 스스로 가설의 약점을 찾아내지 않으면 다른 사람이 찾아내게 됩니다. 그러면 그들을 공개 토론장이나 학회 등에서 환희에 넘쳐 그것들을 지적할 것이고 발표자를 꼼짝 못 하게 만들 겁니다. "실례합니다. 이 중요한 자료를 빠뜨리셨군요." 하면서 말이죠. 그래서 자신의 가설에 대한 불확실한 증거들을 자세히 조사하는 것은 윤리적으로 거의 필수 사항입니다. 스스로 하지 않으면 다른 사람이 할 테니까요. 바로 이것이 제게 신뢰를 줍니다. 과학이 가끔 틀린 경우도 있고 과학자들이 편향적이기도 하지만, 적어도 어느

* 《스켑틱》의 한국어판이 2015년부터 출간되고 있다.

정도의 관리와 균형이 있으니까요.

최재천: 가장 민주적인 인간 활동이죠.

셔머: 예, 확실히 그렇습니다.

최재천: 하지만 말도 안 되는 것들을 믿는 것마저도 우리의 진화된 본성의 일부가 아닙니까?

셔머: 그렇다고 생각합니다. 그래서 잡지《스켑틱》을 내는 회사에서 일하는 저의 고용이 보장되는 거죠. 사람들은 항상 이상한 것들을 믿을 겁니다. 왜냐고요? 무언가를 믿어야 하기 때문이죠. 무언가를 믿는 것과 이상한 것을 믿는 것은 모두 '유형 모색 행동(pattern-seeking behavior)'의 동일한 과정의 결과입니다. 저는 이것을 '유형화(patternicity)'라고 부릅니다. 다양한 잡음에서 의미 있는 유형을 찾아내려는 경향을 말합니다.

자, A는 B와 연결되어 있고, B와 C가 연결되어 있습니다. 어쩌면 그럴 수도 있고, 아닐 수도 있긴 하지만, 많은 경우에 그들은 실제로 연결되어 있습니다. 우리는 연관 학습을 통해 A′를 B′와 연결하고, B′와 C′를 연결합니다. 그것이 바로 패턴입니다. 이때 두 가지 유형의 오류를 범할 수 있습니다. 첫 번째 유형의 오류는 패턴이 실재한다고 생각하지만 실제로는 그렇지 않은 경우입니다. 두 번째 유형의 오류는 패턴이 실재하는데 실재한다고 인식하지 못하는 거죠. 이런 것들이 우리가 범할 수 있는 오류들입니다. 그래서 만약 당신이 아프리카 평원의 유인원인데 풀숲에서 바스락거리는 소리를 듣는다면, 그건 위험한 포식자이거나 그냥 바람일 겁니다. 만약 포식자라고 추측했는데 바람이었다면 어떠한 해도 입지 않습니다. 아마 약간의 에너지를 더 투자하고, 더 주의를 기울이고, 도망을 가고 경계를 하느라 먹이를 놓치는 정도겠죠. 하지만 다른 유형의 오류를 범하면, 즉 위험한 포식자인데 바람이라고 추측했다면, 당신은 유전자군에서 제거될 가능성이 있습니다. 그래서 저는 모든 패턴이 다 실재한다고 믿어 버리는 쪽이 자연 선택될 거라고 믿습니다. 판단하기도 어렵고 데이터를 분석하기에는 시간이 없기 때문이죠. 포식자와 피식자 관계에서는 무조건 빨리 반응해야 합니다. 꼼꼼히 따져 볼 시간이 없습니다. 저는 이런 것이 미신이나 마법적 사고의 기초가 된다고 생각합니다.

여기에 하나가 더 있습니다. 우리는 유형을 찾아낼 뿐 아니라 그런 유형에 어떤 수단과 의지를 접목시킵니다. 풀숲에서 바스락거리는 소리를 그저 스쳐가는 바람이나 지나가는 동물이 아니라 잠재적 포식자로 보는 것입니다. 잠재적인 포식자란 나를 잡아먹을 수단과 의지를 지녔다는 뜻입니다. 저는 이것을 '행위자화(agenticity)'라고 부르는데, 이는 의미 있는 유형을 찾아내려고 할 뿐 아니라 의지적 수단과 접목시키려고 하는 경향을 말합니다. 그리고 무언가가 세상을 통제하고 운영하고 있으며 나를 쫓고 위협합니다. 이것이 바로 물활론, 심령술, 일신교와 다신교, 그리고 음모론의 배경입니다. 누군가는 위에서 아래로 영향을 미치는 식으로 세상을 다스리며 꼭두각시의 줄을 당기고 있습니다. 우리는 자연스레 이럴 거라고 여기죠. 그리고 부분적으로는 이런 게 종교의 토대라고 생각합니다.

종교가 없다고 비도덕적인 것은 아니다

최재천: 지금이 종교 이야기로 넘어가기에 적당한 타이밍인 듯합니다. 당신은 『과학의 변경 지대』에서 이미 신에 대한 문제를 다뤘죠. 하지만 자세히 설명하시지는 않았습니다. 그래서 결국 이 주제로 책을 또 쓰셨습니다. 제가 관찰한 바입니다. 당신은 그동안 사이비 과학 문제에 주목하다가 신이나 종교 문제에 와서는 이것들이 사이비 과학 수준을 넘어 과학에 반하는 것들이라고 얘기합니다. 이 문제에 대해 갑자기 투쟁적이 된 것 같아 보이는데, 그렇습니까?

셔머: 하하, 저는 사실 종교에 대해 투쟁적이지는 않습니다. 최근 몇 해 동안, 어쩌면 지난 10년간, 종교인들이 그들의 종교와 관련해서 더 투쟁적으로 변한 것 같습니다.

최재천: 흥미로운 관점이군요.

셔머: 미국의 복음주의 운동을 볼까요? 정의에 따르면, 복음주의자들은 복음을 전해야 합니다. 그것은 다른 사람들에게 하느님과 예수를 증거해야 한다는 것을 의미합니다. 그러니까 복음주의자들에게는 우리 믿지 않는 사람들이 "이봐, 충분히 했어!"라며 밀쳐내야 할 정도의, 그들만의 단호함과 심지어는 공격성이 있습니다. 믿는 건 자유지만, 그 믿음을 공립 학교에 끌어들이거나 정치에 끌어들이거나, 내 사적인 삶 혹은 공적인 삶에 끌어들이지 말라는 겁니다. 제 주장은. 도킨스나 히친스 등이 추진하는 이른바 '신무신론(New Atheism)'은 어떤 면에서 부시 행정부가 정치에서 자신들 종교의 영향력을 지나치게 강화하려는 것에 대한 반발인 거죠. 우리는 이미 충

분히 겪을 만큼 겪었습니다. 그런데 우리는 미국에서 일종의 사면초가(四面楚歌) 상태의 소수자 취급을 받습니다. 우리 무신론자, 불가지론자, 자유주의자, 교회를 가지 않거나 종교가 없는 사람들은 10~20퍼센트나 됩니다. 3억 미국 인구에서 20퍼센트는 6000만 명을 의미합니다. 그것은 미국 인구 전체에서 유태인, 흑인, 동성애자, 불교 신자를 모두 합한 것보다 많은 숫자입니다. 그러니 우리는 협상 테이블에 앉을 자격이 있습니다. 적어도 시민 대접도 못 받거나 부도덕하다고 비난받지 않을 자격이 있습니다. 결국 우리는 일어서서 "이봐요, 더 이상은 참을 수가 없네요. 우리에 대해 그렇게 말하지 마세요. 아무런 증거도 없잖아요. 신을 믿지 않는 사람이 도덕적이지 않다는 것은 경험에 따른 주장이 아닙니다."라고 말하게 되겠죠. 그렇지 않나요? 그런 증거 자료가 있습니까? 없습니다.

최재천: 맞습니다. 도킨스에 대해 언급하셨는데, 그럼 생각하는 바를 여쭙겠습니다. 도킨스는 스티븐 제이 굴드의 '노마', 즉 '중첩되지 않는 교도권 분리' 개념을 좋아하지 않았습니다. 도킨스는 두 가지 방식을 모두 취할 수는 없고, 입장을 정해야 한다고 말합니다. 당신은 어느 쪽인가요?

셔머: 글쎄요, 굴드가 과학과 종교가 각각 하는 일이 그리 겹치지 않는다고 한 주장은 옳다고 생각합니다. 종교가 보통 어떤 일들을 하는지 생각해 보세요. 그들의 소임이 무엇입니까? 대개 가난한 사람, 도움이 필요한 사람, 우리 사회에서 사각지대에 놓인 사람들을 돌보거나, 경제적으로나 정신적으로 어려운 가정들을 돕는 일을 합니다. 왜 과학은 그런 일들을 하지 않느냐고요? 왜냐하면 그런 것들

은 과학이 하는 일이 아니기 때문입니다. 카트리나 태풍의 희생자들을 돕기 위해 뉴올리언스로 달려간 과학 단체가 없었던 것은 그들이 하는 일이 아니었기 때문이죠.

최재천: 글쎄요, 의료 단체들은 그런 일을 하잖아요.

셔머: 예, 국경 없는 의사회가 있긴 합니다. 그러나 그것은 과학이 아니라 좀 다른 것이죠. 굴드의 얘기는 마치 배관 공사와 과학은 서로 겹치지 않는다고 말하는 것과 같습니다. 물론, 지금 도킨스는 굴드가 추구하는 것과 다른 것을 추구하고 있습니다. 도킨스는 실증적 질문, 신이 존재하는가 아닌가를 답하려 합니다. 존재하거나 아니거나 둘 중 하나입니다. 우리가 진지하게 과학적으로 접근해 그걸 끝까지 밀고 나간다면, 즉 다른 과학 질문처럼 처리한다면, '신은 없다.'라는 귀무 가설에서 시작해야 합니다.

자, 그럼 신의 존재를 증명할 수 있는지 봅시다. 지금까지 신의 존재를 어떻게든 증명했던 사람은 없었다고 생각합니다. 그래서 저는 믿지 않는 사람 혹은 무신론자가 된 것입니다. 그런데 그것은 어떤 측면을 말하는가에 따라 달라질 수 있습니다. 만약 우주의 기원에 관한 얘기라면, 우리는 신이 있는지 없는지 알 길이 없습니다. 그것이 헉슬리의 '불가지론'이 의미하던 것입니다. 이건 정말로 알 수 있는 일이 아니죠. 우리가 신이 있다 혹은 없다 하는 결론을 내릴 만한 실험 자체를 진행할 수 없습니다. 물론 불가지론적으로 행동하는 사람은 아무도 없습니다. 있다거나 없다거나 둘 중 하나로 생각을 하게 되죠. 그리고 그것이 행동에 영향을 미치게 되고 말입니다. 그런 의미에서 저는 행동적 무신론자입니다. 저는 신이 없다고 생각하고,

그에 맞게 행동하죠.

최재천: 당신은 회의주의자라고 말씀하실 것 같은데, 맞습니까?

셔머: 저는 그런 이름의 잡지를 출간하기 때문에 '회의주의자'라는 단어를 씁니다.

최재천: 그렇군요. 이 점에 있어서 저는 난처한 상황에 처해 있습니다. 제 아내는 독실한 기독교 신자고, 제게 함께 교회를 가자고 했습니다. 그래서 저는 결혼 이후 줄곧 교회를 다니고 있습니다. 그러면 저 스스로를 뭐라 부를까요? 한동안 이 문제를 고민해 봤습니다. 그리고는 '탐구자(enquirer)'라고 부르기로 했죠. 저는《내셔널 인콰이어러(*National Enquirer*)》잡지사에서 일하는 건 아니지만, 종교 쪽에서 말하는 것도 탐구해 과학과 종교 양쪽의 입장을 모두 이해하고 싶습니다.

셔머: 하지만 그것이 당신이 교회에 가는 이유의 전부는 아닌 듯합니다. 아내에 대한 존중과 사랑 때문에 그리하시는 거죠. 남자들은 그렇게들 합니다. 다윈도 그랬고요. 다윈은 개인적인 편지에서 종교에 대해 터놓고 이야기할 수 없는 두 가지 이유가 있다고 했어요. 첫째로, 그는 기독교를 공격하는 것은 과학 발전에 전혀 도움이 되지 않는 일이고 할 수 있는 최선의 일은 과학을 발전시켜서 사람들이 스스로의 결론에 도달하게 하는 것이라고 생각했습니다. 또 다른 이유는 가족이었습니다. 그건 경의를 표할 만한 일이라고 생각합니다.

최재천: 존경할 만하죠. 하지만 실제 삶에서는 힘든 일입니다. 저는 한국에서 잘 알려진 진화 생물학자인데, 사람들은 제가 교회에 다닌다는 것을 알게 되면 "대체 어떻게 된 거야?"라고 묻곤 하죠. 그

래서 가끔은 어렵습니다. 당신은 한때 거듭난 기독교인이었고, 이제는 거듭난 회의주의자가 되었기 때문에 그런 상황을 겪어 보셨을 겁니다. 신에 대해 진지하게 생각해 볼 시간이 있었던 경험이 당신을 다르게 만들었습니까?

셔머: 신자들의 마음을 더 잘 이해할 수 있게 해 주었습니다. 그들이 무지하거나 멍청하지 않으며 그들이 정말 믿고 있다는 것을 말이죠. 그것은 믿음 체계가 작동하는 원리의 표상입니다. 기독교인의 관점에서 보면 삶은 이해가 됩니다. 모은 데이터가 가지고 있는 모형에 정확히 맞아떨어지는 셈이죠.

최재천: 두 개의 다른 설명 체계로군요.

셔머: 그렇습니다. 그로부터 벗어나기 전까지는 그렇게 보일 겁니다. 어떤 사고가 일어나도 '이런 일 혹은 이런 사고가 일어났는데 난 그 속에 없었어. 오, 하느님이 예비하신 건가 봐.'라고 생각할 겁니다. 이런 세계관을 갖고 있지 않으면, '오, 이런, 운이 좋았군. 어떤 불쌍한 얼간이가 대신 사고를 당했으니 말이야.'라고 생각하겠죠. 신은 도대체 왜 그런 일을 했을까요? 도저히 이해가 안 되는 일입니다. 이건 상당히 자기 강화적입니다. 모든 세계관이 다 그렇습니다. 사람들은 자기 믿음을 강화시켜 줄 만한 정보들을 선택하는 경향이 있습니다. 당신이 기독교인이라면, 그런 종류의 책들을 읽고 그런 종류의 강의나 설교를 들으러 다니고, 기독교 방송을 들을 겁니다. 정치도 마찬가지죠. 진보와 보수 성향의 사람들은 각자 서로 다른 신문을 읽고 서로 다른 라디오 방송을 듣는데, 이미 믿고 있는 것들을 강화하기 위해 다른 것들을 걸러내는 거죠. 모든 사람이 그렇게 합니

다. 과학이 다른 점은 그런 것들을 못 하게 한다는 것입니다. 만약 그렇게 한다면 중요한 것을 놓치게 되어 다른 사람들에게 지적을 당하게 됩니다.

최재천: '과학 감성(科學感性, sciensuality)'이라는 말을 만들어 내셨죠.

셔머: 예, '과학 감성' 말인가요? 하하. 그다지 성공적이지 못했습니다.

최재천: 어떤 사람들은 그것이 믿음 체계의 또 다른 형태인가 묻습니다.

셔머: 어떤 의미에서는 그렇다고 할 수 있겠군요. 일종의 세계관이니까요. 『왜 다윈이 중요한가』의 결론에서 저는 과학이 어떻게 영적인 삶으로 이어지는지를 보여 주고 싶었습니다. 저는 종교인들이 '영성(靈性, spirituality)'이라는 말을 가로채 '종교적이지 않으면 가질 수 없는 것'으로 만든 걸 용납할 수 없습니다. 말도 안 됩니다! 영적이라는 것이 뭡니까? 초월적인 존재나 우주와 생명의 창조에 대한 경외와 신비 같은 것이겠죠. 창조라는 단어가 중요하지 않습니다. 그런 것들에 대한 경이로움과 신비를 느끼기만 하면 됩니다. 저는 그렇게 할 수 있죠. 제 생각에 과학은 우리를 겸손하게 만드는 것 같습니다. 허블 우주 망원경 사진들을 보십시오. 어떤 종교든 그들이 내놓는 작고 지엽적인 세계관들보다 훨씬 더 우리를 겸허하게 합니다. 과학은 우리가 이 우주 속에서 아주 작고 운 좋은 존재라는 느낌을 갖게 합니다. 우주가 이렇지 않았을 수도 있으니 말입니다.

최재천: 도킨스도 『무지개를 풀며』에서 비슷한 얘기를 합니다.

마이클 셔머.

이제 당신의 책 『왜 다윈이 중요한가』에 대해 이야기하렵니다. 당신은 이 책에서 지적 설계론을 깊이 파고듭니다. 같은 주제를 다루는 다른 책들도 있지만 당신의 책은 일반인들이 쟁점을 이해하는 데 도움이 된다는 점에서 특별히 유용한 것 같습니다. 왜 지적 설계론이 말이 되지 않는지에 대해 일반인들을 위해 다시 설명해 주시겠습니까?

셔머: 지적 설계론은 검증해 볼 수 없기 때문에 의미가 없습니다. 과학이 아닌 거죠. 지적 설계론 지지자들은 과학을 하는 게 아닙니다. 그들은 우리가 실험실에서 실험을 하거나 데이터를 모아 검증할 수 있는 가설들을 제시하지 않습니다. 그래서 그것들은 과학 수업에서 다룰 수 없습니다. 과학적인 면이 전혀 없으니까요. 그래서 저는 한편으로는 "예, 마음대로 하십시오. 과학적인 면을 갖추면, 그때 우리에게 다시 오세요. 그때 우리의 견해를 말해 드리죠. 그동안에는 각자 연구실로 돌아가 일합시다."라고 말합니다. 그들은 DNA, 눈, 박테리아 편모 등에 대해 아주 구체적인 주장을 합니다. 제 심기를 건드리는 것은 과학자들이 그런 주장들에 일일이 대응해 왔다는 겁니다. 마이클 비히(Michael J. Behe)나 윌리엄 뎀스키(William A. Dembski)의 책들 말입니다. 과학자들은 그들의 책을 모두 신중하게 검토했고 분석했습니다. 그들의 책들에 있는 모든 주장에 대응하기 위한 웹페이지도 만들어졌는데 정작 그들은 반응조차 하지 않아요. 그들은 "아, 맞습니다. 우리가 틀렸습니다. 그래서 우리 이론을 재구성하도록 하겠습니다."라고 말하지 않습니다. 과학은 그렇게 이루어져야 합니다. 학회에 가서 이론을 발표하면, 동료들이 일어서

서 "미안하지만 바로 거기가 틀렸습니다. 보세요, 여기 데이터가 있습니다."라고 말합니다. 마음을 바꿔야죠. 과학자라면 "내가 틀렸어요. 취소하겠습니다. 다시 연구해 보고 수정하겠습니다."라고 말할 거예요. 사이비 과학자들은 절대 그러지 않죠. 그들은 "아니, 이건 내 얘기고 난 내 주장을 끝까지 고수하겠어." 그리고 "당신이 틀린 거야. 왜냐하면……."이라고 말할 겁니다. 자기들은 성서에 입각해 있고 이렇게 믿기로 이미 태곳적부터 결정돼 있기 때문에 틀린 건 분명히 다른 사람들일 거라고 믿는다는 겁니다. 그래서 자신들의 주장에 맞아야만 합니다. 그렇지 않다면 과학이 틀린 것이죠. 그래서 저는 달라이 라마를 정말 존경합니다. 과학과 종교에 대한 그의 책 첫 단락에서 그는 이렇게 말합니다. "만약 불교와 과학 사이에 충돌이 있다면 불교가 바뀌어야 할 겁니다. 과학은 세상이 어떻게 돌아가는지를 이해하기 위해 고안된 최고의 도구이고 불교의 목적은 그게 아니었으니까요. 그래서 만약 충돌이 있다면 아마도 우리가 틀렸을 것이니, 우리의 마음을 바꿉시다." 정말 의미심장합니다. 교황이 그런 말을 하는 건 절대로 들어 보지 못할 겁니다.

최재천: 교황 요한 바오로 2세는 진화가 연구할 만한 가치가 있다고 말했습니다.

셔머: 예, 맞습니다. 그는 진화를 받아들이는 것이 좋다고 말했죠. 그건 좋은 시작이었습니다. 1992년 교황은 갈릴레오 재판의 오류를 인정했고 그에게 사죄했습니다. 무려 350년이 걸렸습니다. 어쨌든 종교의 진보라 할 수 있겠습니다.

최재천: 당신은 전에 디자이너로 일한 적이 있습니다. 훌륭한 자

전거 경주용 헬멧을 고안한 적이 있다고 어디에선가 읽었습니다. 당신이 더 나은 무엇을 고안할 수 있다면, 신이라고 못할 이유가 있겠습니까?

셔머: 이 문제는 자연 세계를 반영하는 가상 세계와 관련된 오랜 쟁점입니다. 우리는 사람들이 무언가를 만들어 내는 것을 많이 봐 왔고, 그 과정을 지켜볼 수도 있습니다. 사람들이 계획을 짜는 것을 관찰할 수 있고, 공장에 가서 물건들이 어떻게 생산되는지도 볼 수 있습니다. 자연 세계에서는 이렇게 과정을 지켜볼 수 없습니다. 볼 수 있는 것들은 전부 완성품들이죠. 디자인이나 디자이너는 볼 수 없습니다. 이 이유 하나만으로도 유사성을 찾기란 어렵습니다. 그래서 완성품들로부터 디자인을 유추할 수밖에 없습니다. 다윈은 우리에게 자연적 디자인에 관한 이론을 선사했죠. 상향식 자연 디자인입니다. 그것이 없었더라면 정답의 기본값은 항상 하향식 디자인이었을 겁니다. 그래서 제게 다윈이 중요한 이유는 그가 우리에게 자연의 디자인과 관련된 수수께끼를 풀어 줄 답을 줬기 때문입니다. 다윈은 디자인을 부정하지 않았고 저도 마찬가지입니다. 그건 좋은 표현입니다. 날개는 날기 위해 디자인되었고, 눈은 보기 위해 디자인되었습니다. 세상은 왜 아니겠습니까? 그런데 누가 혹은 무엇이 디자인했을까요? 증거를 다윈의 눈으로 보면 디자인 과정의 역사적 궤적을 분명하게 볼 수 있습니다. 오랫동안 천천히 진행돼 온 과정입니다. 예를 들어, 눈은 안에서 밖을 향하게 디자인되었고, 뇌 조직은 발생학적으로 안에서 바깥으로 발달했죠. 디자이너가 "여기에는 눈을 두 개 만들어 넣어야지."라고 했던 미스터 포테이토헤드의 머리와는 다

른 경우입니다. 이런 것들을 통해 우리는 이 질문에 대한 답을 얻게 되는 겁니다.

애덤 스미스와 카를 마르크스를 넘어설 다윈의 경제학

최재천: 우와, 완벽한 타이밍입니다. 매트가 때마침 돌아왔습니다. 이 질문에 대해 두 분 모두에게 대답을 들을 수 있을 것 같습니다. 두 분 다 이미 경제학에 관한 책을 펴낸 바 있습니다. 올해는 애덤 스미스의 책 『도덕 감정론(*The Theory of Moral Sentiments*)』이 나온 지 250주년 되는 해이기도 합니다.

리들리: 예, 처음 100년 동안 애덤 스미스를 대표했던 책은 『국부론(*The Wealth of Nations*)』이 아니라 『도덕 감정론』이었어요. 바로 그 책을 다윈이 읽었을 것이라고 생각합니다.

최재천: 그는 경제학자라기보다 철학자에 더 가깝지 않았나요?

리들리: 예.

최재천: 경제학자들이 시작은 제대로 했었다는 의미겠죠? 그러면 언제 잘못된 방향으로 들어섰을까요? 지금 이 거대한 난장판을 만들어 놓았잖아요!

셔머: 글쎄요, 마르크스와 케인스의 영향을 생각해 볼 수 있겠죠. 시장에서 사람들이 게임을 하기 위해서는 적당한 규칙이 필요합니다. 너무 많으면 과정을 방해합니다. 그런데 『도덕 감정론』의 그 유명한 첫 문장에서 스미스는 "사람들이 아무리 이기적으로 보여도

뜻밖의 다른 면이 존재한다. 우리는 상당히 감정 이입을 하는 편이고, 서로를 걱정하고 나누며 협동한다. 그건 왜 그럴까?"라고 썼습니다. 애덤 스미스는 이 문제를 탐구해 가면서 문명 사회의 토대를 찾으려고 한 겁니다. 시장만이 아니라 문명 사회 전체 말입니다. 다윈보다 훨씬 먼저 그는 우리에게도 좋은 면이 있다고 실제로 말했습니다. 우리는 이기적이고 탐욕스럽습니다. 그렇습니다. 사실이에요. 그러나 우리에게는 훌륭한 면도 있죠. 문명 사회의 목적은 그 좋은 면을 강화하는 것입니다. 사람들로부터 가장 좋은 면을 끌어내고, 추한 면은 약화시켜 가는 거죠. 여기에서 저는 유전자의 횡포에 대한 도킨스의 주장과 관련해 답할 수 있겠습니다. 그것은 우리의 나쁜 유전자, 즉 이기적인 유전자를 극복해 가는 이야기가 아닙니다. 좋은 면을 강화해 가는 게 목표인 이야기입니다. 우리는 선천적으로 감정 이입을 많이 합니다. 우리는 다른 이들의 고통을 느낍니다. MRI 기계로 보면 고통을 느끼는 부위가 빛을 내는 것을 볼 수 있습니다. 우리가 다른 사람의 고통을 보고 느낄 때, 우리의 거울 신경이 빛을 내게 됩니다. 그것이 공감입니다. 공감은 실제로 존재하는 것입니다. 스미스가 옳았어요. 피실험자들이 실험에 참여해서 받은 진짜 돈을 자선 사업에 기부하면 그들의 도파민과 옥시토신 분비량이 살짝 증가합니다. 신경 생리학적 보상도 받고 스스로를 자랑스럽게 느끼는 거죠. 그런 신경망이 존재합니다. 그래서 저는 사회 구조를 만드는 것의 큰 목적은 사람들로 하여금 이런 좋은 감정을 느낄 수 있게 만드는 것이라고 생각합니다. 그것이 바로 교환, 교역, 그리고 거래(trade)가 하는 일 중의 하나죠.

최재천: 어쩌면 제가 이 주제를 꺼내 리처드를 나쁘게 보이도록 만들었을 수도 있겠습니다. 사실 그건 그가 『이기적 유전자』 마지막에 썼던 한 문장일 뿐인데 말이에요.

셔머: 글쎄요, 하지만 그 책이 나온 건 1976년이었고 그 후 많은 연구가 진행되었죠. 리처드에게 공평하게 하자면, 이타주의, 호혜성 이타주의, 협동, 사회성 등에 관한 훌륭한 연구들은 모두 그가 그 문제를 제기한 이후에 이뤄졌음을 지적해야 할 것 같습니다.

최재천: 어쨌든, 리처드에게 사과해야 할 것 같습니다.

셔머: 하지만 이것은 과학의 사회학과 관련된 재미있는 관찰인 것 같습니다. 왜 그렇게 오래 걸렸을까요? 실제로 그런 질문들을 다시 제기하는 게 허락되기 시작한 것은 다윈의 『인간의 유래와 성 선택』과 『인간과 동물의 감정 표현』이 출간된 지 한 세기도 넘게 지난 1990년대 이후였습니다. 그것은 두 가지 이유 때문이었습니다. 하나는 과학자 대부분이 리버럴이었지만, 동시에 그들 모두 인식의 피조물(cognitive creation)이었기 때문입니다. 진화가 목에서 멈춰 버렸습니다. 마음과 뇌의 진화는 없었습니다. 그리고 제2차 세계 대전과 나치, 우생학 프로그램이 있었죠. 미국 캘리포니아에서도 나치가 독일에서 한 것보다 더 많은 사람에게 불임 시술을 했습니다. 뉘른베르크 재판에서 피고 측 변호인은 이렇게 말했습니다. “이봐요, 우리는 미국인들로부터 그 아이디어를 얻었어요.” 그들은 사람들을 불임화하면서 바보들은 3대면 충분하다고 한 루이스 브랜디스(Louis Brandeis) 판사의 말을 인용했습니다.

리들리: 그건 올리버 웬델 홈스(Oliver Wendell Holmes)였습니다.*

셔머: 오, 맞습니다.

리들리: 경제학에서 애덤 스미스와 현재 사이에 무엇이 잘못되었느냐는 당신의 질문 말인데요, 관련해서 사람들이 번번이 제로섬적 사고 방식에 빠진다는 것을 언급해야 할 것 같습니다. 사람들은 포지티브섬적 사고 방식을 쉽게 잊곤 합니다. 애덤 스미스는 거래가 정당하게 이뤄지면 양쪽이 모두 이득을 볼 수 있다고 분명히 말했습니다. 당신이 빵집에 가서 빵을 산다면, 제빵사는 당신이 빵을 샀기 때문에 좋고, 당신은 원하는 것을 샀기 때문에 좋다고 했습니다. 경제학의 많은 생각들이 특히 마르크스의 제로섬적 사고 방식에 오염되어 있습니다. 마르크스의 가장 큰 문제는 부자들이 기본적으로 가난한 사람들의 희생으로 더 부자가 된다고 생각하는 데 있습니다. 다양한 형태의 중상주의(mercantilism)도 마찬가지고요. 애덤 스미스의 영향으로 19세기 영국은 전면적인 자유 무역을 펼쳤고 세상이 죄다 따라오게 만들었습니다. 이건 굉장히 중요한 결정이었습니다. 이것은 엄청난 결과를 낳았습니다. 리카도 학파의 분석에 기반해 우리가 서로 자유롭게 교역을 하면 다 함께 더 잘살게 되리라 여겼고, 보호

* 홈스는 1924년에 제정된 버지니아 주의 단종법을 미국 헌법 정신에 어긋나지 않는다고 판단하면서 "퇴보한 후손들이 범죄를 저지르도록 기다리거나 그들이 저능함 때문에 굶어 죽도록 놓아두는 대신에, 명백하게 부적자인 이들이 그 종을 잇지 않도록 사회가 막는 것이 전 세계를 위해 유익한 일이다. 강제 접종을 유지하려는 원칙은 나팔관을 잘라내는 데도 적용 가능하다. 저능아는 3대로 족하다."라고 판결문에 썼다. 홈스는 표현의 자유와 인권을 옹호한 판결로 유명한 대법관이기도 했다.

무역주의는 우리 모두를 가난하게 하리라 생각했습니다. 20세기의 전반기에는 오히려 자유 무역이 원활하게 이뤄지지 못했습니다. 그러자 모든 게 뒤집혔죠. 우리는 경제 자립 정책으로 되돌아갔고, 그것을 정당화하는 많은 지적 근거들을 만들어 냈습니다. 또 제국주의 국가, 해적 같은 자본가 같은 온갖 포식자로부터 어린 경제를 보호하기 위한 온갖 규제와 정책을 고안했습니다. 그리고 1950년대에 이르러서야 자유 무역에 대한 동기를 다시 얻게 되죠. 중국은 1980년에 그렇게 합니다. 하지만 우리는 여전히 기침을 하며 식식거리고 있습니다. 여전히 미국이나 유럽의 많은 사람이 보호 무역주의의 변종을 선호합니다. 하지만 중상주의와 마르크스주의는 모두 제로섬 철학에 바탕을 두고 있습니다.

최재천: 그렇군요. 이 문제에 대해서라면, 로버트 라이트의 책 『넌제로(*Nonzero*)』가 생각납니다. 개인적으로 저는 그 책이 그의 첫 번째 책 『도덕적 동물(*The Moral Animal*)』보다 더 낫다고 생각했습니다. 하지만 웬일인지 잘 팔리지 않았어요. 그렇지 않습니까?

리들리: 아니요, 저는 많이 팔렸다고 생각합니다. 아주 성공적인 책이었습니다. 그는 그 책으로 더 유명해졌다고 생각합니다. 『도덕적 동물』은 이제는 그리 많이 읽히지 않지만, 『넌제로』는 꾸준히 읽힙니다. 그의 대표 저술은 『넌제로』라고 생각합니다. 마이크와도 이야기했지만, 『넌제로』의 후반부는 그리 좋은 것 같지 않습니다. 전반부는 정말 뛰어납니다. 후반부에서 그는 생물학의 진보와 운명에 대해 신비주의적 견해를 밝히기 시작하는데 그건 저는 별로 맘에 들지 않았습니다.

셔머: 예, 우리는 결국 영적이 될 수밖에 없으니까요.

최재천: 제가 아마 한국 출판 시장만 가지고 얘기한 것 같습니다. 『도덕적 동물』은 상당한 반향을 일으켰는데, 『넌제로』는 그저 잔물결을 만들었을 뿐입니다.

셔머: 미국에서는 상당히 성공적이었다고 생각합니다.

리들리: 빌 클린턴(Bill Clinton)이 그 책을 추천했고, nonzero.org라는 웹사이트도 만들어졌습니다.

최재천: 오, 제가 완전히 잘못 알고 있었군요.

리들리: 그가 새 책을 썼습니다. 『신의 진화(*The Evolution of God*)』.

셔머: 다시 경제학 질문으로 돌아가 봅시다. 결국 종족주의 아닙니까? 그러니까 제 말씀은 우리는 태생적으로 종족주의적이고 외국인 공포증을 갖고 있다는 겁니다. 우리는 우리 종족의 일원과는 자연스럽게 협동하지만 다른 종족은 굉장히 경계하죠. 그것은 아마 좋은 일일지 모릅니다. 어떤 패턴이든 힘이든 외부 것이면 기본적으로 위험하고 나쁜 의도를 가지고 있을지 모른다고 가정하는 거죠. 그런 가정을 다른 종족에 대해서도 하는 것 같아요. 재러드 다이아몬드(Jared Diamond)가 파푸아뉴기니에서 경험한 수렵 채집인들에 관해 제게 이런 얘기를 해 준 적이 있습니다. 파푸아뉴기니 사람들은 길을 가다 낯선 사람과 마주쳤을 때 쉽사리 손을 내밀어 악수하지 않는다고 하더군요. 그건 자살 행위와 같답니다. 최고의 방법은 '잠깐, 나는 이 사람이 나를 해치려 한다고 가정할 거야. 그렇지 않다고 판명되기 전까지는 말이야.'라고 생각하고 확신이 들기 전까지는 신뢰하지 않는 것이죠. 낯선 사람들과 음식을 나누는 것 같은 기본적인 거래 또

는 교역이 하는 역할 중의 하나는 이방인에 대한 적대적이고 종족주의적인 타고난 경향을 무너뜨리는 것일지도 모릅니다.

이것이 바로 야노마뫼(Yąnomamö) 족이 교역을 하는 이유 중의 하나죠. 나폴리언 섀그넌(Napoleon Chagnon)은 야노마뫼 족에 관한 논문에서 이는 이타적인 감정 때문도 아니고, 그들이 자유 시장 교역자가 될 운명이었기 때문도 아니라고 말했습니다. 아닙니다. 그들은 위험한 종족들에 대항할 수 있는 정치적 동맹을 형성하고 싶은 겁니다. 그래서 그들은 다른 종족에게 음식을 나누어 주고, 그것을 통해 동맹을 형성하고, 보호막을 얻으려 하는 거죠. 그러면 결국 더 많은 재화를 생산해 더 많은 교역을 하게 되니까 경제적으로나 정치적으로나 심리적으로도 좋은 일이죠. 그들이 이런 이유로 교역을 하는 건 아니지만, 이것이 교역의 의도하지 않은 결과들입니다. 교역은 낯선 사람들에 대해 좋은 감정을 갖게 하죠.

최재천: 『경제학이 풀지 못한 시장의 비밀』에서 당신은 진화 경제학과 행동 경제학에 대해 이야기합니다. 이제 경제학자들은 스스로 질문을 던지고 있습니다. 우리가 정말 제대로 하는 건가? 오랜만에 그들은 처음으로 아주 진지하게 스스로를 들여다보고 있는 셈이죠. 다음 질문 드리겠습니다. 우리가 과연 현대 경제학의 체계를 무너뜨리고 다윈과 스미스가 이야기한 것을 토대로 새롭게 시작할 수 있을까요?

셔머: 저는 경제학자들이 루트비히 에들러 폰 미제스(Ludwig Edler von Mises)나 하이에크를 본받는 게 현명할 거라고 생각합니다. 하이에크는 그의 경기 변동 이론에서 기업가들이 범하는 오류에 대해 이렇

게 이야기했습니다. "그건 사업에서 정상적인 일이다. 정상적이지 않은 것은 모든 사람이 동시에 같은 방식으로 같은 실수를 해서 엄청난 충돌을 일으키는 것이다. 개인이 각자 할 일을 하면 되는 정상적인 체제에서는 그런 일이 일어날 수 없다." 시장에 하향식 개입이 너무 많아질 때 그런 일들이 일어나게 됩니다. 예를 들어, 이자율을 조작해서 인위적으로 낮추는 것은 기업가들과 투자자들에게 "이봐요, 여기 싼 돈이 있으니 가져다가 모두 투자합시다. 자본재도 더 만들고 공장도 더 많이 지어 돌립시다."라는 신호가 됩니다. 그러다 갑자기 금리가 올라가 돈이 다시 비싸지면 "값싼 돈이 모두 다 어디로 간 거지?" 어리둥절해 하는 거죠. 그것은 인위적인 일이었고 실제로는 값싼 돈이 존재했던 적이 없는데 말입니다. 그것이 붕괴의 원인 중 하나입니다.

사람들은 보통 위험을 싫어합니다. 위험 기피나 손실 기피는 행동 경제학에서 잘 알려진 원칙들입니다. 누군가 투자에서 50 대 50 확률의 도박을 하려면, 잠재적 소득이 잠재적 손실의 두 배가 돼야 한다는 것을 보여 주는 헤아릴 수 없이 많은 실험이 있습니다. 손실은 소득이 우리를 기분 좋게 만드는 것의 두 배로 우리를 해치기 때문입니다. 그래서 기부가 주는 심리적, 생리적 보상처럼 자원이 빈약한 환경 속에서 하는 행동과 생각과 관련된 진화론적 근거도 있을 겁니다. 자원이 많지 않으니까 가진 것을 정말 소중하게 생각하게 되는 거죠. 손실은 정말로 불쾌하니까요. 따라서 우리의 선천적 기질은 투자를 아주 조심스러워하는 것입니다. 그렇다면 왜 수많은 은행은 고위험의 대출을 해 주는 것일까요? 가난한 사람들이나 신용이 낮은 사람들도 집을 갖는 것이 공평하므로 연방 정부가 그렇게 하라고 시키기 때문이죠. 원칙적으로는 옳은 이야기입니다. 무엇을 소유하는 것이 그렇지 않은 것보다 낫습니다. 소유권이 있는 사회는 좋은 겁니다. 그러나 그런 것은 하향식 명령으로 강제할 수 없습니다. 얼마 전 금융 위기에서 봤듯이 붕괴가 일어나게 되니까요. 제 생각에 경제학자들은 이러한 것들을 이해했던 애덤 스미스와 미제스, 하이에크, 그리고 오스트리아 경제학파로 귀의할 필요가 있을 것 같습니다.

최재천: 하지만 어떤 사람들은 그런 일들은 자연에서 일어나는 일이고, 반면에 우리는 인간이고 굶주리고 있는 인간들이 있다는 것을 아는데, 가만 있을 거냐고 논쟁을 걸어 올 수도 있을 것 같습니다. 자유 시장이 실제로 가능하기나 한가요?

셔머: 우리가 자유 시장을 갖고 싶어 한다면, 종교가 잘하는 일 중의 하나인데요, 복지 사업의 민영화 같은 것을 살펴보면 어떨까 합니다. 그게 바로 종교가 가장 잘하는 일이죠. 그들은 가난한 사람들을 돌봅니다. 무료 급식소들과 전도사들을 보세요. 그리고 카트리나의 희생자들을 누가 가장 많이 도왔나요? 미국 연방 정부의 재난 관리청일까요, 아니면 사설 종교 단체들일까요? 종교 단체들이 훨씬 훌륭한 일을 해냈습니다. 그들은 그곳에 더 많은 음식을 가져갔고, 더 빠르게, 더 싸게, 그리고 더 효과적으로 도움을 줬습니다. 모든 종교에서 벗어나자고 주장하는 세계의 모든 도킨스들에게, "글쎄요, 그러면 누가 이런 일을 합니까? 정부가 할까요?" 하고 묻고 싶어질 정도입니다. 어이쿠, 카트리나 때 미국 정부가 한 일을 보셨잖아요?

최재천: 정부는 손을 떼고 종교에 맡기자는 말씀인가요?

셔머: 어느 사설 단체든 상관없습니다. 사설 단체가 항상 더 효

과적으로 일을 하죠. 간단한 원리입니다. 만약 무언가를 X에서 Y로 배달하고 싶다면, 사설 단체는 가능한 한 효율적으로 처리하려는 동기를 가지고 있습니다. 반면, 정부 기관에 위탁하는 순간, 일단 수수료가 발생합니다. 우선 돈부터 가져갑니다. 당연히 필요한 곳까지 전달될 리가 없죠. 여기에다 중간 관리자들을 추가해 보세요. 사설 단체에는 독재자나 부패한 정부에게 뇌물을 바쳐야 하는 상황만 아니라면 중간 관리자가 필요 없습니다. 쓸데없이 인건비만 많아지기 때문이죠.

최재천: 아직 영어로 쓰지는 않았지만, 제 한국어 책에 쓴 이야기입니다. 로버트 트리트 페인(Robert Treat Paine)의 유명한 불가사리 실험을 아시나요? 군집 생태학에서는 아주 고전적인 실험이죠. 바닷가 물웅덩이에서 최상위 포식자인 불가사리를 제거한 다음 생물 다양성이 어떻게 변하는지 관찰하는 겁니다. 페인은 일군의 웅덩이에서 불가사리를 계속 제거했고, 대조군 웅덩이는 그대로 뒀습니다. 잡식성의 포식자인 불가사리는 웅덩이에서 가장 흔한 것들을 먹어 치웁니다. 그러면서 불가사리들은 웅덩이에 공간을 만들어 내 경쟁력이 덜한 구성원들도 살아남을 수 있게 해 주는 것입니다. 그러나 불가사리가 없어지면, 가장 경쟁력 있는 구성원들이 독점하게 되고 경쟁력이 약한 구성원들은 멸종하게 됩니다. 그래서 최상위의 포식자가 있을 때 한층 더 높은 다양성이 형성되는 것입니다. 제가 비유를 하나 들어 보겠습니다. 정부도 없고, 통제하는 사람이 아무도 없는 시장이 있다고 해 보죠. 완전 자유 경쟁 시장이죠. 조만간 가장 경쟁력 있는 회사들이 시장 전체를 지배하게 될 겁니다. 그러면 우리는

덜 다양한 구조를 갖게 되겠죠. 이것이 이른바 자유 시장에서 일어나고 있는 일 아닙니까?

리들리: 독점은 일시적 결과일 뿐입니다. 독점적인 회사들이 자유 시장 전체를 지배할 수는 없습니다. 왜냐하면 독점적인 회사들은 규모 때문에 스스로 비효율적으로 되기 때문입니다. 마이크로소프트나 IBM을 보십시오. 결국 비효율적이고 관료주의적으로 변합니다. 동맥 경화가 일어나는 거죠. 따라서 구글과 같은 민첩한 경쟁자들이 나타나기 시작합니다. 관료주의화를 견고히 하는 것은 규제입니다. 규제가 진입 장벽 역할을 하기 때문인 것 같습니다. 탄소 배출권 거래제에 대해서 생각해 보죠. 전력 생산에 탄소 배출권 거래제를 도입한다고 해 보죠. 이 제도를 더 효율적으로 만들려면 누구든 나와서 새로운 생각을 얘기하고 새로운 사업을 만들 수 있게 해야 합니다. 그런데 정작 그 배출권을 주는 건 누구죠? 정부입니다. 정부 입맛에 맞는 제도만 살아남겠죠. 그건 금융이나 다른 분야에서도 마찬가지입니다. 정부가 잘 만드는 건 독점이지 자유 시장이 아닙니다.

셔머: 애덤 스미스가 관련해서 쓴 게 있습니다. 그는 랠프 네이더(Ralph Nader)가 말한 '기업 지원 정책(corporate welfare)' 같은 것에 반대했죠. 기업들은 정부로부터 특혜를 받고 있습니다. 그것 또한 자유 시장이 아니에요. 자본주의도 아니고 뒤봐주기죠. 중상주의의 또 다른 형태일 뿐입니다. 그래서 우리 역시 그런 것에 반대합니다. 진화 생물학의 기본 원리 중 하나는 멸종 아닙니까? 이것이 새로운 종을 위한 새로운 생태적 지위를 열어 주죠. 창조적 파괴라고도 할 수 있겠죠.

매트 리들리, 마이클 셔머, 그리고 필자.

최재천: 선한 사람들의 멸종 말입니까?

셔머: 아니요. 그런 의미가 아닙니다. 회사들의 폐업도 나쁜 일이 아니라는 뜻입니다. 좋은 일입니다. GM, 포드, 크라이슬러 모두 문을 닫았는데, 어떻게 보면 좋은 출구 전략이었습니다. 그들은 그저 느릿느릿 움직이는 공룡같이 되어 버렸습니다. 이제 작은 포유류, 즉 하이브리드 자동차나 전기차를 만드는 회사들이 들어오게 해야 합니다.

최재천: 그렇다면 오바마가 실수하고 있는 겁니까?

셔머: 그는 그저 정치인이 할 일을 하고 있습니다. 그들은 대개 일을 하향식으로 처리하게 되어 있죠. 그러니까 그들이 아무것도 하지 않는다면 나쁜 정치가들로 간주되겠지만, 사실 그들이 할 수 있는 어떠한 일도 최선은 아닐 겁니다.

사실로서의 신화, 과학으로서의 이야기

최재천: 제가 이미 매트에게 한 질문인데, 마이크, 당신에게도 하겠습니다. 당신의 책 제목에서 빌려왔는데, 왜 다윈이 중요한가요?

셔머: 다윈이 중요한 이유는 첫째로 그가 생명이 하향식의 디자이너를 필요로 한다는 창조론자들의 주장에 대해 답을 했고, 우리에게 상향식 디자이너를 제안했다는 것입니다. 그런데 더 깊은 차원에서 그는 '우리는 누구인가? 우리는 어디에서 왔는가? 우리는 어디로 가는가? 자연에서 우리의 위치는 어디인가?' 등에 대한 답을 줬습니

다. 그런 의미에서 다윈이 중요한 이유는 우리에게 사실로서의 가치를 지니는 신화를 제공했다는 것이 됩니다. 그리고 다윈이 중요한 이유는 그가 과학을 했고 과학은 우리 시대의 탁월한 이야기라는 점입니다.

최재천: 두 분 모두에게 진심으로 감사드립니다. 두 분은 경탄할 만한 2인조였습니다. 오늘의 이 대화를 아주 오랫동안 기억하겠습니다.

「이 세상에서 가장 중요한, 엄마보다도 더 중요한」

열한째 사도

제임스 왓슨

10

제임스 듀이 왓슨(James Dewey Watson)

1928년 미국 시카고에서 출생.

1950년 인디애나 대학교에서 박사 학위 취득(동물학).

1953년 《네이처》에 이중 나선 발견 논문 발표.

1956년 하버드 대학교 조교수 부임.

1960년 앨버트 래스커(Albert Lasker) 상 수상.

1962년 노벨 생리·의학상 수상.

1968년 콜드 스프링 하버 연구소 소장 취임.

1971년 존 카티(John J. Carty) 상 수상.

1977년 미국 대통령 자유 훈장 수상.

1989년 NIH 산하 인간 유전체 연구소 소장 취임.

1993년 코플리 메달(Copley Medal) 수상.

1994년 러시아 로모노소프 황금 메달(Lomonosov Gold Medal) 수상.

1997년 미국 국가 과학상 수상.

2001년 벤저민 프랭클린 메달 수상.

2007년 콜드 스프링 하버 연구소 은퇴.

2017년 중국 왓슨-게놈 과학 연구소의 상급 고문 취임.

생물학을 하는 많은 이들에게 제임스 왓슨은 영웅이었고, 생물학을 자신의 소명으로 받아들일 만한 이유였다. 내게도 그랬다. 『이중 나선(*The Double Helix*)』을 읽었을 때 느꼈던 솔직담백함과 긴장감에 나는 생물학자로서의 내 삶이 절대로 지루하지 않을 것임을 알았다. 하지만 내가 '미시' 생물학이 아닌 '거시' 생물학을 공부하기로 마음먹고 하버드의 베르트 횔도블러와 에드워드 윌슨 연구실에 들어갔을 때, 나는 그가 '전통적인' 생물학, 윌슨의 표현을 빌리자면 '나의' 생물학에 적대적이었음을 알게 되었고 매우 실망했다. 『자연주의자(*Naturalist*)』에서 윌슨은 단호하게 "그는 내가 만나 본 사람 중에 가장 불쾌한 사람이었다."라고 썼다. 하지만 결국 제임스 왓슨은 대인이었다. 그는 1982년 에드워드 윌슨에게 먼저 화해의 손길을 건넸다. 그때부터 그들은 서로 흠모하며 떼려야 뗄 수 없는 사이가 되었다. 2005년에 두 사람은 나란히 찰스 다윈의 저술을 편집해 출간했다. 왓슨은 그의 책 제목을 『다윈: 불멸의 족적(*Darwin: The Indelible Stamp*)』이라고 지었고, 윌슨은 『그토록 단순한 시작으로부터(*From So Simple a*

Beginning)』라고 했다. 다윈이 흐뭇해했을 것 같다.

생물학자는 모두 다윈주의자

최재천: 인터뷰를 시작하기에 앞서, 당신을 이렇게 직접 대면하는 것이 저에게 얼마나 큰 영광인지 말씀드려야 합니다. 당신의 책 『이중나선』은 제가 학문의 세계로 뛰어들기로 결심하는 데 결정적인 동기를 부여했습니다. 제가 한국에서 대학을 다니던 시절에 영어로 읽었던 몇 안 되는 책 중의 하나였는데요. 제가 당신과 다윈에 대한 대화를 할 수 있도록 귀중한 시간을 내주셔서 정말 감사드립니다. 다윈의 해인 올해 저는 우리 시대의 가장 잘 알려진 다윈주의자들, 이를테면 에드워드 윌슨, 리처드 도킨스, 피터와 로즈메리 그랜트 등을 인터뷰했습니다. 당신이 『다윈: 불멸의 족적』이라는 매우 매력적인 책을 출간했기에 제 책에 당신을 다윈주의자로 포함하고 싶었습니다.

왓슨: 음, 글쎄요, 저는 모든 생물학자가 다 다윈주의자라고 생각합니다.

최재천: 예, 맞는 말씀입니다.

왓슨: 저는 '진화'라는 단어를 열 살 때쯤 처음으로 들었고, 그다음에는 1943년 시카고 대학교에 입학했을 무렵인 열다섯 살 때쯤 다시 들었는데, 그 증거가 너무나 압도적이어서 그것은 이미 인정된 사실이라고 생각했습니다. 그렇다면 중요한 문제는 진화가 일어났는가가 아니라, 생명의 화학적 기반이 무엇이냐는 것이었습니다. 멘델

식의 사고는 이미 널리 받아들여지고 있었습니다. 유전 정보가 염색체 안에 구축되어 있다는 사실도 그랬죠. 하지만 제가 대학에 입학한 1943년에는 DNA가 유전 정보를 지니고 있다는 사실을 밝힌 오즈월드 에이버리(Oswald Avery)의 논문은 아직 출간되지 않았죠. 이제 우리는 DNA 염기 서열에 따라 진화가 일어나고 있다는 것과 모든 생물 종 간의 유사성이 존재하고 그것을 DNA 염기 서열을 통해 알 수 있다는 사실을 의심하지 않습니다. 하지만 중요한 문제는 '생명이 어떻게 시작되었는가?'입니다. 그리고 '우주의 다른 곳에도 생명이 존재할까?' 하는 것이죠. 제 나이 때문인지는 모르지만, 저는 생명이 어떻게 시작되었는지 도저히 알 수 없습니다. 다만 촉매 활성을 지닌 RNA에서 시작되었으리라고 추측하는 것 외에는 말입니다. 저는 열한 살 때 공식적으로 무신론자가 되었습니다. 어머니는 아일랜드 천주교인이셨고 아버지는 무신론자셨죠. 아버지는 소년 시절에 성공회 교회에 다니셨죠. 아마 대학에 다니면서 종교에 대한 필요성을 잃어버리셨던 것 같습니다. 인간은 규칙이나 설명 없이는 살 수 없는 존재이고, 종교는 한때 사람들에게 어떻게 살아야 하는지 조언해 주는 존재였습니다. 한국에 기독교인이 굉장히 많다고 알고 있는데요. (웃음)

최재천: 예, 그렇습니다.

왓슨: 그렇다면 아시아에서 유일하게 기독교가 번창하는 곳에서 살고 계시네요.

최재천: 예, 맞습니다.

왓슨: 필리핀을 예외라고 할 수 있겠지만, 그곳은 스페인의 영향

을 받은 곳이니 다르다고 봐야겠죠. 제게는 과학이 너무나 많은 것들을 예견해 주기 때문에 종교가 필요 없습니다. 종교적인 규정들은 일종의 만(灣)과 같아요. 때로 저를 곤경에 빠뜨리곤 하죠. 만일 당신이 저를 가늠해 보려 한다면, 아마 이렇게 말해야 할 것 같습니다. "음, 당신은 신을 믿지 않는 기독교 신자 같습니다." 저는 '다른 사람을 도와라.' 같은 규칙에 관해서라면, 저는 분명히 기독교적 성향을 지니고 있습니다. 그리고 십계명에 대해서도 반대하지 않지만, 문제는 그것들이 기독교보다 우선하는 가치라는 겁니다. 그러니까 그 규칙들은 기독교보다 먼저 존재하던, 사람들의 상호 작용을 가능하게 하는 것이었습니다. 기독교는 그 규칙들에 신의 권위를 부여했고 이 규칙을 따르지 않으면 신이 벌을 내려 죽을 수도 있다는 생각을 심어주었습니다. 내세 같은 것도 그렇죠. 기독교가 있기 전에도 사람들은 삶이 죽음 이후에도 이어진다고 믿었습니다. 심지어 이런 생각은 인도 사람들도 가지고 있었습니다. 기독교와는 다르지만 말이죠. 많은 사람이 종교는 그들의 삶에 질서를 가져다준다고 여깁니다. 그런데 다윈주의적 사고 역시 우리의 삶에 질서를 가져다줍니다. 다윈주의적 사고는 우리의 DNA와 RNA에 대한 지식을 더 확고히 해 줍니다. 이타성이나 다른 사람들을 좋아하는 마음이 우리의 두뇌에 각인돼 있고, 그러므로 우리의 유전자에도 새겨져 있다는 걸 알려주죠. 저는 침팬지가 다른 침팬지에 대해 어떤 생각을 하는지 모릅니다. 제가 어렸을 때 사람들은 동물을 사람처럼 생각하면 안 된다고 했죠. 사람의 감정을 동물에 투영할 수 없다고요. 그러나 지금 저는 진화론적 관점에서 그렇게 해야 마땅하다고 생각합니다.

제임스 왓슨.

최재천: 우리도 엄연한 동물이니까요.

왓슨: 맞습니다. 우리도 동물이죠. 영장류가 이타적으로 변하는 과정에 갑작스러운 전이가 있었던 것은 아니었습니다. 우리가 호전성을 어떻게 다루고 어떻게 벌하는가를 살펴봅시다. '살인하지 마라.'는 가령 우리 가족 내에서는 굉장히 중요한 가치이겠지만, 전쟁이 일어났거나 그 옛날 수렵 채집 시대에 낯선 사람들을 만났을 때는 그 중요성이 사라져 버릴 겁니다. 뉴기니 사람들은 지금도 때로는 폭력적으로 변하죠. 5,000가지나 되는 언어와 작은 무리로 나뉘어 사는 그들 사회에서는 다른 무리의 사람을 보면 쉽게 공격적으로 되죠. 제게 이것들은 인간성의 유전적 구성에 대해 전반적인 의문을 갖게 합니다. 이것은 인문학적인 문제만이 아니라 과학적인 문제이기도 합니다. 그래서 동물 행동을 연구하는 것은 인간의 삶에서 큰 의미를 지닙니다. 우리의 행동은 우리에게 우리의 생식 세포들에 돌연변이가 생겨 부모의 유전자와 달라졌을 때를 제외하고는 부모로부터 물려받은 유전자에 의해 통제됩니다.

저는 진화는 사실, 매우 믿을 만한 사실이라고 생각합니다. 우리의 사고 과정은 연역적이라기보다 귀납적입니다. 어떤 일이 100번이나 반복해서 일어나 101번째에도 똑같이 일어날 것으로 생각하더라도, 확신할 수는 없습니다. 하지만, 말하자면, 뉴턴의 만유인력 법칙은 적어도 지구에 있는 물체에 관해서는 완벽한 사실이라고 말할 수 있습니다. 지구 밖으로 나가면, 좀 어려워지겠지만. 이 세상에 궁극적인 질서라는 건 없다고 생각하고 싶지 않습니다. 우리 이해력이 미치는 범위 밖에서 오는 어떤 메시지가 있고, 그것이 우리의 운명에 영향을 준다는 생각은 논리적이지 않습니다. DNA 복제는 늘 어느 정도 무작위적일 테고 실수도 있겠죠. 그러니까 저는 '지적 설계론' 같은 것들은 자연 법칙을 벗어났다고 생각합니다. 자연 법칙에서 벗어난 것을 믿을 이유는 제게 없습니다. 멘델의 법칙이나 뉴턴의 법칙이나, 또는 염기쌍들에 의한 DNA 복제와 같은 자연 법칙들은 명명백백한 사실로 보입니다. 그래서 저는 사람들이 진화가 실제로 일어난다는 걸 깨닫길 원하고, 진화론을 거부하거나 그런 그들의 관점을 다른 사람들에게 강요하는 사람들은 그렇게 할 근거가 없다고 생각합니다. 만약 종교 수업을 하는데 지적 설계론을 가르친다면, 그건 종교의 자유일 수 있습니다. 하지만 그런 것을 과학 수업에 끼워 넣는 것은 전혀 과학적이지 못한 일입니다.

특히 미국의 현재 상황에 대한 제 평가는 과학이 점점 더 복잡해진다는 문제가 심각해지고 있다는 겁니다. 만약 과학적 지식이 전혀 없는 사람에게 진화가 염기쌍의 변화로 일어나며 우리가 그걸 관찰할 수 있다고 말해 줘도 그는 그걸 이해하지 못할 겁니다. 그래서 지식은 갈수록 세련되어 가는데, 인간의 두뇌는 더 이상 나아지지 않는다는 문제가 우리에게 있습니다. 우리의 이해력에는 실제로 태생적 한계가 있습니다. 제게는 정말 거리를 두고 싶은 수학적 추론들이 있어요. 제 두뇌는 그런 것들을 위해 만들어지지 않은 것 같아요. 다른 사람들에게도 아무리 학교를 오래 다녀도 이해할 수 없는 문제들이 다양하게 있을 겁니다. 그래서 상황이 더 복잡해질수록 학교에서 배운 것으로 해결할 수 있는 것은 줄어들게 되죠. 은행이 파산해서 일자리를 잃고 막막한데 누구를 찾아가야 도움을 받을 수 있을지 알지 못해요. 종교는 스스로 돕지 못하는 사람들을 위해 만들어진 것이라는 농담이 그래서 나온 걸까요? 그리고 빈부 격차는 더 벌어지고 있습니다. 그러면 그 불평등이 지적 능력 차이에 따른 필연적인 결과일까요? 모르겠습니다. 그것은 정치적으로 올바르지 않은 말이겠죠. 우리는 "학교가 모든 것을 해결해 줄 거야."라고 말할 수 있어야 하지만, 실제로는 그렇지 않은 것 같아요. 그래서 걱정입니다. 확실히는 모르겠지만, 사람들에게 언제나 종교가 필요한지는 확실히는 모르겠지만, 종교를 과학으로 대체할 수는 없을 겁니다. 그래서 저는 종교를 말살하자는 캠페인에는 참여하고 싶지 않습니다.

최재천: 그러면 리처드 도킨스가 하는 일에 찬성하지 않으시겠네요.

왓슨: 흠, 그는 책을 읽는 사람들만을 위해서 글을 쓰죠. 러시아에서는 러시아 혁명이 일어난 이후로 1990년대까지 70년간 종교를 없애려고 노력했지만 결국 실패했습니다. 종교를 믿는 사람이 많았죠. 많은 사람이 러시아 정교회의 예배에 참석했고, 이오시프 스탈린(Joseph Stalin)도 그 모든 사람을 다 죽이지는 못했습니다. 스탈린은 사람들이 종교를 믿는 걸 좋아하지 않았지만, 모든 사람을 죽여 가면서까지 종교를 말살하고 싶지는 않았던 거죠. 그래서 저는 교육받은 사람들만 진화를 사실로 받아들인다고 생각합니다. 만약 그런 사실들을 이해하지 못한다고 해도 그걸 어쩌겠습니까? 스웨덴 같은 나라에는 국교가 있어서 국가에서 교회를 지원해 주죠. 대부분의 스웨덴 사람들은 종교가 없지만, 그것이 어쩌면 나라를 운영하는 가장 좋은 방법일지 모르죠. 영국의 경우에는 공식적인 종교가 없다는

게 오히려 문제를 일으키고 있습니다. 영국 성공회가 있는데 예전에는 부유했지만 지금은 아니죠. 그러면 저 훌륭한 대성당들과 역사는 누가 관리하나요? 영국의 옛 교회들을 저는 좋아합니다. 우리 민족의 역사예요. 그래서 저는 교회를 유지하기 위해서라면 기꺼이 돈을 낼 겁니다. 그렇다면 저는 신을 믿지 않는 기독교인이라고 해야 할까요? 우리는 기독교인이고, 우리의 과거를 보존하고 싶어 하고, 기독교 찬송가나 음악을 좋아합니다. 그런 맥락에서 보면, 저는 기독교인입니다.

더 깊이 들여다보면, 리처드 도킨스는 사람들이 생각하는 만큼 극단적이지 않습니다. 그는 그저 종교가 얼마나 논리적이지 못한가를 지적하고 싶어 할 뿐이죠. 부정의 논리일 뿐입니다. 그리고 또한 우리가 이해하지 못하는 인간 본성이라는 게 있잖아요? 기독교가 한국을 퇴보하게 만들었나요? 저는 그렇지 않다고 생각합니다. 기독교가 분열을 초래하나요? 잘 모르겠습니다. 스리랑카 같지는 않잖아요?* 갈등하는 관계라고 해서 서로를 인정하지 못한다면 좋지 않죠. 저는 종교를 받아들이지 않을 권리를 포함해서 종교의 자유가 아주 중요하다고 생각합니다. 좋아요, 이제 화제를 바꿔도 되지만, 이게 제가 존경하는 도킨스에 대한 대답이었습니다. 저도 사춘기 시절 신을 믿지 않을 수많은 이유를 찾아다녔던 때가 있었는데, 도킨스는 오늘날 그런 이유를 주는 역할을 하고 있죠.

* 스리랑카는 1980년대부터 2020년대에 들어선 지금까지 민족과 종교가 얽힌 갈등으로 내전이 끊이지 않고 있다.

최재천: 요즘 일반인들이 과학을 잘 이해하지 못한다는 말씀을 하셨는데요. 그럼 우리가 과학에 대한 대중의 이해를 넓히기 위해 노력해야 한다고 생각하시는지요?

왓슨: 예, 최근의 과학 혁명을 진화의 수준에서 이해하지 못하는 사람들이 상당히 많기 때문입니다. 치명적인 유전적 질병이 있으면 문제가 생깁니다. 결혼해서 아이들에게 그 질병을 물려줘야 하나요? 글쎄요, 아이가 태어날 즈음에는 그 병을 치료할 수 있게 되어서 아이는 그 유전병의 영향을 받지 않게 될지도 모른다고 생각할 수도 있습니다. 그러니 여기에는 유전학의 윤리와 프라이버시 보호의 문제가 얽혀 있습니다. 프라이버시의 완벽한 보호를 고집한다면, 그 누구도 도움을 줄 수 없습니다. 당신의 프라이버시를 의사와 공유해야 하지만, 그러면 의사가 다른 사람과 당신의 프라이버시를 공유할지도 모르죠. 프라이버시 보호는 절대적인 가치일까요, 아니면 건강해지는 것이 프라이버시 보호보다 더 중요할까요?

최재천: 흠, 어려운 문제군요.

왓슨: 정말 어려운 문제입니다. 교회에서 다뤄야 하는 종류의 문제인 거죠.

최재천: 교회가 이 문제를 논의해야 한다, 흠, 흥미로운 생각입니다.

왓슨: 예, 교회는 말하자면 가치나 행동에 대한 책임을 지려 하기 때문입니다. 어떻게 행동해야 하는지, 신이 우리가 뭘 하기를 원하는지에 대해 말해 주려 합니다. 저는 과학자들이 대중과 단절되는 것은 매우 위험한 일이라고 생각합니다. 되도록 중립적인 입장에서

사실만을 나열하며 사람들에게 무엇을 하라고 압박하지 않으면서 스스로 느끼도록 해야 합니다. 하지만, 아시다시피, 그것은 무척 어려운 일입니다. 만약 부모가 의료 치료에 동의하지 않아서 아이를 아픈 채로 놔둔다면 용납할 수 있나요? 오, 그건 정말 어려운 문제죠.

최재천: 예, 정말 그렇습니다. 그런 경우를 우리는 봐 왔습니다.

왓슨: 그런데 간혹 “당신은 예방 주사를 맞아야 해요. 우리 사회에서 누구도 예방 접종을 하지 않은 채로 둘 수는 없으니까요.”라는 식의 상황이 있을 수 있습니다. 공중 보건이 개인의 자유보다 더 중요하니까요. 만약 “예방 접종이 부작용을 일으킬 가능성이 조금이라도 있다면 나는 예방 접종을 하기 싫다. 하지만 다른 모든 사람이 예방 접종을 하는 건 좋아.”라고 한다면, 이런 경우에 우리는 ‘이기적’이라고 말하죠.

최재천: 동의합니다.

왓슨: 제 나이쯤 되면 윤리 문제에 관심이 커져요. 제가 20세였을 때는 미래의 성공에 더 관심이 많았습니다. 어떻게 과학자가 될까, 뭐 그런 것 말이에요.

최재천: 우리 모두 그렇지 않나요?

왓슨: 그래서 저는 적어도 몇몇 과학자들만이라도 발언을 하는 것이 중요하다고 생각합니다. 에드워드 윌슨은 실제로 대중 투쟁을 잘 해내고 있습니다. 부드러운, 그리고 도킨스와는 매우 다른 방식으로 하고 있죠. 그는 종교를 가진 사람들도 환경에 대해 걱정해야 한다고 말합니다. 우리가 사는 행성을 걱정하는 일은 정말로 중요한 일이죠. 그가 종교인들과 교류하려고 노력하는 것 역시 상당히 중요

한 일인데, 그들은 과학자를 적으로 보지 않기 때문입니다. 우리는 여기서 1킬로미터도 채 떨어지지 않은 교회와 상당히 좋은 관계를 유지하고 있는데, 그 교회를 처음 설립한 가족은 이 연구소를 처음 시작한 가족과 같은 가족이죠.

최재천: 오, 그렇군요.

왓슨: 제 친구요《네이처》의 전 편집자인 존 매독스(John Maddox)가 2009년에 세상을 떴을 때 교회에서 장례식을 지냈죠. 종교적으로 치르지는 않았지만 말입니다. 교회 건물 안에서 한 건 아니지만, 교회 구내에서 했죠. 그는 그렇게 하는 것이 중요한 원칙이라고 느꼈던 것 같아요. 비가 내리거나 추울 수도 있었는데 말입니다. 그렇다고 그가 종교인들에 대해 나쁜 감정이 있던 것은 아니고, 그저 그 자신이 종교인이 아니었기에 그렇게 했던 것뿐이죠. 저도 이제 어떻게 제 장례를 치를 것인가를 결정해야 하는 나이입니다. 제가 90세까지 살 가능성은 적으니 제게 뭐가 필요할지를 결정해야겠죠. 장례식을 어디에서 할까? 거의 본능적으로 저는 교회에서 하면 좋겠다고 생각했습니다. 교회에서 타협을 해 줘서 신에 대해서 얘기하지는 않되 기독교식으로 해 줬으면 좋겠습니다. 저는 꽤 현대적이거든요. 그리고 음악이 있으면 더 좋겠고, 킹 제임스 성경의 말씀도 아주 아름답죠. 누군가 일어서서 연설을 한들 그보다 더 아름답지 못할 겁니다. 여러 세기에 걸쳐 정교하게 다듬어진 것들이니까요.

최재천: 좋은 말씀입니다.

왓슨: 최근 어느 장례식에 참석했는데 음악이 없더군요. 참 삭막했어요. 생각해 보세요, 세상에 태어났다 삶이 끝났는데, 음악이 없

다니, 그건 거의 잔인한 일입니다. 제 영혼은 영원할 것이고, 제 책들이 계속 남아 있는 한 저는 죽지 않은 것과 마찬가지라고 말해 줘도 좋을 것 같습니다. 그래서 저는 과학과 사회의 관계가 중요하다고 생각하며, 모든 사람이 과학을 좋아하려면 우리는 어떻게 해야 하나 같은 문제를 고민해 봐야 한다고 생각합니다. 그리고 저는 인간이 어떤 존재인지에 대해서도 반드시 생각해 봐야 한다고 생각합니다. 과학에는 이런 것들에 대한 고찰이 별로 없습니다. 그리고 그런 의미에서 보면, 에드워드 윌슨이 개척한 과학 분야가 외면당하고 있는 것은 우리에게 엄청난 위기라고 생각합니다.

최재천: 동의합니다. 인간 본성에 대한 토론이 더 많아져야 합니다.

왓슨: 훨씬 더 많아져야 합니다. 그럼요. 사실 저는 어려서 새를 관찰했기 때문에 설득이 필요 없었어요. 제가 에드, 즉 에드워드 윌슨과 다퉜던 것은 인사 문제였습니다. 제가 에드와 다투기 전이었던 1960년대 초반에 사람들은 아직 전사 RNA도 잘 알지 못했습니다. 그러나 그때 이미 저는 분자 생물학을 하는 사람들을 고용하는 게 더 좋다는 걸 알고 있었죠. 당시 저는 하버드 박물관에 이미 충분히 많은 연구자가 있으니 다른 종류의 사람들을 고용할 때가 되었다고 생각했죠. 평범한 개체 생물학자들을 고용하지 않았으면 했습니다. 또 우리가 사람을 뽑을 때 그 사람이 무슨 연구를 하는가가 아니라 얼마나 탁월한가를 중시해야 한다고 생각했습니다. 화학도 변하고 생물학도 변합니다. 이제는 정말로 행동 유전학을 연구할 수 있습니다. DNA 염기 서열이 진화에 어떤 영향을 미치는지 볼 수 있기 때문에 똑똑한 연구자들이 더 흥미로운 미래를 바라보며 에드의 뒤를 따를

거라고 생각합니다. 화학이 순수 화학으로 남는다면, 생물학자로서 사고하는 방식에 직접적인 영향을 줄 수 없습니다.

최재천: 이제는 훨씬 많이 통합되었죠.

왓슨: 예, 정말 그렇습니다. 저는 제가 에드를 싫어하는 사람들을 싫어한다는 것을 깨달은 후 에드를 좋아하기 시작했습니다.

최재천: 무슨 말씀이신지 이해합니다.

왓슨: 우리는 모든 것을 본성과 연관시킬 수 있지만, 양육은 모든 걸 해결해 주지 못합니다. 르원틴과 굴드는 DNA 수준의 지식을 획득하는 것에 대해 심하게 반대했습니다. 그들은 인간을 생물학에서 떼어내려 했죠.

최재천: 그것이 결정적으로 당신의 입장에 변화를 가져왔군요.

왓슨: 저는 1981년 에드가 하버드 셔먼 페어차일드 생화학 건물(Sherman Fairchild Biochemistry Building) 개관식에서 연설하는 걸 들었는데 아주 훌륭한 연설이라고 생각했습니다. 그때 에드와 제가 같은 방식으로 생각한다는 것을 깨닫게 된 것 같아요. 그와 저 사이에 다른 점보다 공통점이 더 많다는 걸. 당시 분자 생물학자들은 점점 더 화학자처럼 변해 가고 있었지만 저는 한 번도 화학자였던 적이 없죠. 그리고 제가 나이가 들어 감에 따라, 이를테면 뇌가 어떻게 작동하는지와 같은 순수하게 생물학적인 질문들이 DNA 복제가 어떻게 그렇게 정확히 벌어지는지보다 더 흥미롭게 다가오게 되었죠.

최재천: 그건 처음부터 분명했습니다. 당신의 책 『이중 나선』을 보면, 당신이 한 번도 화학자가 아니었음을 알 수 있죠.

왓슨: 제가 DNA에 집중했던 이유는 그 생물학적 작용 때문이

었던 반면, 화학자들이 그 분자에 집중한 이유는 분자의 작동을 알기 위해서였죠. 그들이 화학적 질문을 할 때, 저는 그것들이 생물학이라는 큰 그림에서 어디에 있는지를 알고 싶었던 것입니다. 그런 의미에서 라호야(La Jolla)에 있는 스크립스 연구소(The Scripps Research Institute, TSRI)는 연구 분야가 많이 겹치지만 우리의 경쟁 상대가 아니죠. 그들은 사실 온전히 화학자들을 원하죠. 그들은 의약품 개발과 분자의 3차원 구조 등에 관심을 가지고 있지만, 저는 진화가 정말 어떻게 일어났는가를 알고 싶습니다. 물론 3차원 구조도 알고 싶지만. 저는 기본적으로 단백질이 아니라 DNA에 관심이 있는데, 스크립스의 경우는 단백질이죠. 그리고 소크 연구소(Salk Institute for Biological Studies)는 우리와 같은 생물학적 배경을 가진 것은 아니지만, 두뇌가 어떻게 작동하는지에 관심을 갖고 있기 때문에 오히려 우리의 경쟁 상대라고 볼 수 있습니다. 그들은 우리보다 화학적인 부분에 좀 더 관심을 기울이지만 본질은 같습니다. 그리고 그들은 의학과 관련된 연구에 더 관심을 둔다고 볼 수 있죠. 소크 연구소에는 아주 훌륭한 식물 세포 생물학 그룹이 있습니다. 물론 식물 세포 생물학에는 식물을 일종의 공장으로 본다는 점에서 장기적인 미래가 있죠. 식물학에 쓸 돈이 있다면, 정말 있다면, 그건 분명히 식물을 공장으로 보기 때문일 겁니다.

따라서 저는 생물학의 방향에는 두 방향이 있다고 생각합니다. 하나는 이해하는 것이고 다른 하나는 그것을 번역하는 것입니다. 우리는 유전자가 우리의 몸에 미치는 영향을 이해하고, 뇌를 더 잘 알고, 암의 정체를 파악해야 합니다. 동시에 우리는 더 나은 의약품을 만들고, 뇌 질환을 치료하고, 암을 근절해야 합니다. 그러니까 과학이 인간에게 도움이 되는 방향으로 '번역'되도록 노력해야 하는 것입니다. 사람들은 우리가 암을 이해하기보다 치료하길 원합니다. 그래서 우리는 대중이 원하는 것이 무엇인지를 읽어 내야 합니다. 그들은 치료를 원합니다. 우리 연구소에는 RNA 접합 단계에서 일어나는 오류로 발병하는 희소병을 치유하기 위해 노력해 온 에이드리언 크레이너(Adrian Krainer)가 있습니다. 이건 아주 복잡한 분자 생물학이지만 목적은 치료입니다.

지금 우리는 암 치료를 위해 연구하고 있는데 돈이 아주 많이 듭니다. 특정한 유전적 위험 요소를 가진 몇 안 되는 사람들을 찾아내고 그들을 모니터하는 일은 돈이 많이 들어요. 궁극적으로는 질병을 치유할 수 있는 값싼 방법을 찾아내야 합니다. 가장 값싼 방법은 예방이죠. 소아마비 예방 접종 같은 것 말입니다. 일단 소아마비에 걸린 후에는 치유할 수 없지만 예방은 할 수 있죠. 따라서 우리의 궁극적인 목표는 암의 치료에 머무는 게 아니라 예방입니다. 사회가 요구하는 게 무엇인지에 늘 집중하고 있어야 하죠. 가진 돈 전부를 건강관리에 쏟아부을 수는 없습니다. 대중은 돈을 축구 게임, 옷, 또는 교육에 쓰고 싶어 하죠.

과학이 인간 본성으로부터 우리를 구하리라

최재천: 과학은 모름지기 세금을 내는 사람들이 요구하는 것만 해야

제임스 왓슨.

한다고 말씀하시는 건 아니시죠? 저는 과학이 그 이상을 했으면 합니다만.

왓슨: 과학의 또 다른 큰 과제는 인간 그 자체를 이해하는 것일 겁니다. 우리의 개성을 이해해서 사람들이 서로에게 더 잘 대하게 하는 게 궁극적인 목적이라 할 수 있죠.

최재천: 그렇죠. 그래서 당신은 언젠가 "우리는 우리의 운명이 우리의 별들에 달려 있다고 생각했다. 지금은 우리의 운명이 대체로 우리 유전자 안에 있다는 사실을 알고 있다."라고 말씀하시지 않았나요?

왓슨: 예, 궁극적으로 유전자가 인간을 조정합니다. 우리 유전자 안에는 여전히 공격성이 있습니다. 어떻게 하면 사람들이 타락하지 않게 만들 수 있나요? 일리노이 주의 모든 주지사가 감옥으로 가는 마당에 말입니다.

최재천: (웃음) 그게 사실입니까?

왓슨: 최근에는요. 좋은 일이 아닙니다. 돈이 있다고 해서 덜 부패하는 건 아닙니다.

최재천: 그건 정말 그렇습니다.

왓슨: 부자들은 더 부유해지려고 합니다. 저는 어떤 사람들은 정말 나쁜 사람들이고 결코 그들을 변화시킬 수 없다고 믿습니다. 그렇다면 그런 나쁜 사람들을 어떻게 해야 할까요? 게다가 그들이 사람을 죽인다면 말입니다. 글쎄, 과거에는 그들을 죽여서 복수를 했었죠. 그러자 사람들이 "때로는 무고한 사람을 죽인 건지도 몰라요."라고 말하게 되었죠. 그런데 만약 사람을 매우 공격적으로 만드는 유

전자 변이가 있다면 어떨까요? 그것을 어떻게 처리하렵니까? 이들이 정말 나쁜 사람들이라면, 이들에게 어느 정도의 자유를 줘야 하나요? 악에 대해서 어떻게 대처해야 하나요?

최재천: 아, 그건 또 다른 큰 질문입니다. 그래서 당신은 또 언젠가 "우리를 인간 본성으로부터 구하기 위해 과학이 필요할지도 모른다."라고 하셨나요?

왓슨: 굉장히 중대한 문제입니다. 자신들이 공평하게 대우받고 있지 않다고 생각하는 사람들을 데리고 어떻게 사회를 유지할 수 있을까요? 열심히 일하고 훌륭한 일을 하는 사람들은 보상을 받아야 합니다. 정치적인 연줄이나 가족 관계 때문에 어떤 직업을 얻거나 연줄이 없어서 실패하는 게 아니라 능력이 되기 때문에 직업을 얻는 사회가 되어야 하죠. 다시 말하지만, 이런 것들은 모든 사회에서 정말 중요한 문제입니다. 북한 사람들은 그저 나쁜 사람들인가요? 제가 보기엔 퍽 나쁩니다만.

최재천: 하지만 제게는 그들 또한 같은 민족이죠.

왓슨: 예, 그래서 우리가 그들에 대해 느끼는 것보다 더 따뜻하게 느낄 수 있겠죠. 저는 그저 그들이 한국 전쟁을 일으켰고 그것은 좋은 일이 아니었다고 생각합니다.

최재천: 그건 사실입니다. 그들은 여전히 아주 많은 문제를 일으키고 있죠.

왓슨: 어떤 나라들은 그 지도자로 인해 나쁜 나라가 됩니다.

최재천: 동의합니다. 사람들이 개별적으로 나쁘지 않더라도 그들에게 나쁜 지도자가 있으면 집합적으로 나쁘게 되는 경우가 종종

있죠. 그런 예들이 비일비재합니다.

왓슨: 우리가 그들을 변화시킬 수 없기 때문에 나쁜 사람들은 항상 있을 것입니다. 그럼 우리는 어떻게 해야 합니까? 이런 문제를 노벨 평화상만으로 해결할 수는 없습니다.

최재천: 그래서 생물학이 중요하다고 말씀하시는 거죠?

왓슨: 생물학은 우리의 한계를 알려준다는 점에서 중요합니다. 불쾌하더라도 결국 사실과 싸울 수는 없습니다. 그래서 우리는 때로 어떻게 대처해야 할지 모를 사실들을 고의로 무시하기도 하죠.

최재천: 대처하고 싶지 않은 겁니다.

왓슨: 우리는 어떻게 해야 할지 모릅니다. 모든 사람이 만족할 방법은 없습니다. 그래서 그런 문제들로 상처를 입고 나면 그 문제들을 다시 마주해야 하기 전까지 우리는 그저 그런 문제들이 존재하지 않는 것처럼 행동하죠. 그러나 우리는 문제를 직시하고 다음과 같이 물어야 합니다. 예를 들어, "한국이 50년 전보다 더 살기 좋은 곳인가? 그리고 50년 뒤에는 지금보다 더 나은 곳이 될 희망이 있는가?" 하는 질문을 당신 스스로 던져야 한다고 생각합니다. 상황이 더 나아질 것이라는 믿음이 우리로 하여금 현실을 받아들이게 합니다. 법은 더 공정하게 집행될 것이고 집이 없는 사람은 도움을 받게 될 거라고 여긴다면 그런 사회가 될 수 있도록 노력하게 될 겁니다. 그런데 지금 미국에서는 갑작스러운 실업을 겪고 있습니다. 직업을 잃은 사람들을 어떻게 도와야 하나요? 제가 태어나고 몇 년 후에 아버지의 봉급이 반으로 깎인 적도 있습니다. 그런 일이 다시 일어난 셈이죠. 공화당 정부가 일으킨 금융 위기이니까 민주당에게 표를 던지면 문제

가 해결될까요? 하지만 세상은 민주당 지지자들은 항상 손해만 보죠. 문제는 공화당원들이 일으킨 것인데 말이죠. 지금은 상황이 더 복잡해져서 저는 더 이상 민주당에 표를 주는 것으로 문제가 해결되는 게 아니라고 생각합니다. 요즘은 민주당이 부자들의 조종을 지나치게 받습니다. 이건 정말 위험한 일이죠.

무함마드, 예수, 뉴턴보다 다윈, 사과보다 사람이 중요해

최재천: 정치 얘기로 너무 빠져드는 게 싫어서 출간하신 다윈의 책에 대한 질문을 몇 가지 드릴까 합니다. 괜찮겠습니까? 제목에 "불멸의 족적"이라는 표현을 쓰셨는데요. 제 견해로는 센 단어인 것 같습니다. 불멸이라?

왓슨: 우리에게 진화의 개념은 지워지지 않는 도장이라는 뜻이죠.

최재천: 그렇다면 자연 선택 이론이 수정될 여지는 없다고 생각하시는 겁니까?

왓슨: 없습니다.

최재천: 왜 그렇습니까?

왓슨: 선택의 요인은 이해하기는 몹시 어렵습니다. 예를 들어, 왜 아시아에는 미국과 다른 다형 현상이 나타나는 걸까요? 그중 많은 것들은 아시아에서만 나타나고 어떤 것들은 선택된 것 같습니다. 그냥 우연의 결과일지도 모릅니다. 자연에서는 돌연변이가 무수히

일어납니다. 그런데 왜 모든 돌연변이가 선택되지는 않을까요? 거기에는 이유가 있겠죠. 저는 사이토크롬 p450(Cytochrome p450)이라는 효소의 아시아 변종을 가지고 있다고 합니다. 그것은 약의 대사에 관여하는 변이인데 이 변이가 왜 제 몸 안에 있어 제 몸의 대사 효율을 떨어뜨리는지 알 수 없습니다. 분명 아시아 사람들에게는 대사를 아주 효율적으로 해 주는 분자가 있을 겁니다. 그러니까 인간의 진화를 연구하다 보면 이러한 것들이 상당히 어려운 문제로 드러나게 될 것입니다. 그런데 어쨌든 환경은 끊임없이 변하는데 우리의 유전 물질들은 과거에 선택된 것들이기에 우리는 항상 곤란에 처할 겁니다.

최재천: 맞습니다. 진화에는 시차가 있습니다.

왓슨: 그리고 그 사실을 바꿀 수 없습니다. 제 유전자에는 여전히 젖당 소화 장애를 일으키는 게 있죠.

최재천: 그렇습니까? 서양에서는 드문데 말입니다. 저도 젖당 소화 장애 유전자를 갖고 있습니다만, 저는 동양인이지 않습니까?

왓슨: 아니요, 여기서도 매우 흔합니다. 그러니 콩을 먹고 살아야죠. 아내가 이제 제게 두유를 줍니다.

최재천: 저도 두유를 마십니다.

왓슨: 이렇게 다양한 다형 현상과 돌연변이를 자연 선택이 아닌 다른 것으로 고찰하는 것은 불가능합니다. 모든 일이 우연히 벌어졌고 그중 어떤 것은 살아남았다고 말할 수는 있겠죠.

최재천: 그렇지만 그건 설명이 아니잖아요?

왓슨: 예, 아니죠. 저는 우리가 우리의 특이성을 이해하는 데 초점을 맞춰야 한다고 생각합니다. 왜 당신의 피부는 제 피부보다 짙을

까요? 저는 창백한 피부색을 갖고 태어났습니다. 그러나 유럽 북부와 위도가 비슷한 만주에 산다면 짙은 피부색을 가진 사람은 비타민 D가 부족해지겠죠. 그러니 동남아시아 사람의 피부색은 북아시아 사람보다 더 어둡습니다. 그런데 일반적으로 북쪽 사람들이 언제나 남쪽의 땅을 정복하곤 했죠. 아마 이유는 모르겠지만, (웃음) 보편적인 대답은 '유전자가 더 호전적이기 때문'일 겁니다. 바이킹 족은 분명 굉장히 호전적이었을 겁니다.

최재천: 재러드 다이아몬드가 그의 책 『총, 균, 쇠(*Guns, Germs, and Steel*)』에서 흥미로운 설명을 내놓았습니다. 그는 한마디로 지리와 자연 선택이 우리를 만들었다고 얘기합니다. 당신도 오직 자연 선택 이론만이 이 모든 것들을 설명할 수 있다고 생각하시는 거죠? 맞습니까?

왓슨: 예, 그렇게 생각합니다. 아시아 사람들이 북유럽 사람들보다 더 오래된 문명을 갖고 있어서 원천적으로 더 문명화되어 있다는 이론이 있죠. 그리고 더 오랜 문명이 있었기 때문에 지나친 공격성을 잠재우는 선택이 있었을 겁니다.

최재천: 흥미로운 관점입니다.

왓슨: 그리고 둥글게 생긴 사람이 날카롭게 생긴 사람보다 더 부드럽죠.

최재천: (웃음) 그건 잘 모르겠습니다.

왓슨: 개의 경우에는 정말 그렇습니다.

최재천: (웃음) 그래요? 저는 몰랐습니다.

왓슨: 글쎄요, 하지만 다음은 사실일 겁니다. 키도 아주 크고 몸

집도 큰 바이킹 족은 쉽게 상상할 수 있듯이 더 많은 무기, 더 무거운 무기를 들고 다닐 수 있었을 겁니다. 그런가 하면, 말레이시아에서 살려면 더위 때문에 최대한 큰 표면적을 지니는 게 유리했을 겁니다. 그건 또 다른 선택입니다. 하지만 그렇다고 해서 적도 근처에 사는 사람들이 극지방에 사는 사람들에 비해 덜 호전적이라고 말하기는 어렵습니다. 이런 것들은 일종의 추측들인데, 이제는 종종 이런 추측을 하는 것이 허용되지 않습니다. 이런 추측들은 어떤 사람이 다른 사람들보다 더 낫다는 의미를 내포할 수도 있기 때문입니다. 그렇지만 어떤 사람들이 내재적으로 더 호전적이라는 것은 사실일지 모릅니다. 훈 족이 중앙아시아에서 나와 유럽으로 갔을 때, 그들은 매우 호전적이었던 것 같고, 로마도 정복했습니다. 그리고 또 문명이 도래한 지 얼마 되지 않은 민족도 있죠. 아시아 유전자를 스웨덴 사람들보다 훨씬 많이 가진 것처럼 보이는 핀란드 사람들의 경우는 조금 다릅니다. 그래서 개성 차이라는 게 있나요? 진화 생물학자들이 그런 질문을 한 적이 있습니다. 그러자 학교를 운영하는 사람들은 "오, 우리는 사람들이 다르다고 생각하고 싶지 않아요. 우리는 모든 사람을 공평하게 대우하고 싶습니다."라고 말했죠. 확실히 제 기독교 배경도 제게 사람들을 공평하게 대우하라고 가르치지요. 모두에게 동일한 하나의 규칙을 적용하라고 말입니다. 그렇다면 제대로 된 규칙이 필요합니다. 그러면 또 민주주의가 최고의 체제일까요? 이러면 문제가 복잡해집니다. 그러니 사람들은 푸틴이 '러시아를 중국처럼 통치하는 게 더 나을지 모른다.'라고 생각하고 있다고 말하는 겁니다.

최재천: 그런가요?

왓슨: 하지만 중국은 중국을 안정시켜야 한다는 큰 문제를 안고 있습니다. 멀리서 보면, 중국의 경제 성장은 매우 빨라 보입니다. 하지만 우리도 과거에 그랬습니다. 그것이 영원히 지속되던가요? 또다시 인간의 본성을 고려하면, 이는 참 어려운 문제입니다. 그건 그렇고, 질문이 더 있으십니까?

최재천: 예, 있습니다. 전에 에드와 함께 「찰리 로즈 쇼(The Charlie Rose Show)」에 나오셨던 때를 기억하십니까?

왓슨: 제가 무슨 말을 했었는지 잘 기억이 나지 않는군요.

최재천: 제게 당신의 기억을 환기할 인용구가 있습니다. 찰리가 당신에게 다윈이 얼마나 중요한가 물었습니다. 당신은 이렇게 대답했죠. "내 생각에 다윈은 지구 상에 살았던 사람 중에 가장 중요한 인물입니다."라고요. 당신이 잠시 말씀이 없자 찰리는 "가장 중요한?"이라고 되물었죠. 그러자 당신은 "엄마보다도 더요."라고 했습니다. 너무 멀리 나갔던 것은 아닌지요? 정말 어머니보다 중요합니까?

왓슨: 그렇습니다. 그는 이 세상을 있는 그대로 본 첫 번째 사람이니까요. 그 유명한 나무 그림 아시죠?

최재천: 예, 그의 노트에 그려져 있는 그 작은 나무요?

왓슨: 그는 그 작은 나무를 28세 때 그렸으며 그것이 옳다고 생각했습니다. 무함마드나 예수보다도 세상을 제대로 봤죠. 그리고 예수 말인데요, 에드워드 윌슨이 예수보다 더 잘 보고 있죠.

최재천: 저런.

왓슨: 2,000년 전에 살았던 사람이 에드보다 더 나았을 거라고 믿을 이유가 없습니다.

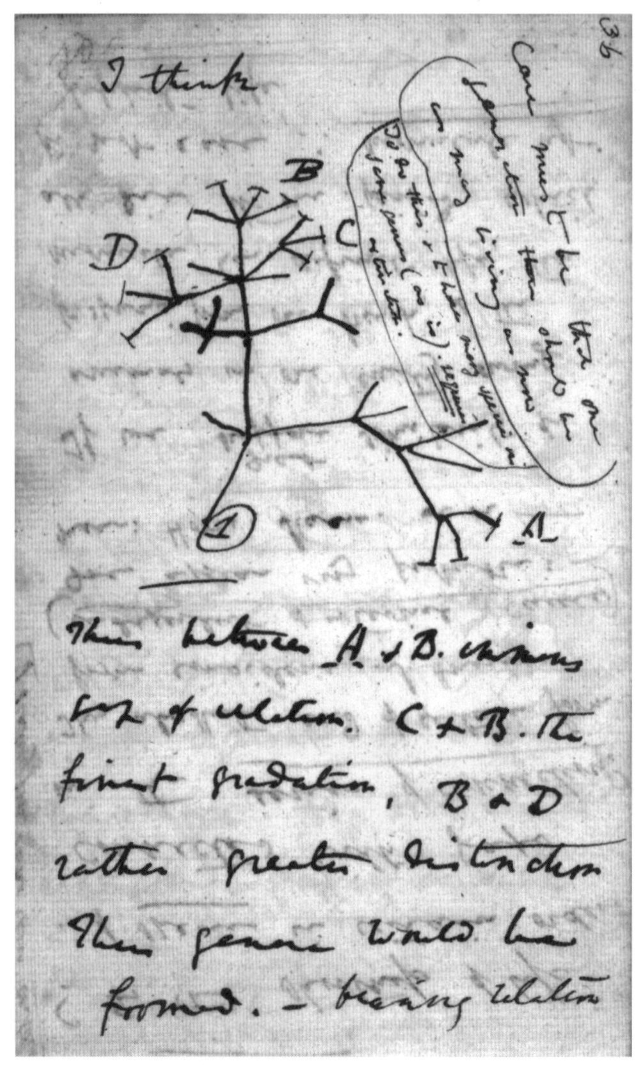

다윈이 노트에 그린 생명의 나무 스케치.

최재천: 적어도 당시 정보의 양은 지금보다 훨씬 적었지요.

왓슨: 예, 맞습니다. 큰 그림을 처음으로 본 사람이 다윈이었습니다. 그리고 거듭 말하지만, 그는 그 누구보다 중요한 사람이었습니다. 뉴턴이 더 뛰어나다고 말할 사람도 있겠지만, 저는 사과보다 사람이 더 중요하다고 말하렵니다.

최재천: (웃음) 사과와 인간을 비교하기는 좀…….

왓슨: 우리는 여기 콜드 스프링 하버에 젊은 다윈의 동상을 세우기로 했습니다. 우리 도서관 앞에 세울 예정이죠. 사람 크기로 할 것이긴 하지만 실물보다는 조금 더 클 겁니다.

최재천: 오, 그렇습니까?

왓슨: 예, 그런데 조각가가 다윈을 아주 잘생기게 조각하고 싶어 했기 때문에 문제가 좀 있었죠. 우리는 그가…….

최재천: 저는 그가 충분히 잘생긴 젊은이라고 생각했는데요? (웃음)

왓슨: 글쎄요, 그는 대머리에 촌뜨기 같아 보였죠. 그에게 세련된 면모는 없었죠.

최재천: 그래서 어떻게 했습니까?

왓슨: 우리는 이미 의뢰를 했는데, 그게 지금은 찰흙 상태로 있습니다.

최재천: 그렇군요.

왓슨: 제가 다윈의 젊은 모습으로 동상을 남기고 싶었던 이유는 그가 수염이 나기 전인 꽤 젊을 때 그 엄청난 이론을 생각해 냈기 때문입니다. 하지만 다윈이 스무 살 때의 사진은 없습니다. 다행히도

그는 충분히 부유했기 때문에 조금 더 나이가 든 이후의 사진은 있죠. 그래서 우리는 이 모든 걸 종합하고 있습니다. 당신도 다윈을 학생들에게 큰 영감을 심어 주는 인물로 소개하고 싶겠죠?

최재천: 물론입니다.

왓슨: 그것이 제가 다윈을 제일 중요한 인물로 여기는 이유입니다. 윈스턴 처칠(Winston Churchill) 같은 사람들도 물론 훌륭하지만 그런 사람들은 다윈만큼 인간의 삶에 커다란 영향을 미치지는 못했습니다. 일단 진화론적으로 생각하기만 하면 많은 것이 설명 가능해지니 말입니다. 그가 없었다면 우리는 여전히 모든 것이 목적을 가지고 창조되었으며, 인간은 다른 생명에서 파생된 존재가 아니라고 믿고 있었겠죠. 하지만 진화를 아우르다 보면, 우리는 인간이 다른 생물들 사이에서 어디쯤 놓여 있는지 알 수 있습니다. 그것이 우리가 최상위에 위치하는 것을 바꿔놓을 수는 없다 하더라도, 몇몇 사람들이 원하는 것보다 우리를 원숭이에 훨씬 가깝게 만들었죠. 원숭이는 신의 말씀을 따르지 않았고, 우리는 선한 일을 하도록 특별히 창조된 존재인데 말입니다.

최재천: 당신의 또 다른 말씀을 인용해 보겠습니다. 2004년 '위대한 발견' 50주년 기념 행사를 위한 강의에서 이렇게 말씀하셨습니다. "다음 세기에는 생물학과 심리학이 하나로 합쳐질 것이다." 그다음 세기는 22세기가 아니라 21세기를 말씀하신 것이죠?

왓슨: 예, 우리가 사는 지금 이 세기를 말한 것이었습니다.

최재천: 예, 이 세기 말입니다. 그러면 생물학이 심리학을 포용할 것이라는 뜻인가요?

왓슨: 생물학이 인간의 행동을 들여다보게 되리라는 것이 저의 의도였습니다.

최재천: 그렇죠. 당신이 다윈의 책을 한데 묶는 작업을 하셨기 때문에 아마 다윈이 『종의 기원』 마지막 부분에 "먼 미래에 훨씬 더 중요한 연구를 위한 분야들이 열릴 것이라고 생각한다. 심리학은 점진적으로 늘어나는 지적 능력과 용량을 담아내기 위해 새로운 토대 위에 놓일 것이다."라고 적은 것을 아실 겁니다. 그는 150년쯤 지난 후에 바로 당신, 제임스 왓슨이 나와서 "심리학에는 생물학이 필요합니다."라고 말할 것을 알았던 것입니다. 정말 놀라운 일이에요.

왓슨: 다윈은 매우 지적인 사람이었습니다. 그는 굉장히 지적이었죠. 그는 자기 연구에 담긴 함의를 모두 읽어 냈습니다. 그는 『인간의 유래와 성 선택』과 『인간과 동물의 감정 표현』에서 큰 그림을 봤습니다. 그는 당시 살았던 그 누구보다도 더 큰 그림을 본 것입니다. 그가 사람으로 초점을 옮기는 데는 10년이 걸렸지만, 그것은 아주 짧은 시간입니다. 물론, 그는 방문객들에 의해 주의가 산만해지지도 않았습니다. 그의 집으로 오는 방문객도 거의 없었던 것 같습니다. 그는 그저 편지를 썼고 가끔 어디론가 짧은 여행을 떠났죠. 지금까지 완전히 무시되었던 글을 본 적이 있는데, 다윈이 앓았던 병은 분명히 젖당 소화 장애였던 것 같습니다. 그는 자신이 먹은 음식 속 젖당이 소화되지 않은 채 장으로 이동해서 박테리아에 의해 소화되기 시작할 때까지 고통스러워했을 것입니다. 그는 아마도 우유를 많이 마시며 살았을 거예요. 제게도 DNA 구조 연구를 기획하던 시절 위에 문제가 생겼습니다. 저는 대학 시절 매일 방으로 배달된 우유를 한 병

씩 마셔서 그런 거라고 생각했습니다. 아침 일찍 우유를 마시고 나면 꼭 위에 문제가 생겼거든요. 그런데 지금은 아내가 제게 두유를 주기 때문에 위장 장애가 거의 없거든요. 그러니 그게 다 젖당 때문이었던 게죠.

최재천: 제 질문은 심리학에 관한 것이었습니다. 다윈과 당신 두 분 다, 왜 심리학입니까?

왓슨: 글쎄요, 가장 중요한 문제가 두뇌니까요. 우리가 어떻게 정보를 저장하는가 말입니다. 그리고 두뇌가 어떻게 그렇게 빠르게 일을 처리하는지도 중요한 과학적 문제입니다. 가끔은 바로 처리하지 않기도 하지만요. 나이 때문인지 모르지만 가끔 이름을 생각해 낼 때 오래 걸리거든요. 하지만 대개 거의 즉각적입니다. 뇌를 5분씩이나 기다려 주는 일은 없죠. 물론 퍼즐을 맞출 때는 당신의 의식이 다른 것으로 관심을 옮긴 후에도 뇌는 퍼즐을 풀기 위해 노력하죠. 우리 뇌는 우리의 삶의 모든 면에서 원천적으로 중요합니다.

그런데 심리학은 제가 학교 다닐 때만 해도 지능 검사 수준이었죠. 지능은 측정할 수 있었지만 공격성을 측정한다는 것은 어렵죠. 지능 검사는 군인을 상대로 장교가 될 만한 사람을 가려내려는 의도에서 처음 시행되었으니 실용적으로 쓰인 셈이죠. 그러고는 기업에서 특정 직업을 수행할 만한 사람을 추려내려는 목적으로 사용되었습니다. 그 후에 영국에서 그것이 굉장히 비난받게 되었습니다. 그들이 가난한 배경을 가졌으나 똑똑한 아이들을 가려내려고 했거든요. 그들은 가난하면서도 똑똑한 아이들을 위해 특수 학교를 만들었습니다. 그것이 그래머 스쿨(grammar school, 영국의 중등 교육 기관 중 하나)이었죠. 그들은 11세 아이가 더 높은 학년에 진급할 수 있게 하려고 고안된 시험도 만들었습니다. 그것은 모두 가난한 사람을 돕기 위한 일이었죠. 하지만 문제가 생겼어요. 가난한 사람들의 10퍼센트만 도움을 받아야 하는 건가요? 어느 범위까지 도와줘야 하나요? 하지만 영국에서는 이 지능 검사가 가난한 사람들이 사회의 지도자로 빠르게 이동할 수 있도록 도왔습니다. 그래서 당시에는 그것이 상당히 공평한 일로 생각되었습니다. 그런데 이후 몇몇 사람들에게만 더 나은 교육의 기회를 주는 지능 검사는 점차 불공평의 상징이 되기 시작했죠.

저는 대학에 다녀 본 사람이 거의 없는 중산층 마을에서 자랐습니다. 그런데도 저는 좋은 교육을 받았지만, 제가 같은 반 친구들을 바보라고 느낀 기억은 없습니다. 그러다 15세 때 시카고 대학교에 가면서 최상의 교육을 받게 되었죠. 그것은 제가 월반을 한 게 아니라 단지 똑똑한 아이들에게는 고등학교 교육으로 충분하지 않을 수도 있으니까 그런 학생을 대학에 보내는 게 좋겠다고 결정한 사람들이 있었기에 가능했습니다. 저는 집에서 살면서 최상의 교육 혜택을 받을 수 있었다는 점에서 아주 좋은 기회를 잡은 거였죠. 저는 애써 어른스러워지려고 노력하지 않았습니다. 저는 여전히 어린아이였을 뿐이었지만 좋은 교육을 받았죠. 좋은 교육은 사회에서 성공하기 위한 핵심적 요소입니다.

현재 영국의 아이들이 가난한 집안의 똑똑한 아이들이 출신이 다른 아이들과 섞여 지냈던 그래머 스쿨이 있던 시절과 같은 좋은 교육을 받고 있는지는 분명하지 않습니다. 지금은 오히려 각 반의 최하위 10퍼센트에 대해 더 많은 돈을 쓰고 있는데, 저는 어느 학교든지 상위 10퍼센트의 학생에게 절반의 예산을 써야 한다고 생각합니다. 그들은 학교를 정말 좋아하니까요. 그렇게 되면 돈을 쓴 보람이 있지요. 반면, 어떤 아이들은 정말 대학에 가고 싶어 하지 않는데 돈을 쓰면 보람이 없는 겁니다. 그때는 그들을 군대에 가게 두고, 어쩌면 군대에 다녀오면 더 성숙해져 교육을 받으려 할지도 모릅니다. 저는 경쟁하는 법을 배우는 데 몇 년 걸렸습니다. 그래서 저는 제가 열다섯 살 때 특별히 똑똑하다고 느끼지도 않았습니다. 저는 제 눈에 보이는 다른 사람들만큼 똑똑하지 못하다고 생각했죠. 그러다가 열아홉 살이 되어서야 스스로 똑똑하다 여기게 되었습니다. 그러니 저는 만사를 너무 쉽게 여겨 파멸할 일은 없었던 겁니다. 저는 늘 모든 것이 어려우리라 생각했고, 그건 아마 사실이었을 겁니다. 어쨌든 또 다른 질문은 뭔가요?

세상을 있는 그대로 본 첫 번째 사람, 다윈

최재천: 제가 인터뷰한 모든 사람에게 던진 질문을 제외하면 이것이 마지막 질문이었습니다. 당신은 이미 제가 질문하고 싶었던 것에 대해 많은 이야기를 해 주셨습니다만, "왜 다윈이 중요한가?"에 대해 짧게, 어쩌면 한 문장으로 대답해 주실 수 있는지요?

왓슨: 그가 누구보다 간단하게 세상을 설명하기 때문입니다. 다윈 없이는 생명을 이해할 수 없죠. 그리고 생명은 지구에서 가장 중

제임스 왓슨.

요한 것입니다. 다윈 탄생 200주년을 기념해 전 세계에서 많은 행사들이 열리는 것은 그의 중요성을 과대 평가하는 게 아닙니다. 저는 오히려 과소 평가라고 생각합니다. 이번 200주년을 기념하기 위해 백악관 만찬이 열린 것도 아니잖아요. 다윈의 중요성은 세계 지도자들에 의해 충분히 평가받고 있지 못합니다. 다윈을 정말로 이해하는 정치 지도자는 그렇지 않은 사람보다 훨씬 유능할 것입니다. 저는 빌 클린턴이 어떤 사람인지에 대해서는 알고 싶지도 않아요. 하지만 그가 다윈주의자였다고 생각지는 않습니다. 오바마가 좀 더 가까울지 모르지만, 현재로서는 말하기는 어렵군요. 확실히 조지 부시는 아니었습니다. (웃음) 다윈주의적 사고는 가끔 정치적으로 곤란하게 만들 수도 있어요. 하지만 국제 문제를 다룰 때는 도움을 줄 겁니다. 사인을 원하시는지…….

최재천: 이것이 한국어로 번역된 당신의 책입니다.

왓슨: 멋지군요!

최재천: 사인을 부탁드리고 싶습니다.

왓슨: 이게 표지인가요? 제본 방식이 바뀌었군요. 뒤에서부터 시작하지 않는군요. 한국이 변했나요? 한국 책도 앞에서 뒤로 가나요?

최재천: 예, 옛날 한때는 뒤에서 앞으로 갔었지만 이제는 이런 방식으로 합니다.

왓슨: 그렇군요. 한국이 어떻게 변했는지 알고 싶었습니다. 저는 한국에 한번 가 봤는데, 매우 감명 깊은 여행이었어요. 1979년이었는데, 저는 한국이 어떤 나라인지 상상조차 못 했죠. 우리는 포항의

제철소에 갔고 현대 조선소에도 갔었죠. 그리고는 서울에 갔죠. 하지만 제가 떠나기 이틀 전 박정희 대통령이 암살되었습니다. 우리는 급히 청와대로 와서 조의를 표하라는 말을 전해 들었습니다. 제 처남이 전쟁 중에 중국에 있었고, 어떻게 해서 한국의 독립 운동과 연결이 되었거든요. 군대에서 나온 후 그는 CIA에서 일했고 박 대통령을 죽인 중앙 정보부 부장을 알았죠.

최재천: 와. 그러면 그 당시 세부 사항들을 알고 계시겠군요. 한국의 일반인들은 정말 어떤 일이 있었는지 잘 모릅니다.

왓슨: 아닙니다. 저는 그 후로 한 번도 한국에 가지 않았고 아마 앞으로도 다시 갈 것 같지 않습니다. 하지만 제게 한국 방문은 퍽 특별했습니다. 당신 민족이 해낸 일과 그 전통을 저는 존경합니다.

최재천: 고맙습니다. 오늘 시간 내주셔서 정말 고맙습니다.

왓슨: 이번 미국 여행에서 또 누구를 만나 보실 계획인가요?

최재천: 오늘 오후에 하버드로 가서 재닛 브라운을 만날 계획입니다.

왓슨: 재닛 브라운이 와서 우리 다윈 조각상을 보고 별로 닮지 않았다고 말했죠. (웃음)

그래서 다윈은 누구인가?

열둘째 사도

재닛 브라운

11

엘리자베스 재닛 브라운(Elizabeth Janet Browne)

1950년 영국에서 출생.

1978년 런던 임페리얼 칼리지에서 박사 학위 취득(과학사).
이후 케임브리지 대학교 도서관에서 다윈의 문헌을
수집, 정리하고 편집하는 일을 맡았다.

1995년『찰스 다윈 평전 1』출간.

2002년『찰스 다윈 평전 2』출간.

2002년 영국 과학사학회 회장 취임.

2003년 제임스 테이트 블랙 기념상(James Tait Black Memorial Prize)
기념상 수상.

2004년 미국 과학사학회로부터 화이자 상 수상.

2009년 더블린 트리니티 칼리지에서 명예 이학 박사 학위 취득.

2020년 왕립 아일랜드 아카데미 회원 선출.

이 인터뷰 시리즈를 기획하던 처음부터 나는 재닛 브라운으로 대미(大尾)를 장식하고 싶었다. 내가 진행한 모든 인터뷰에서 끝날 때쯤이면 언제나 다윈의 성격과 행적에 대해 얘기하게 되었다. 그렇다면 이 주제에 대해 대화를 나누기에 그보다 더 적합한 사람이 어디 있을까? 그의 두툼한 역작, 『찰스 다윈 평전 1, 종의 수수께끼를 찾아 위대한 항해를 시작하다(*Charles Darwin: Voyaging*)』와 『찰스 다윈 평전 2, 나는 멸종하지 않을 것이다(*Charles Darwin: The Power of Place*)』가 우리말로 번역되었고 나는 그 책들에 한국어판 서문을 쓰는 영예를 안았다. 거기에 나는 "다윈에 관한 책 중 이보다 더 완벽한 책은 없다. 이 책을 통해 우리는 드디어 학자 다윈, 사상가 다윈, 그리고 인간 다윈을 만난다."라고 썼다. 이 인터뷰에서 재닛 브라운을 통해 나는 드디어 찰스 다윈을 만났다.

오로지 다윈

최재천: 제가 이미 이메일로 말씀드린 대로, 저는 올해 대부분을 우리 시대의 위대한 다윈주의자들을 만나며 보냈습니다. 이것이 제 마지막 인터뷰이고, 당신이 마지막이라는 사실이 기쁩니다. 당신을 정말 만나고 싶었던 이유는 당신이야말로 다윈에 대해 말씀해 주실 수 있는 분이기 때문입니다. 당신의 삶도 조사하고 책들도 읽고 왔죠. 당신은 학부 전공은 동물학으로 하셨고, 박사 학위는 과학사로 하셨습니다. 맞습니까?

브라운: 예, 맞습니다.

최재천: 당신의 첫 번째 책은 생물 지리학에 관한 것이었습니다. 하지만 그 후로 당신은 완전히, 오직, 그리고 거의 전적으로 다윈에게만 몰입했다고 하더라도 과언이 아닌 것 같습니다. 제 질문은 왜 다윈이냐는 것입니다. 그에 대해 이렇게나 연구할 것이 많은가요? 다윈, 그는 도대체 누구입니까?

브라운: 따뜻한 말씀에 감사합니다. 과학사에 관한 제 첫 연구조차 사실 다윈에 관한 것이었죠. 제가 다윈에 대해 흥미를 가진 것은 그를 연구하면 생물학의 역사 전체를 열어 볼 수 있기 때문이었습니다. 다윈은 친구를 아주 폭넓게 사귀었고 서신 왕래도 잦았으며 동시대 생물학에 대해 아주 방대한 지식을 가지고 있었죠. 큰 서재를 갖고 있었고 정기 간행물도 아주 많이 구독했죠. 지금도 그가 그때 읽은 간행물들이 그의 서재에 보관되어 있습니다. 그래서 다윈에 초점을 맞추면 19세기의 자연사와 초기 생물학이 어떻게 형성되었는지

를 배울 수 있습니다. 저는 그 점에 매료되었죠. 다윈을 연구하면 과거로 거슬러 올라가 다윈이 태어나기 몇 세기 전에 진화 이론이 어떻게 제안되었는지, 무엇이 다윈을 특별하게 만들었는지에 대해 생각해 볼 수 있습니다. 그리고 다윈 이후로 진화론이 어떻게 발달하고 연구되어 왔는지 그 다양한 갈래와 경로를 탐구해 볼 수 있습니다. 그리하여 생물학을 연구한 당신과 역사학을 연구한 나, 우리가 여기서 이렇게 만나게 됩니다. 저는 제 삶 전부를 다윈에게 바쳤습니다. 저는 그가 탁월한 지식인이며 서양에서 생물학이 발달하게 된 모든 경위를 이해할 수 있게 해 주는 중요한 길이라고 생각합니다. 그는 흥미로운 인물일 뿐만 아니라 저는 한 인간으로서 그의 성격에 매료되었죠. 동시에 제가 언제나 매우 매력적이라고 여겼던 역사로 진입하는 입구이기도 합니다.

최재천: 에드, 그러니까 에드워드 윌슨이 다윈을 가리켜, 요즘 진화 생물학을 공부하는 우리에겐 좀 불공평하다고 불평한 적이 있습니다. 우리가 새로운 것을 발견했다고 생각하면, 다윈이 이미 그에 대한 말을 했거나 암시를 했음을 알게 된다고요. 제가 여기 하버드의 박사 과정 학생이었을 때 인류학과 어빈 드보어(Irven DeVore) 교수의 수업 조교를 했는데, 그는 수업에서 종종 기막힌 수사를 구사했죠. "우리는 여전히 다윈의 샘으로 돌아가 그의 물로 목을 축인다." 어떻게 한 사람이 그만큼 많은 일을 해낼 수 있었죠? 우리로서는 상상도 할 수 없는 일입니다.

브라운: 『종의 기원』이나 그의 다른 책을 들여다보면 현대의 독자들도 항상 위대한 통찰력을 접하게 되리라는 데는 틀림이 없습니

다. 항상 그런 건 아니겠지만, 다윈의 글은 언제나 신선하고 옳았습니다. 현대적 연구에 대한 지식이 없었던 19세기 자연 철학자로서는 도저히 이해할 수 없었던 주제들에 대해서도 주목할 만한 논점을 제공하는 경이로운 능력을 지니고 있었죠. 그가 문제들을 기술하거나 뒤집어 보는 방식은 현대의 우리에게도 여전히 엄청난 자극을 줍니다. 그래서 저도 사람들이 다윈을 항상 돌아가서 목을 축이는 샘물처럼 여긴다고 생각합니다. 그는 생물학적 사고의 놀라운 원천이죠. 우리가 함께 찾아보았으면 좋겠는 게 있습니다. 그가 어떻게 그것을 해냈는지, 무엇이 그를 돋보이는 존재로 만들었는지 그 비밀은 아직도 많은 사학자에게 수수께끼로 남아 있습니다. 여러 가지 면에서 다윈은 지극히 평범한 사람이었죠. 그는 학교에서 우등생이라기보다는 평범하지만 매우 명랑하고 활발한 학생이었습니다. 하지만 비글 호 항해를 통해 세계를 돌아볼 굉장히 좋은 기회를 얻게 되었고, 수집하고 분류하고 분석하고 메모하며 스스로 생각하는 훈련을 하게 됩니다. 비글 호 항해를 하는 동안 상당한 자기 단련과 훈련을 한 겁니다. 그는 아주 뛰어났죠. 사람들은 다윈에 대해서 쓰면서 "그는 천재였으니까 설명이 돼."라고 하곤 합니다. 글쎄요, 그는 아마 천재였겠지만 그렇다고 그것이 모든 걸 설명하지는 못합니다.

최재천: 흠, 그런 설명은 너무 단순하죠.

브라운: 너무 단순해요. 그리고 저는 다윈이 시대적으로 얼마나 반듯한 사람이었고, 어떻게 그 수많은 것들을 종합해서 당대의 중대한 질문들을 만들어 냈는지 인식할 수 있어야 한다고 생각합니다. 그가 자연 선택이라는 아이디어를 떠올린 순간, 그 영감을 준 대단한

순간이 있었을 겁니다. 하지만 다윈이 진화에 대해 심사숙고할 때 그의 사고가 특별했던 건 아닙니다. 그가 특별히 뛰어났던 점은 그것을 설명할 수 있는 메커니즘을 생각해 낸 것과 그것이 어떻게 작동하는지를 보기 위해 여러 해 동안 탐닉하듯 몰두했다는 것입니다. 저는 제 연구와 강의의 목표가 바로 그 질문을 재정립하는 데 있기 때문에 다윈이 왜 그렇게 특별한지에 대해 한 시간 동안 구구절절이 이야기할 수 있습니다. 다윈이 자연 선택을 생각해 낸 유일한 사람도 아니었습니다. 월리스도 생각해 냈죠. 그러니까 흥미로운 역사적 질문은 '다윈이 가장 중요한 이유가 무엇인가?'입니다. 이렇게 바꿔 말할 수도 있겠죠. '어떻게 다윈은 사람들이 진화론을 제대로 된 이론으로 받아들이게끔 설득할 수 있었던 걸까?' 다윈의 동시대인 대부분은 신이 인간과 동식물을 비롯한 우주 만물을 낱낱이 만들었다는 '특수 창조설'을 믿거나 아니면 적어도 신성한 것에 기원을 둔다고 믿었습니다. 다윈은 그들을 설득해야 했습니다. 아니면 적어도 매우 설득력 있고 그럴듯하게 여길 만한 설명을 내놓아야 했습니다. 그리고 그 일을 해낸 장본인이 되었습니다. 다윈의 책이 사람들을 새로운 방식으로 생각하게끔 변화시켰습니다. 그래서 저의 모든 연구는 다윈을 특별하게 만든 것이 무엇이냐에 초점을 맞추고 있죠.

거기에는 정말 수많은 요소가 있습니다. 거기에는 개인적인 요소와 더불어 구조적인 요소도 있다고 생각합니다. 앞에서도 말했듯이 다윈은 자기 통제력이 매우 뛰어난 사람이었고, 필요한 일을 하기 위한 시간 배분을 잘하는 사람이었습니다. 그리고 구조적인 요소로는, 예를 들어, 그는 직업을 가질 필요가 없었다 같은 게 있죠. 그에게는 하나의 이론을 생물학의 모든 분야에 적용해 보는 것을 가능하게 해 준 아주 안정적인 개인적 배경이 있었습니다. 실험도 할 수 있었고, 문헌 연구도 할 수 있었고, 현장의 전문가와 교신할 수도 있었으며, 생각하고 실험하고 쓰고 하는 일을 꾸준히 반복할 수 있었죠. 그에게는 그만한 수준의 연구를 할 수 있는 자유로운 시간과 수입이 있었습니다.

최재천: 다윈은 일을 할 필요가 없었지만 저는 아니라는 게 제가 가진 유일한 변명거리입니다. (웃음)

브라운: 예, 맞아요. 하지만 저는 그게 정말 중요하다고 생각합니다. 꼭 돈 문제만은 아닙니다. 급진적이고 이해하기 어려운 이론을 뒷받침할 수 있는 많은 증거를 모아 『종의 기원』에 담아낼 수 있는 시간 여유가 그에게 있었다는 점이 중요합니다. 그 책에서 다윈이 이룬 업적은 이론에 대한 충분한 증거들을 제시함으로써 여러 해 전부터 다른 사람들에 의해 제기됐고 다윈과 동시대 사람들도 제기했지만 그리 널리 받아들여지지 않던 이론을 갑자기 믿을 만한 것으로 만들었다는 것입니다. 출판과 동시에 일어난 엄청난 지지, 그것이야말로 다윈의 업적을 어느 정도 가늠할 수 있는 척도라고 생각합니다.

최재천: 제가 당신의 책 『찰스 다윈 평전 1, 종의 수수께끼를 찾아 위대한 항해를 시작하다』와 『찰스 다윈 평전 2, 나는 멸종하지 않을 것이다』의 한국어판에 서문을 썼습니다. 출판사가 제게 그 그 글을 청탁했을 때, 저는 이미 그 두 책을 모두 읽었고 아주 흥미롭게 생각했기 때문에 기꺼이 수락했습니다. 당신은 『종의 기원』뿐 아니라 그 책이 출판된 후 다윈이 어떤 사회 활동을 했는지도 설명하셨죠.

재닛 브라운.

거의 소설을 읽는 것 같았습니다.

브라운: 그는 많은 사람과 인간 관계를 유지했고 모르는 사람에게도 편지를 써서 "제 이론에 관심을 가져 주셨으면 좋겠습니다."라고 할 정도로 인맥 쌓기에 탁월했습니다. 물론 교묘한 조정과 자기 홍보가 있었지만 그는 언제나 겸손하고 열정적이며 위엄 있고 정중했습니다. 이런 개인 성품이 그가 그런 일을 할 수 있도록 도운 것입니다. 그러나 그가 『종의 기원』을 출판하고 난 이후 몇 년간에 들인 노력이야말로 그의 성공의 진수입니다. 그 책은 그냥 대중 앞에 내놓아진 그런 책이 아니었습니다. 다윈과 그의 지지자들은 마치 군대와 같았습니다. 다윈의 군대였죠. 대니얼 데닛은 "그들은 진군했다."라는 표현을 썼습니다. 다윈도 늘 함께하며 그들을 도왔고 특유의 정중함으로 책을 추천하고 서평도 유도했죠. 사람들은 그가 이미 대단한 학자였기 때문에 그 모든 것을 진지하게 받아들였습니다. 저는 그의 성격이 그의 성공의 아주 큰 부분이라고 생각합니다.

최재천: 성격이라는 말이 나와서 말인데요, 당신은 거리낌 없이 그가 이기적인 사람이었다고 말씀하셨습니다. '이기적'이라는 말은 아주 강한 표현인데요. (웃음) '이기적'이라는 말을 우리가 흔히 생각하는 그런 뜻으로 쓰셨나요? 아니면 '자기 중심적' 혹은 '자신을 챙기는' 정도의 뜻이었나요? 이 말들의 어감이 다르다고 생각하실지는 모르겠지만…….

브라운: 예. 서로 다르죠. 아주 예리한 질문입니다. 다윈이 그 많은 일을 해내기 위해서는, 그는 절대적으로 몰두했어야 했습니다. 그는 매우 가정적인 사람이었고, 그의 아이들과 아내, 그리고 친구

들의 사랑을 받았고, 그도 자신의 친구들과 아내와 아이들을 사랑했습니다. 하지만 그에게도 위대한 사상가들이라면 대개 지니고 있는 굳은 결의 같은 게 있었습니다. 헌신과 집중, 그리고 어떤 일에 몰입해 반드시 해내는 끈기 같은 것들 말입니다. 그들은 결의가 아주아주 강하죠. 다윈은 이런 요소들이 흥미롭게 잘 조화된 사람입니다. 다른 사람들과 그를 비교할 수는 없지만, 저는 우리의 문명이나 사상에 크게 이바지한 모든 사람의 내면에는 어떤 굳건한 무언가가 있었다고 생각합니다.

최재천: 예, 저도 동의합니다.

브라운: 우리가 사용해 왔던 '이기적'이라는 단어는 아마 다윈이 집중할 줄 알았다는 의미일 겁니다. 그는 일하지 않을 때만 가족과 함께했습니다. 그는 그저 일하고 싶었던 겁니다. 그리고 그는 독립적인 사람이었기 때문에 따라야 할 근무 시간표가 있는 게 아니었습니다. 하지만 그는 자신만의 시간표를 만들어서 일할 때는 일하고 가족과 시간을 보내야 할 때는 그리했죠. 그의 이런 완고함은 생각하면 좀 우습지만, 그 덕에 그 일을 해낸 겁니다. 그러기 위해 그는 아주 집중했습니다. 그는 아이디어를 포기해 버리지 않도록 강한 자기 통제력을 발휘해서, 만약 자신의 아이디어가 단번에 제대로 들어맞지 않으면 방향을 바꾸어 다른 각도에서 연구해 보고는 했습니다. 거듭 말하지만, 훌륭한 과학자들의 기본적인 특성은 한번 발견한 것은 절대로 놓지 않는다는 것입니다. 끊임없이 고민하고, 방향을 바꿔 보고, 다시 또 바꿔 보고, 다른 각도에서 보고, 그리고 비밀을 캘 때까지 여러 다양한 연구 전략을 시도해 봅니다. 이 '끈질김'이 바로 다윈의 두

드러진 특징입니다.

끈질긴 소통자, 다윈

최재천: 아주 오랫동안 일반 대중은 다윈이 수줍음을 지극히 많이 타고, 세상의 공격을 무척이나 우려했던 인물로 생각해 왔습니다. 하지만 실제로 그는 모든 부류의 사람들과 의사 소통을 하기 위해 수많은 편지를 썼죠. 한국어로 쓴 어느 글에서 저는 만약 그가 오늘날 우리와 함께 살았다면 몇 시간이고 컴퓨터 앞에 앉아 연신 인터넷을 하고 이메일을 보내고 채팅, 트위터와 같은 SNS에 푹 빠져 지냈을 것이라고 썼습니다. 그는 절대로 은둔하는 사람이 아니었습니다. 그는 참으로 많은 사람과 소통하며 살았죠.

브라운: 다윈이 은둔자였다는 예전 견해는 이젠 정말 없어져야 합니다. 출판된 그의 서신들을 보면 그가 다양한 사람들과 지속적으로 연락했음을 알 수 있습니다. 가족, 전 세계의 과학자들, 자연주의자들, 탐험가들, 지질학자들, 외교관들, 그에게 정보를 줄 수 있다면 누구든 편지를 주고받았습니다. 그는 과학 모임에는 자주 참여하지 않았습니다. 그는 논문을 발표할 때같이 드문 경우에만 학회에 참석했죠. 하지만 외출은 퍽 자주 했습니다. 예를 들어, 최근 그의 일기를 보고 그가 한 달에 한 번은 런던에 갔음을 알게 되었습니다. 그는 전통적인 의미의 은둔자는 아니었습니다. 한 15년 전까지만 해도 사람들은 다윈을 현명하고 끈기 있고 두문불출하는 병약한 은둔자로서,

집에 머무르며 위대한 사상을 궁리해 냈지만 남과 공유하지는 않는 사람으로 여겼습니다. 헉슬리나 후커, 미국의 그레이 같은 사람들만 그의 옹호자로서 밖에 나가 힘든 일을 도맡았다고 말입니다. 그 이야기에 사실인 부분도 있지만, 오늘날 출판되고 있는 그의 원고와 기록을 보면 그건 수정되어야 한다는 것을 알 수 있죠. 다윈은 지극히 활동적인 사람이었습니다.

최재천: 매우 활동적이었죠.

브라운: 대부분 편지를 통한 것이긴 했지만, 그는 활동적이었습니다. (웃음) '활동'이라는 말뜻에 대한 우리 시각을 바꿔야 하는 거죠.

최재천: 그렇다면 존 밴 와이의 「간격에 유의하라」 논문에 동의하거나 지지하시는 거죠?

브라운: 「간격에 유의하라」는 흥미로운 논문이죠. 아주 많은 논쟁을 일으키기도 했고요. 존 밴 와이의 논문은 다윈이 과연 그의 출판을 연기했는지를 평가하기 위한 필수적인 증거들을 많이 끌어냈습니다. 하지만 여기서 '연기'라는 단어는 옳지 않습니다. 다윈의 초기 이론들과 『종의 기원』이 실제로 출판되기까지 큰 시차가 있는 데는 많은 이유가 있습니다. 제가 생각하기에 가장 중요한 이유는 초기에 다윈이 썼던 이론들은 그가 『종의 기원』으로 펴낸 이론과 완전히 같지는 않았다는 데 있습니다. 그러니까 그 시차는 다윈이 원래 이론을 뒷받침하는 데 필요하다고 느꼈던 것들을 연구하는 시간으로 채워져 있었고, 그 연구 과정에서 그는 이론을 수정했습니다. 그는 1830년대와 1840년대는 진화적 주장을 내놓기 어려운 때라고 느꼈습니다. 또한 그는 그것이 정말 좋은 이론이라고 생각함과 동시에 증

거가 충분치 않다는 걸 알고 있었죠. 그가 생각하는 과학자의 본분은 어떤 이론을 내놓고자 한다면 그것을 뒷받침할 증거를 가능한 한 많이 모으는 것이었죠.

다윈 역시 좀 더 일찍 출판할 생각을 해 봤을 겁니다. 하지만 증거가 더 있어야 한다고 생각했던 거죠. 그렇게 증거를 모으던 와중에 스코틀랜드의 출판업자이며 지질학자인 로버트 체임버스(Robert Chambers)가 익명으로 출판한 『창조의 자연사의 흔적들(*Vestiges of the Natural History of Creation*)』(1844년)이 출간되었고, 다윈은 세상 만물이 진화의 산물이라는 주장을 담은 이 책에 대한 반응을 지켜보았습니다. 진화를 주장하지만 신의 창조도 인정하는 이 책은 국제적인 베스트셀러가 되었습니다. 동시에 종교계, 기성 학계의 강력한 비판을 받았습니다. 관련해서 다윈이 걱정을 많이 했다는 데스먼드와 무어의 논지는 아주 정확합니다. 그는 진화적 견해에 대한 적대적 반응을 보았습니다. 또한 자신의 생각이 그만큼 도발적이고 위험하다는 것도 깨달았죠. 그래서 그는 자신의 작업을 어느 정도 보류했던 것 같은데, 이는 의식적인 보류였습니다. 그는 자신이 좋은 분류학자로 인정받아야 한다고 느꼈고, 그래서 따개비에 대한 그 방대한 연구를 한 것입니다. 처음부터 따개비 분류 작업에 8년이나 투자할 계획은 아니었지만, 그는 어느 한 종의 분류에 관한 지식이 그에게 필요하다고 느꼈기 때문에 전적으로 그 일에 매달렸습니다. 그는 전문가로 보여야 했고 실제로도 전문가여야만 했습니다. 그 작업을 하는 동안 그는 자연 선택 이론을 대대적으로 수정했습니다. 기록에 따르면 그는 따개비 작업을 끝내자마자 그 '큰 책'을 쓰기 시작한 것으로 보입니다. 그러니까 보통 통용되는 의미의 '연기'는 아니었습니다.

벤 와이는 우리의 관심을 이 시간 간격으로 돌리는 훌륭한 역할을 했습니다. 우리는 이 시간 간격에 대해 생각해 본 후 자신에게 질문을 던져야 합니다. 우리는 무엇을 추론하고 있나요? 그리고 그 추론들은 정확한가요? 다윈이 그 시간 동안 했던 일은 실로 방대합니다. 그중 어떤 부분은 '연기'라 불릴 수 있을 것이고, 또 어떤 부분은 '더 많은 연구'라 볼 수 있고, 또 다른 부분은 '이론 수정'이라 할 수 있겠고, 또 어떤 부분은 '염려'로 간주할 수 있을 것입니다.

최재천: 저는 올해 2월 우연히 벤 와이의 논문을 읽게 되었습니다. 저희 대학 도서관에 왕립 협회의 저널들이 들어오지만《노츠 앤드 레코즈》는 없습니다. 저는 그때 피터 크레인의 초대를 받아 왕립 협회 로비에서 그를 기다리고 있었습니다. 그곳 책꽂이에서 저는 「간격에 유의하라」라는 흥미로운 제목의 논문을 발견했죠. 그리로 가는 길에 그 표현을 런던 지하철에서 봤거든요. 그래서 그 논문을 집어 들고 호텔로 돌아가 곧바로 다 읽었어요.

브라운: 이 '연기' 문제는 과학사 학계에서 퍽 오랫동안 뜨거운 감자였습니다. 왜냐하면 그가 그 이론을 창안해 낸 때와 그 이론을 소개한 책을 출판한 때의 세상이 아예 딴판으로 변했기 때문입니다. 정말로 흥미로운 점이죠. 세상이 진보한다는 생각, 영국이 대영제국으로 성장하던 시대의 분위기는 생물학에도 어떤 역동적 질서가 내재되어 있으리라는 느낌을 사람들에게 주었습니다. 세상은 이미 훨씬 더 세속적인 곳으로 변해 버렸죠. 사회적 변화도 상당했죠. 1859년에 출간된 다윈의 책은 이미 일어나고 있던 거대한 움직임과 맞아

재닛 브라운의 연구실 한쪽.

떨어졌던 것입니다. 만약 그가 1840년대에 책을 냈다면 그렇지 않았을 겁니다. 그가 1859년에 책을 낸 것은 큰 이점으로 작용했죠. 다윈 자신도 이것을 이점으로 봤는지는 잘 모르겠지만요.

최재천: 출판사 사람들은 흔히 책도 자신만의 운명이 있다고 하잖아요. (웃음)

브라운: 예, 정말 그렇습니다.

최재천: 그런데 존 밴 와이는 그의 논문 제목에서 '연기'가 아니라 '기피'라는 단어를 사용했습니다.

브라운: 아, 그랬군요.

최재천: 논쟁이라는 말이 나왔으니 말인데요, 카를 마르크스의 헌정이 실제로 일어난 일인지도 하나의 논쟁거리죠?

브라운: 예, 그렇습니다.

최재천: 그 문제에 대한 당신 생각은 어떤가요?

브라운: 복잡한 이야기입니다. 하지만 이제 기록은 완전히 명백한 것 같습니다. 아직 널리 알려지지 않았을 뿐이죠. 마르크스는 정말로 다윈의 이론에 관심이 많았고, 그것에 대해 알고 있었고, 다윈에게 『자본론』의 개정판 중 하나를 서명을 해서 보냈습니다. 그래서 다윈의 서재에 마르크스의 서명이 있는 『자본론』 한 부가 꽂혀 있죠. 마르크스의 사위, 즉 마르크스의 딸 엘레아노르 마르크스(Eleanor Marx)의 남편인 에드워드 에이블링(Edward B. Aveling)이 쓴 것으로 알려진 편지들도 있습니다. 에이블링은 매우 열정적인 다윈주의자로 다윈의 생각을 설명하는 교재용 책들을 썼습니다. 그리고 그는 다윈에게 편지를 쓰고 "제 책을 당신에게 헌정해도 될까요?"라고 물었습

니다. 다윈은 "고맙지만 사양하겠습니다. 거기에 끼어들고 싶진 않습니다. 감사합니다."라고 답했습니다. 이는 다윈 스스로 인류의 유산이 될 사람으로서의 면모를 잘 보여 준 좋은 예입니다. 이 편지가 마르크스와의 관계에 대해 사람들에게 혼란을 일으켰습니다. 그럼에도 불구하고 여전히 마르크스와 엥겔스는 확실히 다윈주의적 관점에 관심이 많았습니다.

최재천: 그러니까 이게 지금 일반적으로 인정되는 이야기죠?

브라운: 예.

최재천: 우리나라에 임지현이라는 역사학자 동료가 있습니다. 그는 1984년 한국에서 이에 대해 논문을 썼는데, 거의 아무도 그 논문을 읽지 않았죠. 저는 몇 년 전 그 논문을 읽고 그 문제에 대해 발언하기 시작했습니다. 그러자 2차 자료를 통해 다윈에 관해 읽고 있던 한국의 많은 사람이 제 얘기를 그리 좋아하지 않았습니다. 그들은 마르크스가 정말로 헌정했다고 믿고 싶어 했습니다. 그것이 그들이 믿고 싶은 멋진 이야기였던 거죠. 그래서 저는 정말 이 부분을 확실히 하고 싶었습니다. (웃음)

브라운: 생물학자들, 아마 당신이 주로 대화하는 사람들은 전혀 관여하지 않을 만한 아주 재미있는 주제입니다. 그러나 역사학자들은 과거의 영웅들만이 아니라 사람들이 그들과 관련해 믿고 싶어 하는 게 무엇인지 연구합니다. 이는 특정한 시대, 특정한 사람들의 과학관이 어떠했는지를 보여 줍니다. 제겐 이번 다윈의 해가 정말 흥미롭습니다. 생물학 모임에 가서 사람들이 다윈과 관련해 어떤 걸 믿고 싶어 하는지 볼 수 있으니까요.

최재천: 제 경우에는 주로 사회 과학자들이었습니다만. 그래 뭘 배우셨나요?

브라운: 다윈주의 패러다임을 가지고 연구하고 있는 사람들은 다윈의 탁월함과 통찰력을 대단히 높이 평가합니다. 요즘 생물학자들은 자신이 그런 전통에 속해 있다고 생각하고 싶어 합니다. 탁월하고 통찰력 있는 오늘날의 생물학자들이 다윈을 통해 자신의 모습을 찾는 것도 가능합니다. 이는 세기를 뛰어넘는 아주 훌륭한 인간 관계라고 생각합니다. 정말 특별한 일이라고 생각합니다. 진화 생물학처럼 시간을 거슬러 어떤 학자에게 돌아가 그와 조우하는 것이 가능한 체계에서 연구하는 것은 역사적으로 매우 흥미로운 일이라고 생각합니다. 이미 말했듯이, 사람들은 그를 은둔자로 생각하며, 그가 가진 넉넉한 수입과 멋진 전원 주택, 그리고 그의 이론을 뒷받침하기 위해 노고를 아끼지 않은 친구들을 부러워합니다. 다윈이 누린 삶은 더할 나위 없이 멋진 예스러운 삶이었죠.

최재천: 그의 학문에 대해 말하고 있는데요, 그의 서재에는 어떤 책들이 있었나요? 저는 지금까지 다윈의 서가를 둘러볼 기회를 갖지 못했습니다. 저는 미국에서 훈련받은 동양인 과학자입니다. 그러니 저는 일부는 서양적이지만 또 동양적이기도 합니다. 저는 다윈의 이론에서 동양의 사상, 동양의 철학, 동양의 종교, 특히 불교와 도교에 대한 아주 신기하고 퍽 확실한 관련성을 발견합니다. 다윈이 동양의 철학이나 종교를 배울 기회가 한 번이라도 있었는지 정말로 궁금합니다. 그가 그런 분야의 책을 읽은 적이 있나요? 이 점에 대해 알려진 바가 있나요?

브라운: 그 문제를 탐구하는 데 열심인 폴 에크먼(Paul Ekman)이라는 학자가 있습니다. 문헌에 따르면 다윈은 불교나 힌두교에 대해서는 아주 미미한 지식밖에 없었다고 합니다. 아마 힌두교에 대한 지식은 좀 더 많았을 겁니다. 그렇지만 그가 기독교가 반드시 진화적 사고를 제한하는 것은 아니라고 설명한 것을 보면 그는 세계 주요 종교들에 대해 잘 알고 있었던 게 분명해 보입니다. 그는 다른 종교 체계가 많이 존재하고 성스러움, 영원, 근원에 대해 믿는 방법이 다양할 수 있으며 기독교가 반드시 유일한 길은 아니라고 설명합니다. 그는 퍽 탁월하게 여러 종교 체계들을 언급했지만, 불교에 대한 지식이 풍부했던 것은 아닌 것 같습니다. 나중에 쓴 책들에서 가끔 이타성에 대해 언급하긴 하죠. 고통의 기원에 대해서도 언급합니다. 이러한 것들은 불교와 일맥상통하는 바가 많은 것 같습니다. 하지만 그는 사실 경쟁과 선택과 투쟁이 만연한 세상에 대해 쓰고 있습니다.

최재천: 그럼에도 불구하고 저는 이걸 그냥 떨쳐 버릴 수가 없습니다. 비슷한 점이 너무나 많아요. 그는 불교나 다른 동양 철학에서 자주 논의되는 것들을 설명하는 이론들을 창안했습니다. 동양 철학을 배우다 보면 "이건 다윈이 말한 것과 비슷한데, 정말 비슷해."라고 되뇌게 됩니다.

브라운: 예, 달라이 라마도 다윈에 관심이 매우 많다고 했죠.

최재천: 예, 폴 에크먼이 그에게 다윈 이야기를 들려준 이후 그는 스스로 다윈주의자라고 말했다고 합니다.

브라운: 그리고 그의 말이 정말 맞습니다. 다윈의 글에는 전 세계의 사람들이 관심을 가질 만한 내용이 들어 있는데, 영국에 살던

한 사람이 어떻게 세계가 움직이는 방식에 대하여 그런 통찰을 할 수 있었는지 정말 대단하다고 생각합니다. 진화 이론을 제안했을 때 다윈은 주요 종교들이 설명하려 한 인간 본성에 관련된 모든 것을 설명하고 싶어 했죠. 그게 바로 연결점입니다. 우리는 다윈이 사랑의 기원이나 이타성의 기원에 대해 설명하려고 노력했던 것을 압니다. 그의 답은 '선택'을 포함하고 있었는데, 선택은 모든 것에 대한 그의 답이죠. 다른 종교 체계나 사고 체계에서는 일반적으로 그가 어떻게 고통이 시작되었나에 대해 고민했던 것으로 생각하겠지만, 그것이 굳이 다른 체계들이 작동하는 방식과 큰 관련이 있을 필요는 없습니다.

최재천: 아까도 얘기했던 것처럼 우리는 그런 방식으로 생각하기를 '좋아하는' 것 같습니다. 우리는 그가…….

브라운: 예, 우리가 그런 것을 원하죠. 우리가 그랬으면 하는 몇 가지 '큰 것' 중의 하나로 다윈이 과연 멘델을 읽었나 하는 또 다른 대단한 이야기가 있습니다. 관련 논문도 있어요. 정답은 "아닙니다."예요. 실망스럽지 않나요?

최재천: 예, 맞습니다. 하지만 증거가 아주 명백하죠.

브라운: 아주 명확합니다. 우리가 늘 학생들에게 물어보는 후속 질문이 있습니다. 만약 그가 멘델을 읽었다면, 멘델이 답을 제시하고 있다는 것을 알아보았을까? 제 생각에 19세기 중반에는 아마 그걸 알아채지 못했을 겁니다. 멘델이 잡종 교배와 통계 분석으로 이뤄낸 것들이 다윈의 제안과 연관되어 있음을 이해하는 유전학이 탄생하기까지는 실제로 50년이 더 걸렸습니다.

최재천: 다윈만이 아니잖아요. 휘호 더 프리스와 그의 동료들이

멘델을 재발견하기 전까지는 아무도 알지 못했죠. 이제 시간이 얼마 남지 않았으므로 제가 선택을 좀 해야겠네요. 질문 몇 개를 건너뛰고 이 질문을 드리도록 하겠습니다. 그렇게 중요하지 않은 질문일 수도 있지만 제가 개인적으로 궁금한 질문입니다. 다윈의 건강에 관한 것인데요. 아무도 정확하게 어땠는지는 모르는데, 제가 어제 제임스 왓슨을 만났을 때 그는 반(半)농담으로 "다윈은 젖당 소화 장애가 있었던 것 같다."라고 말했습니다. 흥미로운 생각입니다. 썩 좋지 않았던 그의 건강이 그의 인생과 나아가 그의 이론 형성에 어떤 영향을 미쳤을까요? 이 둘 사이에 연관이 있다고 보시나요?

브라운: 그의 나쁜 건강과 그의 연구 인생 사이에는 많은 연관성이 있습니다. 다윈은 항상 이 두 가지를 대립되는 것으로 생각했습니다. 그의 건강이 연구를 방해한다고 생각했죠. 실제로 있었을 법한 것은 그의 병이 그로 하여금 일정표를 작성하도록 했다는 것입니다. 아주 심하게 아픈 날에도 몇 시간 동안은 연구를 할 수 있도록 말이죠. 그는 감정 기복이 심했습니다. 기분이 좋을 때는 꼭 일을 하려 했습니다. 그런 날에는 가족들과 시간을 보내지 않았습니다. 우선 일을 먼저 끝내야 한다는 것을 확실하게 했죠. 그래서 어떤 면에서 건강은 그에게 일의 일부였습니다. 아니 병이 일의 일부였다고 해야겠죠. 무슨 병이었는지에 대해서는 많은 의견이 있습니다. 저는 시간을 거슬러 누군가를 진단하는 것은 불가능하다고 생각합니다. 심지어는 다윈이 오늘 이 방에 있더라도 그를 진단할 수 없을 수도 있죠. 우리의 모든 분자 기술을 가지고도 불가능할 수도 있습니다. 오래전 과거에 여러 다른 시기에 여러 다른 병들을 가졌을 수 있는 사람을

진단하는 것은 불가능합니다. 매우 흥미롭겠지만 불가능하죠. 젖당 소화 장애는 새로운 제안입니다. 다른 이론들보다 잘 맞아떨어지는 것 같긴 합니다.

최재천: 아, 그렇습니까?

브라운: 예. 그러나 저같이 평범한 사람들은 종종 뛰어난 사람은 몸이 편치 않았으리라고 상상하기 때문에 이것은 그저 다윈에게 덮어씌우려는 우리의 수많은 생각 중 하나일 수도 있습니다. 때로 미술 분야에서 누군가가 창조적이면 창조적일수록 정신적 장애에 가까워진다는 소문이 퍼지곤 합니다. 저는 다윈도 그랬다고 생각하지는 않습니다만, 오늘날에도 우리는 가장 창조적인 사람들이 그 대가를 치르기를 바라죠. 다윈은 이러한 경우의 전통적 예이죠. 우리는 다윈이 사실 아주 건강한 사람이었다고 하면 매우 불편해할 겁니다. 흥미롭게도 그가 아팠다고 알려진 시기인 그의 중년에 그는 말을 사서 여러 해 동안 타고 다녔답니다. 그는 집에서 매우 쾌활하게 행동했어요. 우리가 바라는 다윈의 이미지와 맞지 않는 거죠. 그러나 그가 아팠던 것은 맞습니다. 거기에는 의심의 여지가 없어요. 그는 메스꺼움이나 위장의 쓰림이나 불쾌감을 겪을 때가 많았습니다. 그는 심각한 두통과 현기증도 앓았어요. 수많은 약을 먹었고 다양한 종류의 의사도 만났으며 다양한 건강 관리 시설에도 갔습니다. 그런 증상들이 사실인 것에는 의심의 여지가 없습니다. 그건 그가 쓴 글들에 아주 명확하게 나타나죠.

최재천: 최근에 저는 당신의 책을 읽으면서 다윈에 관한 새로운 것들을 배우고 있습니다. 그리고 제 노트에 슬며시 끄적거려 봤는데

재닛 브라운과 필자.

요, 어쩌면 그의 허약한 몸 상태가 그로 하여금 외출을 꺼리게 만든 건 아닐까 하고요. 그래서 그는 집에 머물며 일을 훨씬 더 많이 하게 되었다는 거죠. 이게 말이 되나요?

브라운: 예, 저 또한 그가 그의 건강 문제를 편리한 변명거리로 사용했다고 생각합니다. 젊은 제자들이 그를 만나고 싶어 할 때 그는 "오직 15분만 낼 수 있소. 건강이 좋지 않아 더 이상은 무리일 것 같소."라고 한 적이 아주 많았습니다. 그는 실제로 병을 앓았지만, 또한 그 병을 자신을 도와주는, 자신에게 시간을 벌어 줘 그가 하고 싶은 일을 할 수 있도록 해 주는 도구로 사용하기도 했던 겁니다.

최재천: 15분이라고 하셨는데, 그건 당신의 말입니까, 아니면 그가 실제로 한 말입니까?

브라운: 음, 그가 '짧은 시간'이라고 말했을 수도 있습니다.

최재천: 제가 여러 해 전에 학생 신분으로 펜실베이니아에서 아홉 시간을 운전해서 에드워드 윌슨을 보러 갔을 때, 그가 바로 제게 "15분밖에 내줄 수가 없습니다."라고 말했어요.

브라운: 아…….

최재천: 저는 그때 정말 실망했는데, 나중에 그게 그가 언제나 쓰는 전략이라는 걸 알았습니다. 그는 모두에게 먼저 15분을 내준 다음 더 많은 시간을 투자할 것인지 아닌지 결정하죠. 에드가 다윈처럼 하다니 참 흥미롭습니다.

브라운: 정말 찰스 다윈으로부터 배웠을 수도 있습니다. 에드는 다윈의 열광적인 팬이고 많은 방면에서 다윈과 비슷하기 때문에 충분히 가능합니다. 그는 명민한데다가 종합적으로 생각하고 포괄적

으로 생각하는 능력이 있죠. 뿐만 아니라 그 역시 자연주의자죠.

경이로울 뿐만 아니라 경외롭기까지

최재천: 참, 그러고 보니까 저희 인터뷰는 이제 15분도 아닌 5분밖에 남지 않았습니다.

브라운: 오, 아쉽군요.

최재천: 마지막 질문을 하겠습니다. 제가 올해 인터뷰한 모든 사람에게 꼭 했던 질문입니다. 당신은 이미 인터뷰 전반에 걸쳐 많은 것을 말씀해 주셨지만, 그래도 다시 여쭙겠습니다. 다윈이 왜 중요한지 짧게 말씀해 주시겠습니까?

브라운: 오 이런. 그는 생물학의 여러 다른 분야를 하나의 거대한 사고 체계로 통합하는 데 성공했기 때문에 중요합니다. 자연 선택을 통한 진화 이론이 1859년 이후 많이 변형되었고, 분자 생물학이 우리가 생물 다양성에 대해 생각하는 방식을 완전히 바꿔 줬어도, 그의 이론은 여전히 유효합니다. 그것이 그가 중요한 이유입니다. 어떤 사람이 150년 전에 유전학 지식도 없이, 대륙 이동에 대한 이해도 없이, 분자 생물학의 중심 원리에 대한 개념도 없이 책을 썼는데, 그 책이 생명 과학의 분야에서 이처럼 오랫동안 지속 가능하다니! 사람들은 오늘날에도 여전히 다윈주의라고 부르길 원합니다. 그냥 진화주의가 아닌 다윈주의라고 말입니다. 물론 계속 변형되고 있지만 여전히 유지되고 있습니다. 그는 과학자들이 가진, 사상가들이 가진,

오래도록 살아남는 것을 만들어 내는 능력을 가졌기 때문에 중요합니다.

최재천: 정말 경이롭지 않습니까?

브라운: 경외롭다고 생각합니다.

최재천: 저는 에드워드 윌슨의 책 『통섭』을 한국어로 번역했습니다. 제가 '통섭'이라고 번역한 'consilience'라는 단어는 다윈의 동시대인이었던 윌리엄 휴얼에게서 온 단어입니다. 『종의 기원』 도입부에 휴얼의 인용문이 있습니다. 제 생각에 다윈은 정말로 통섭적 인간이었던 것 같습니다. 그는 한데 묶을 줄 알았죠.

브라운: 모든 것을 종합하죠.

최재천: 정말 경이롭지 않습니까?

브라운: 예, 정말 그렇습니다.

최재천: 여기까지 하도록 하겠습니다. 시간을 내주셔서 진심으로 감사드립니다.

브라운: 정말 굉장히 흥미로운 토론이었습니다! 제가 답변을 너무 길게 한 것 같은데 사과드리고 싶습니다.

최재천: 전혀 그렇지 않습니다. 저는 중요한 질문들을 거의 다 했습니다. 정말 고맙습니다.

브라운: 고맙습니다.

영국 런던 자연사 박물관 다윈상 앞에서.

맺음말

위키다위니아

내게 '2009년 다윈의 해'는 단순히 다윈 탄생과 『종의 기원』 출간을 기념하는 해가 아니었다. 평생 다윈의 이론을 연구한 나였지만 드디어 진정한 다윈주의자로 거듭난 소중한 해였다. 2022년 가을 카오스 강연 「진화」에서 나는 "다윈 사도행전(Acts of a Darwin's Apostle)"이라는 제목으로 강연했다. 그동안 살면서 내가 해 온 제법 많은 일을 돌이켜보니 다윈의 가르침을 가슴에 품고 수행한 행전(行傳)이었다. 2009년 세계 여러 곳에서 열두 동료 사도들을 만나 그들의 행전을 함께 되짚어보며 나는 참으로 많은 걸 깨닫고 배웠다.

이 책은 비전문가가 묻고 전문가가 답하는 형식의 일방적 인터뷰를 묶은 책이 아니다. 사도들 간의 진솔한 담론집이다. 우리는 대체로 함께 스승을 칭송하며 그의 업적을 기리는 데 기꺼이 투합했다. 그러나 때로 부딪치고 가끔은 내뱉은 말을 스스로 주워 담기도 했다. 다윈의 사도들에게서 가르침을 얻으려면 그들의 책을 읽으면 된다. 그들의 강연을 들으면 된다. 하지만 진솔한 대담은 책과 강연에서 접할 수 없는 내면 깊숙한 곳 또는 아예 마음 뒤편에 있는 이야기를 끄

집어낼 수 있다. 그러기 위해 나는 종종 각본에 있는 질문이 아닌, 엉뚱하고 불편한 질문을 던졌다. 나는 이 책을 읽는 독자들이 이런 팽팽한 긴장감을 즐겼으면 좋겠다. 최근 개정 증보판으로 출간된 『다윈 지능』(2판)은 다윈의 이론을 되도록 평범한 일상 언어로 풀어 쓴 해설서이다. 『다윈 지능』으로 탄탄한 기초를 닦고 이 책을 탐독하고 나면 당신은 더 이상 '다윈 후진국' 시민이 아니다. 당신은 드디어 다윈의 아미에 입적할 충분한 자격을 갖추게 될 것이다.

이 책에는 다윈의 사도 열두 명의 어록이 담겼지만 원래는 한 명의 사도가 더 있었다. 하버드 대학교 에드워드 윌슨 교수는 다윈 사도들의 대표를 맡아도 이견이 없을 우리 시대 최고의 다윈주의자다. 당연히 나는 그를 만났고 거의 세 시간에 걸쳐 진지한 대화를 나눴다. 그러나 녹취록을 보낸 지 몇 달이 지나도록 이렇다 할 답신이 없다가 어느 날 그의 비서에게서 짧은 이메일이 날아왔다. 첨부된 파일에는 무자비한 난도질에 가까스로 목숨을 부지한 가냘픈 녹취록이 들어 있었다. 평생 윌슨 교수 곁에서 충성스러운 호위 무사를 자처해 온 그가 직접 손본 글은 도입부와 마무리 부분의 인사치레를 빼면 실제 대담 내용이 겨우 두세 쪽에 불과했다. 윌슨 교수의 발언 대부분이 이 책에 담기에 부적절하다는 게 그의 설명이었다. 그 후 나는 여러 차례 그와 윌슨 교수에게 간절한 호소 메일을 보냈으나 끝내 상황을 되돌리지 못했다. 윌슨 교수는 2021년 크리스마스 다음 날 너무나 급작스레 우리 곁을 떠났다. 정확한 정보를 전달받지 못해 장례식에도 참석하지 못한 나는 황망한 마음을 어쩌지 못해 내 유튜브 채널 '최재천의 아마존'에 추모 영상을 올렸다. 영어 자막까지 붙인 이 동영상은 해외에서도 제법 많이 접속해 지금 조회수가 거의 25만에 달한다. 얼마 전 그의 비서에게서 그 동영상 자료를 보내 달라는 메일이 왔다. 비록 내게는 그리 호의적이지 않았지만 흠모하던 이를 잃은 마음은 별반 다르지 않으리라 생각했다.

2009년에 만난 열두 다윈주의자들 중에는 내가 이미 알고 지내던 동료 학자들도 있었고 처음 만난 사도들도 있었다. 그랜트 교수 부부, 스티븐 핑커, 대니얼 데닛, 피터 크레인, 마쓰자와 데쓰로는 알던 사이였고, 헬레나 크로닌, 리처드 도킨스, 스티브 존스, 매트 리들리, 마이클 셔머, 제임스 왓슨, 그리고 재닛 브라운은 그해 처음 만났다. 이중에서 내가 가장 오랫동안 알고 지낸 학자는 피터와 로즈메리 그랜트다. 펜실베이니아 주립 대학교에서 석사 학위를 받고 당시 미시간 대학교에 계시던 윌리엄 해밀턴 교수 연구실에서 박사 과정을 시작하기 위해 1982년 겨울 앤 아버 캠퍼스를 방문했을 때 거기서 처음 만났다. 이듬해 해밀턴 교수가 영국 왕립 협회 명예 회원으로 추대되며 옥스퍼드 대학교로 가는 바람에 나는 하버드 대학교에서 박사 과정을 시작했고, 거의 같은 무렵에 그랜트 교수 부부는 프린스턴 대학교로 자리를 옮겨 오늘에 이른다. 1990년대 초반 내가 프린스턴 대학교 생물학과 교수 임용에 지원했을 때 그 임용 위원회 위원장이었던 피터 그랜트 교수의 '따뜻한' 탈락 편지를 받았다. 1994년 서울대학교에 부임한 지 몇 년 후인 2002년 한국 생태학회가 세계 생태학대회(INTECOL)를 유치했을 때 기조 강연자 섭외 업무를 담당한 나는 제일 먼저 피터와 로즈메리 그랜트 교수를 초대했다. 그리곤 내가 2016년 국립 생태원에 '찰스 다윈 길'을 조성하며 피터 그랜트 교수에게 '다윈 아바타'가 되어 줄 수 있느냐는 다소 무례한 요청을 드렸을 때도 그들은 기꺼이 먼 길을 달려왔다. 결국 나는 다윈 길을 두 갈래로 조성하고 '다윈-그랜트 부부 길'로 명명했다.

리처드 도킨스를 만나러 가는 길은 결코 순탄치 않았다. 수없이 여러 차례 이메일과 팩스를 보냈건만 아무런 답신도 오지 않았다. 얼마나 바쁠지 이해하지 못하는 것은 아니더라도 솔직히 한 다리만 건너면 서로 모를 리 없건만 철저히 무시당하는 기분이 썩 좋지는 않았다. 궁여지책으로 대니얼 데닛 교수에게 다리를 놓아 달라고 요청했다. 얼마 후 데닛 교수로부터 당신 연락에도 반응하지 않는다는 메일을 받았다. 하지만 그 메일에 그는 내가 번역한 도킨스의 책 『무지개를 풀며』의 한국어판 한 권을 소포로 보내며 그 안에 편지를 끼워 넣어 보라고 조언했다. 나는 곧바로 그리했고, 내친김에 옥스퍼드 대학교 뉴 칼리지 사무실에 전화를 걸어 도킨스 교수가 우편물을 가지러 학과 사무실에 들르면 내가 소포를 보냈다는 사실을 상기시켜 달라고 부탁했다. 이 전략이 주효해 나는 가까스로 약속을 잡고 그를 만나러 영국행 비행기에 올랐다. 옥스퍼드 캠퍼스에서 그리 멀지 않은 곳에 자리한 그의 집을 찾아 초인종을 눌렀다. 한참이 흐른 후 현관문을 연 그의 얼굴에는 시간이 아깝다는 듯 후회의 표정이 역력했다. 그의 거실에 마주 앉아 나는 준비해 온 질문을 차례대로 던졌다. 그러나 돌아오는 그의 대답은 거의 단답형이었다. 그 순간 나는 모종의 전략 변경이 필요하다고 느끼곤 질문의 순서를 바꿔 그의 근간 『만들어진 신』을 거론했다. 『만들어진 신』은 차가운 머리, 즉 냉철한 지성으로 쓴 그의 모든 책과 달리 주책스럽게 뜨거워진 가슴으로 쓴,

퍽 실망스러운 책이라는 나의 도발에 갑자기 그의 대답이 한없이 길게 이어졌다. 우리는 결국 네 시간 가까이 때로 신랄하게, 때로 시원하게, 그러나 시종일관 진솔하게 대담을 이어 갔다. 2017년 처음으로 한국에 오게 된 그는 방한 기간 중 만남을 원한다며 내게 먼저 이메일을 보내왔다.

약속을 잡기 어려운 학자는 또 한 사람 더 있었다. 바로 그 유명한 제임스 왓슨이었다. 이메일도 여러 차례 보냈고 그가 있는 콜드 스프링 하버 연구소에 국제 전화까지 했건만 시간 내기 어렵다는 답변이 돌아왔다. 하는 수 없이 하버드 대학교 윌슨 교수의 바짓가랑이를 붙들고 매달렸다. 그러자 다음날 곧바로 왓슨 교수의 비서에게서 전화가 왔다. 마침 뉴욕에 머물고 있던 나는 이튿날 즉시 그의 연구실로 차를 몰았다. 그 옛날 하버드 대학교 생물학과에서 함께 교수로 지내던 시절에는 그야말로 견원지간이었던 윌슨과 왓슨은 어느덧 서로 죽고 못 사는 절친이 되어 있었다. 왓슨 교수와 가진 대담은 다른 사도들과 나눈 정담에 비해 긴장감이 사뭇 부족했음을 고백한다. 풋풋했던 학부 시절 『이중 나선』을 읽으며 흠모했던 대가 앞에서 나는 감히 도발의 엄두조차 내지 못했다. 그런 나의 영웅이 잇단 인종차별 발언으로 인해 2007년 콜드 스프링 하버 연구소에서 강제 은퇴를 당한 것도 모자라 2019년에는 연구소 명예직 지위마저 박탈당하는 수모를 겪었다. 추락하는 영웅을 보며 마음이 아프기는 마쓰자와 데쓰로 교수의 경우도 마찬가지다. 교토 대학교 영장류 연구소에 세계 영장류학계가 부러워할 시설을 건립하는 과정에서 건설 비용과 연구비 운용에 비리를 저질렀다며 교수 지위는 물론 연구 시설 사용

권한마저 박탈당했다. 나도 그의 구명 운동에 적극적으로 참여하고 있지만 내가 선정한 열두 사도 중 굳이 제인 구달 대신 선택한 유일한 아시아계 학자라서 더욱 마음이 허전하다. 《스켑틱》의 발행인 마이클 셔머와 제임스 왓슨 편에서 언급한 미국 언론인 찰리 로즈가 이른바 '미투(Me too) 운동'에 불미스럽게 연루된 점도 못내 아쉽다.

하버드 대학교에서 박사 과정을 밟던 시절 나는 전설적인 인류학과 교수 어빈 드보어의 '인간 진화 생물학(Human Evolutionary Biology)' 수업에서 조교로 일한 적이 있다. 인구가 100명도 채 안 되는 텍사스의 조이(Joy)라는 작은 마을에서 태어난 그는 마을 교회 목사였던 아버지의 영향을 받아서인지 마치 설교하듯 감동적인 강의를 하는 걸로 유명했다. 그가 강의를 마칠 때 하버드 학생들은 종종 자리를 박차고 일어나 박수를 치며 "아멘."을 외치곤 했다. 강의를 마치며 "우리는 여전히 다윈의 샘으로 돌아가 그의 물로 목을 축인다."라던 그의 마무리 발언은 이 책을 엮으며 수없이 여러 차례 내 마음을 적셨다. 기라성(綺羅星) 같은 다윈의 열두 사도를 싸잡아 얘기해 미안하지만 우리가 아무리 새로운 걸 발견한 것 같아도 우리는 모두 지금 무덤에 누워 있는 다윈에게 우리 모두의 생각들을 고이 가져다 바치고 있다. 이보다 더 자발적이고 효과적인 집단 지능(collective intelligence)의 예를 본 적 있는가? 소설가 김훈의 『라면을 끓이며』에는 "다윈은 아직도 관찰 중이고, 진화론은 지금 진화 중이다."라는 명문이 들어 있다. 그렇다. 현대의 다윈 사도들은 여전히 관찰 중이고, 그 덕에 다윈의 진화론은 지금도 진화 중이다. 나는 이를 '위키다위니아(WikiDarwinia)'라고 부른다.

더 읽을거리

★ 다윈의 사도들은 많은 논문과 책을 썼다. 그중에서 우리말로 번역 출간된 단행본들을 골라 모았다. 가능하면 최근 출간된 판본의 서지 사항을 적었다.

01 첫째 사도 피터와 로즈메리 그랜트

피터 그랜트, 로즈메리 그랜트, 엄상미 옮김, 『다윈의 핀치: 진화의 비밀을 기록한 40년의 시간(*How and Why Species Multiply: The Radiation of Darwin's Finches*)』(서울: 다른세상, 2017년).

조너던 와이너, 이한음 옮김, 『핀치의 부리(*Beak of the Finch*)』(서울: 이끌리오, 2002년).

02 둘째 사도 헬레나 크로닌

헬레나 크로닌, 홍승효 옮김, 『개미와 공작: 협동과 성의 진화를 둘러싼 다윈주의 최대의 논쟁(*Ant the Peacock: Altruism and Sexual Selection from Darwin to Today*)』(서울: 사이언스북스, 2016년).

03 셋째 사도 스티븐 핑커

스티븐 핑커, 김한영 옮김, 『빈 서판: 인간은 본성을 타고나는가(*Blank Slate*)』(서울: 사이언스북스, 2004년).

스티븐 핑커, 김한영 옮김, 『단어와 규칙: 스티븐 핑커가 들려주는 언어와 마음의 비밀(*Words and Rules: The Ingredients of Language*)』(서울: 사이언스북스, 2009년).
스티븐 핑커, 김한영 옮김, 『언어본능: 마음은 어떻게 언어를 만드는가?(*Language Instinct: How the Mind Creates Language*)』(파주: 소소, 2006년).
스티븐 핑커, 김한영, 문미선, 신효식 옮김, 『마음은 어떻게 작동하는가: 과학이 발견한 인간 마음의 작동 원리와 진화심리학의 관점(*How the Mind Works*)』(파주: 소소, 2007년).
스티븐 핑커, 김명남 옮김, 『우리 본성의 선한 천사: 인간은 폭력성과 어떻게 싸워 왔는가(*Better Angels of Our Nature: Why Violence Has Declined*)』(서울: 사이언스북스, 2014년).
스티븐 핑커, 김한영 옮김, 『지금 다시 계몽: 이성, 과학, 휴머니즘, 그리고 진보를 말하다(*Enlightenment Now: The Case for Reason, Science, Humanism, and Progress*)』(서울: 사이언스북스, 2021년).

04 넷째 사도 리처드 도킨스

리처드 도킨스, 이용철 옮김, 『눈먼 시계공: 진화론은 세계가 설계되지 않았음을 어떻게 밝혀내는가(*Blind Watchmaker*)』(서울: 사이언스북스, 2004년).
리처드 도킨스, 이한음 옮김, 『악마의 사도: 도킨스가 들려주는 종교, 철학 그리고 과학 이야기(*Devil's Chaplain: Reflections on Hope, Lies, Science and Love*)』(서울: 바다출판사, 2005년).
리처드 도킨스, 이한음 옮김, 『조상 이야기: 생명의 기원을 찾아서(*Ancestor's Tale: A Pilgrimage to the Dawn of Life*)』(서울: 까치글방, 2005년).
리처드 도킨스, 이용철 옮김, 『에덴의 강: 리처드 도킨스가 들려주는 유전자와 진화의 진실(*River out of Eden: A Darwinian View of Life*)』(서울: 사이언스북스, 2005년).
리처드 도킨스, 이한음 옮김, 『만들어진 신: 신은 과연 인간을 창조했는가?(*God Delusion*)』(파주: 김영사, 2007).
리처드 도킨스, 최재천, 김산하 옮김, 『무지개를 풀며: 리처드 도킨스가 선사하는 세상 모든 과학의 경이로움(*Unweaving the Rainbow: Science, Delusion and the Appetite*)』(서울: 바다출판사, 2008년).

리처드 도킨스, 김명남 옮김, 『지상 최대의 쇼: 진화가 펼쳐낸 경이롭고 찬란한 생명의 역사(*Greatest Show on Earth: The Evidence for Evolution*)』(파주: 김영사, 2009년).

리처드 도킨스, 홍영남, 이상임 옮김, 『이기적 유전자: 진화론의 새로운 패러다임(*Selfish Gene*)』(서울: 을유문화사, 2010년).

리처드 도킨스, 데이브 매킨 그림, 김명남 옮김, 『현실, 그 가슴 뛰는 마법(*Magic of Reality: How We Know What's Really True*)』(파주: 김영사, 2012년).

리처드 도킨스, 김명남 옮김, 『리처드 도킨스 자서전(*Brief Candle in The Dark: My Life in Science*)』(전2권, 파주: 김영사, 2016년).

리처드 도킨스, 김정은 옮김, 『리처드 도킨스의 진화론 강의: 생명의 역사, 그 모든 의문에 답하다(*Climbing Mount Improbable*)』(고양: 옥당, 2016년).

리처드 도킨스, 홍영남, 장대익, 권오현 옮김, 『확장된 표현형: 이기적 유전자, 그다음 이야기(*Extended Phenotype*)』(서울: 을유문화사, 2016년).

리처드 도킨스, 대니얼 데닛, 샘 해리스, 크리스토퍼 히친스, 김명주 옮김, 장대익 해제, 『신 없음의 과학: 세계적 사상가 4인의 신의 존재에 대한 탐구(*Four Horsemen: the Conversation That Sparked an Atheist Revolution*)』(파주: 김영사, 2019년).

리처드 도킨스, 김명주 옮김, 『신, 만들어진 위험: 신의 존재를 의심하는 당신에게(*Outgrowing God: A Beginner's Guide*)』(파주: 김영사, 2021년).

리처드 도킨스, 야나 렌초바 그림, 이한음 옮김, 『마법의 비행(*Flights of Fancy: Defying Gravity by Design and Evolution*)』(서울: 을유문화사, 2022년).

05 다섯째 사도 대니얼 데닛

더글러스 호프스태터, 대니얼 데닛, 김동광 옮김, 『이런, 이게 바로 나야!: 19명의 석학들이 밝힌 '나'의 모든 것(*Mind's I: Fantasies and Relections on Self and Soul*)』(전2권, 서울: 사이언스북스, 2001년).

대니얼 데닛, 정대현, 김기현, 이정모, 이병덕 옮김, 『의식의 과학적 탐구: 철학적 장애를 넘어서서(*Overcoming Philosophical Obstacles to a Science of Human Consciousness*)』(서울: 아카넷, 2002년).

대니얼 데닛, 이희재 옮김, 『마음의 진화: 대니얼 데닛이 들려주는 마음의 비밀(*Kinds of Minds: Toward an Understanding of Consciousness*)』(서울: 사이언스북스, 2006년).

대니얼 데닛, 이한음 옮김, 『자유는 진화한다: 자유 의지의 진화를 통해 본 인간 의식의 비밀(*Freedom Evolves*)』(파주: 동녘사이언스, 2009년).

대니얼 데닛, 김한영 옮김, 최종덕 해설, 『주문을 깨다: 우리는 어떻게 해서 종교라는 주문에 사로잡혔는가?(*Breaking the Spell: Religion as a Natural Phenomenon*)』(파주: 동녘사이언스, 2010년).

대니얼 데닛, 폴 와이너 그림, 유지화 옮김, 『의식의 수수께끼를 풀다(*Consciousness Explained*)』(고양: 옥당, 2013년).

대니얼 데닛, 노승영 옮김, 『직관펌프, 생각을 열다: 대니얼 데닛의 77가지 생각 도구(*Intuition Pumps and Other Tools for Thinking*)』(서울: 동아시아, 2015년).

대니얼 데닛, 문규민 옮김, 『의식이라는 꿈: 뇌에서 의식은 어떻게 만들어지는가(*Sweet Dreams: Philosophical Obstacles to a Science of Consciousness*)』(서울: 바다출판사, 2021년).

대니얼 데닛, 신광복 옮김, 『박테리아에서 바흐까지, 그리고 다시 박테리아로: 무생물에서 마음의 출현까지(*From Bacteria to Bach and Back: The Evolution of Minds*)』(서울: 바다출판사, 2022년).

06 여섯째 사도 피터 크레인

피터 크레인, 최재천, 안선영 옮김, 『은행나무: 시간을 잊은 고대 나무(*Ginkgo: The Tree That Time Forgot*)』(서울, 사이언스북스, 근간).

07 일곱째 사도 마쓰자와 데쓰로

마쓰자와 데쓰로, 장석봉 옮김, 『공부하는 침팬지 아이와 아유무: 침팬지 모자와 함께한 700일간의 기록(アイとアユム: 母と子の700日)』(서울: 궁리출판, 2003년).

08 여덟째 사도 스티브 존스

스티브 존스, 보린 반 룬 그림, 정재언 옮김, 『유전학: 무엇이 세계를 움직이는가?(*Genetics*)』(서울: 이두, 1995년).

스티브 존스, 김희백, 김재희 옮김, 『유전자 언어(*Language of Genes: Solving the Mysteries of Our Genetic Past, Present and Future*)』(서울: 김영사, 2001년).

스티브 존스, 이충호 옮김『자연의 유일한 실수, 남자(*Y: The Descent of Men*)』(서울: 예 · 지, 2003년).

스티브 존스, 김혜원 옮김, 『진화하는 진화론: 종의 기원 강의(*Almost like a Whale*)』(파주: 김영사, 2008년).

09 아홉째 사도와 열째 사도 매트 리들리와 마이클 셔머

매트 리들리, 신좌섭 옮김, 『이타적 유전자(*The Origins of Virtue*)』(서울: 사이언스북스, 2001년).

매트 리들리, 김한영 옮김, 『본성과 양육: 인간은 태어나는가 만들어지는가(*Nature via Nurture: Genes, Experience, and What Makes Us Human*)』(파주: 김영사, 2004년).

매트 리들리, 김윤택 옮김, 최재천 감수, 『붉은 여왕: 인간의 성과 진화에 담긴 비밀(*Red Queen*)』(서울: 김영사, 2006년).

매트 리들리, 조현욱 옮김, 『이성적 낙관주의자: 번영은 어떻게 진화하는가?(*Rational Optimist: How Prosperity Evolves*)』(파주: 김영사, 2010년).

매트 리들리, 김명남 옮김, 『프랜시스 크릭: 유전 부호의 발견자(*Francis Crick: Discoverer of the Genetic Code*)』(서울: 을유문화사, 2011년).

매트 리들리, 하영미, 전성수, 이동희 옮김, 『생명 설계도, 게놈: 23장에 담긴 인간의 자서전(*Genome: The Autobiography of a Species in 23 Chapters*)』(서울: 반니, 2016년).

마이클 셔머, 김희봉 옮김, 『과학의 변경 지대: 과학과 비과학의 경계에서 과학의 본질을 탐구한다(*Borderlands of Science: Where Sense Meets Nonsense*)』(서울: 사이언스북스, 2005년).

마이클 셔머, 류운 옮김, 『왜 사람들은 이상한 것을 믿는가: 뉴에이지 과학, 지적 설계론, 미신과 심령술 …… 우리 시대의 사이비 과학을 비판한다(*Why People Believe Weird Things: Pseudoscience, Superstition, and Other Confusions of Our Time*)』(서울: 바다출판사, 2007년).
마이클 셔머, 류운 옮김, 『왜 다윈이 중요한가: 진화하는 창조론자들에 맞서는 다윈주의자들의 반격(*Why Darwin Matters: The Case Against Intelligent Design*)』(서울: 바다출판사, 2008년).
마이클 셔머, 김소희 옮김, 『믿음의 탄생: 왜 우리는 종교에 의지하는가(*Believing Brain: From Ghosts and Gods to Politics and Conspiracies-How We Construct Beliefs and Reinforce Them as Truths*)』(서울: 한국물가정보, 2012년).
마이클 셔머, 박종성 옮김, 『경제학이 풀지 못한 시장의 비밀(*Mind of the Market: Compassionate Apes, Competitive Humans, and Other Tales from Evolutionary Economics*)』(서울: 한국경제신문 한경BP, 2013년).
마이클 셔머, 김명주 옮김, 『도덕의 궤적: 과학과 이성은 어떻게 인류를 진리, 정의, 자유로 이끌었는가(*Moral Arc: How Science and Reason Lead Humanity Toward Truth, Justice, and Freedom*)』(서울: 바다출판사, 2018년).
마이클 셔머, 김성훈 옮김, 『천국의 발명: 사후 세계, 영생, 유토피아에 대한 과학적 접근(*Heavens on Earth : The Scientific Search for the Afterlife, Immortality and Utopia*)』(서울: 아르테, 2019년).
마이클 셔머, 이효석 옮김, 『스켑틱: 회의주의자의 사고법(*Skeptic: Viewing the World with a Rational Eye*)』(서울: 바다출판사, 2020년).

10 열한째 사도 제임스 왓슨

제임스 왓슨, 이한음 옮김, 『DNA를 향한 열정: DNA 구조의 발견자 제임스 왓슨의 삶과 생각(*Passion for DNA: Genes, Genomes, and Society*)』(서울: 사이언스북스, 2003년).
제임스 왓슨, 이한음 옮김, 『유전자, 여자, 가모브: '이중 나선' 이후(*Genes, Girls, and Gamow*)』(서울: 까치글방, 2004년).
제임스 왓슨, 최돈찬 옮김, 『이중나선: 생명에 대한 호기심으로 DNA 구조를 발견한 이야기(*Double helix*)』(서울: 궁리출판, 2006년).
제임스 왓슨, 김명남 옮김, 『지루한 사람과 어울리지 마라: 과학에서 배우는 삶의 교훈(*Avoid Boring People: Lessons from a Life in Science*)』(파주: 이레, 2009년).
제임스 왓슨 등, 양재섭 등 옮김, 『왓슨 분자생물학(*Molecular Biology of the Gene*)』(서울: 바이오사이언스, 2010년).

11 열둘째 사도 재닛 브라운

재닛 브라운, 임종기 옮김, 최재천 감수, 『찰스 다윈 평전 1: 종의 수수께끼를 찾아 위대한 항해를 시작하다(*Charles Darwin: Voyaging*)』(파주: 김영사, 2010).
재닛 브라운, 임종기 옮김, 최재천 감수, 『찰스 다윈 평전 2: 나는 멸종하지 않을 것이다(*Charles Darwin: The Power of Place*)』(파주: 김영사, 2010).
재닛 브라운, 이한음 옮김, 『종의 기원 이펙트: 인류 탄생의 과학적 분석은 어떻게 시작되었는가(*Darwin's Origin of Species: A Biography*)』(서울: 세종서적, 2012년).

도판 저작권

찾아보기

나

다

라

마

바

사

아

자

차

카

타

파

드디어 다윈 ❻

다윈의 사도들

1판 1쇄 펴냄 2023년 2월 12일
1판 3쇄 펴냄 2023년 5월 31일

지은이 최재천

펴낸이 박상준
펴낸곳 (주)사이언스북스

출판등록 1997. 3. 24.(제16-1444호)
(06027) 서울시 강남구 도산대로1길 62
대표 전화 515-2000, 팩시밀리 515-2007
편집부 517-4263, 팩시밀리 514-2329
www.sciencebooks.co.kr

ISBN 979-11-92107-32-5 04400
ISBN 979-11-89198-85-5 (세트)

다윈 포럼

강호정

생태학자. 현재 연세 대학교 건설 환경 공학과 교수로 재직하며, 전 지구적 기후 변화가 생태계에 야기하는 현상을 연구하고 있다. 『와인에 담긴 과학』, 『지식의 통섭』, 『유리 천장의 비밀』 등의 책을 쓰고 옮겼다.

김성한

진화 윤리학자. 「도덕의 기원에 대한 진화론적 설명과 다윈주의 윤리설」로 박사 학위를 받았고, 전주 교육 대학교 윤리 교육과 교수로 재직하고 있다. 『인간과 동물의 감정 표현』, 『동물 해방』, 『사회 생물학과 윤리』, 『섹슈얼리티의 진화』 등의 책을 옮겼다.

장대익

진화학자. 가천 대학교 창업 대학 석좌 교수로 문화 및 사회성의 진화를 연구한다. 학술, 문화, 산업 등 분야를 넘나들며 지적 활동을 펼치고 있다. 제11회 대한민국 과학 문화상을 수상했다. 『다윈의 식탁』, 『다윈의 서재』, 『다윈의 정원』, 『종교 전쟁』, 『울트라 소셜』, 『통섭』 등의 책을 쓰고 옮겼다.

전중환

진화 심리학자. 현재 경희 대학교 후마니타스 칼리지 교수로 재직하며, 인간 사회의 협동과 갈등, 이타적 행동, 근친상간과 성관계에 대한 혐오 감정 등을 연구하며 심리학의 영역을 넓혀 가고 있다. 『오래된 연장통』, 『본성이 답이다』, 『욕망의 진화』 등의 책을 쓰고 옮겼다.

주일우

생화학과 과학사를 공부한 출판인. 《과학 잡지 에피》와 《인문 예술 잡지 에프》의 발행인으로 과학과 문화 예술 사이의 역동적 관계에 관심을 가지고 글을 쓰고 책을 만든다. 『지식의 통섭』, 『신데렐라의 진실』 등의 책을 쓰고 옮겼다.

디자인 김낙훈